安全生产十大定律与方法

崔政斌 刘炳安 周礼庆 编著

化学工业出版社

·北京·

《安全生产十大定律与方法》从安全生产规律入手，提炼和总结了企业安全生产领域内诸多安全生产定律。并以"十"这个数字将这些规律集锦起来，供企业的主要负责人和安全管理者在工作中参考。

《安全生产十大定律与方法》共分八章：绪论，安全生产十大安全定律，作业过程十大安全规定，安全文化建设十大定律、安全工作十到位定律，安全教育与管理十法，班组安全工作十大定律，安全要素、火场自救、夏季安全十大定律等。因为"十"是个吉祥的数字，中国人都说"十全十美"，所以，每一章所要阐述的内容均是十个问题。以此来引起读者的兴趣，进而达到提高安全意识、增强安全技能、加快安全发展的目的。

本书可供企业领导和安全管理者及广大员工在工作中阅读和参考，也可供有关院校安全工程专业的师生在教学中阅读与参考。

图书在版编目（CIP）数据

安全生产十大定律与方法／崔政斌，刘炳安，周礼庆编著．—北京：化学工业出版社，2017.4（2023.7重印）
ISBN 978-7-122-28988-9

Ⅰ．①安…　Ⅱ．①崔…②刘…③周…　Ⅲ．①安全生产－研究　Ⅳ．① X93

中国版本图书馆 CIP 数据核字（2017）第 020352 号

责任编辑：杜进祥　高　震　　　　　　文字编辑：孙凤英
责任校对：边　涛　　　　　　　　　　装帧设计：韩　飞

出版发行：化学工业出版社（北京市东城区青年湖南街13号　邮政编码100011）
印　　装：涿州市般润文化传播有限公司
710mm×1000mm　1/16　印张17¼　字数323千字　2023年7月北京第1版第4次印刷

购书咨询：010-64518888　　　　　　售后服务：010-64518899
网　　址：http://www.cip.com.cn
凡购买本书，如有缺损质量问题，本社销售中心负责调换。

定　　价：68.00元

安全生产是企业永恒的主题，没有安全生产就没有安全发展。安全生产是有规律可循的。掌握安全生产规律对于安全生产具有促进、稳定、发展之功效。每一个企业的安全管理者必须掌握和应用安全生产规律，以此来保障企业的安全生产。

企业安全管理者要不断探索事故规律，掌握安全发展主动权。无论是管理人员还是一线职工，只有思想状态安全，才会有行为安全。人的不安全行为有很多种，归纳起来无非有三点：一是安全意识不浓；二是安全知识不够；三是安全技能不强。其中意识是核心，知识是基础，技能是保障，三者之间互为联系，缺一不可。这三点归结起来所要做的一项重要工作即安全教育与培训。

安全生产问题在生产经营活动中产生，其发生和演变与国家经济社会发展具有必然联系。把握市场经济条件下的安全生产规律特点，按规律办事，是一道必答题。在新的历史条件下，安全生产工作要看得远、抓得准、有效果，行稳致远，必须积极探索安全生产的客观规律，深入研究事故发生和事故处置的规律特点，以不断提高安全生产工作的针对性和预见性。

认识新常态、适应新常态、引领新常态，是当前和今后一个时期我国经济发展的大逻辑。进入新常态，新旧力量此消彼长，为我们把握规律、锐意创新提供了机遇和土壤。我们应牢牢把握创新、协调、绿色、开放、共享五大发展理念，从规律出发，从实际出发，推进工作方式创新。掌握安全生产工作规律，就是要正确处理好人与自然的关系、人与技术设备设施的关系、人与人的关系。这些关系处理得好，安全生产水平就高，处理得不好，就会导致事故的发生。

导致事故发生的物质条件和物体条件很多，尤其是化工生产牵涉到诸多危险化学品，生产、使用、储存达不到一定的安全技术要求，就是一种潜在的隐患；参与生产过程的各类设备、设施存在某种缺陷也是一种隐患；生产环境不良，处于高温、粉尘、噪声等状态下更是一种无声的隐患。各类隐患是无数事故教训的总结，由此我们也能探索到事故发生的一般规律，进而采取必要的预防措施。

本书作者正是基于对现阶段安全生产的认识，并在安全生产管理实践中学习和掌握了一定的安全生产理论和规律，通过本书总结出来，为广大企业读者提供一本实用性、实践性、知识性、操作性强的安全管理图书。全书共分八章：第一章绪论；第二章安全生产十大安全定律；第三章作业过程十大安全规定；第四章安全文化建设十大定律；第五章安全工作十到位定律；第六章安全教育与管理十法；第七章班组安全工作十大定律；第八章安全生产要素、火场自救、夏季安全十大定律。基本上囊括了现阶段企业安全生产的方方面面。

本书在编著过程中得到了化学工业出版社有关领导和编辑的大力支持，在此，表示诚挚的感谢。本书在编著过程中也得到了崔敏、张堃、戴国冕、陈鹏等同志提供的相关资料。在此，表示感谢。在本书出版之际，感谢石跃武同志对本书的文字输入，感谢范栓红同志对本书文字的校对。是他们的辛勤工作才有了本书的出版，编著者表示再次感谢。

编著者

2016年10月于山西朔州

第四章　安全文化建设十大定律 ……99

第八章 安全要素、火场自救、夏季安全十大定律 …………… 236

绪论

第一章

周而复始
没有终点

规律是事物间的内在联系、本质关系，决定着事物发展的必然趋向。同其他事物一样，安全生产工作也有其规律特点。习近平总书记强调，对典型事故不要处理完了就过去了，要深入研究其规律和特点。安全生产问题在生产经营活动中产生，其发生和演变与国家经济社会发展具有必然联系。把握安全生产规律特点，按规律办事，是一道必答题。在新的历史条件下，安全生产工作要看得远、抓得准、有效果，行稳致远，必须积极探索安全生产的客观规律，深入研究事故发生和事故处置的规律特点，以不断提高安全生产工作的针对性和预见性。

一、安全生产有规律可循

任何事情都有一定的规律可循，这是一个客观存在。如在对企业发生的各类事故的分析中，可以找到其事故发生过程、安全管理工作、安全监管以及查处事故的规律。

（1）事故频发的四个原因

① 企业是安全生产的主体，企业安全生产责任形同虚设；

② 政府安全生产监管体系不够完善，执法不严，监督不力；

③ 公众的安全意识淡薄，自我防范能力不强；

④ 对事故责任人的惩罚力度过轻。

（2）抓好安全生产工作的四个环节

① 认真履行安全生产责任制，即"抓住头，扎好根"；

② 切实加大抓早、抓紧小事故的查处力度；

③ 要落实"人家亡羊，咱们补牢"的防范措施；

④ 舍得投入精力、人力、财力，要花钱买笑声，不要赔钱听哭声。

（3）加强监管的四个"不"

① 事故苗子不轻视；

② 事故隐患不遗漏；

③ 事故报告不轻信；

④ 事故原因不回避。

（4）查处问题的四个"不放过"

① 事故原因没有查清不放过；

② 事故责任没有得到追究不放过；

③ 整改措施没有落实不放过；

④ 干部和职工没有受到教育不放过。

以上这些"四"，就是安全生产工作中的规律。经济发展务必切实抓好"安全发展"，带"血"的GDP坚决不能要，高度重视安全生产工作，健全安全监管体制，落实安全生产责任制，加强安全生产法规建设。特别要强调的是，日常工作不能被简报、汇报所忽悠。要切实转变工作作风，纠正那些形式主义，做表面文章，大而化之的不良工作作风。少点空话，多办实事，少点会议文件，多做检查落实。只有这样，才能避免各类事故的发生。

二、安全生产定律是安全管理之灵魂

企业员工是安全生产规律的发现者、总结者、应用者；企业员工是安全生产规律的实践者、发扬者、推进者。掌握安全生产工作规律，就是要正确处理好人与自然的关系、人与技术设备设施的关系、人与人的关系。这些关系处理得好，安全生产水平就高，处理得不好，就会导致事故的发生。

1. 人与自然——协调发展

我国基本国情是人均资源短缺，资源利用率始终不高。多年来的经济高增长，主要靠要素投入和积累来换取。粗放的发展方式，拉动了社会的不合理需求，也造成了超强度开采、超能力生产、超负荷运输，导致事故易发多发。

处理好人与自然的关系，需要加强规划、设计，从源头入手把控风险，实现协调发展。2015年天津港"8·12"事故之后，宁波、大连等一些化工企业集聚的城市纷纷行动，开展城市或区域整体风险评估，探查风险源点，并依据评估结果，重新审视并修改城市发展规划，以期在风险可容许的范围内从事生产经营建设。

同时，还需要加强产业结构调整，在坚持绿色发展的同时，严格安全生产准入标准，倒逼企业转型升级。中央正在推进的供给侧结构性改革，给安全生产带来机遇。2016年的政府工作报告明确提出，运用经济、法律、技术、环保、质量、安全等手段，严格控制新增产能，坚决淘汰落后产能，有序退出过剩产能。在全国很多地方，安全生产成为调结构、去产能、补短板的一项重要内容。在开展化工、矿山行业整治时，把安全和环保、节能、质效等放在一个大盘子内统筹考虑，共同划定准入标准，倒逼企业转型升级，这既调动了地方政府的积极性，又极大发挥了各部门之间的合力。

2. 人与技术设备设施——为我所用

随着生产经营规模的扩大，新装备、新技术、新工艺的不断投入使用，人与技术设备设施的关系显得越来越重要。准确掌握装备、技术、工艺的操作方法、危险特性，将其有效驾驭，为我所用。与此同时，秉持开放发展理念，积极借鉴国内外安全生产技术标准和管理方法，进一步探寻先进科学技术服务安全生产的路径、方法。

应建立合格产业工人培训机制，使其尽快适应产业结构调整需要。各地应结合产业发展实际，研究建立配套培训机制，把安全操作作为一项必备技能，纳入产业工人专业培训内容、上岗必备条件、绩效考核内容。

绪论 第一章

3

应加强数据分析，运用大数据寻找潜藏规律。由于我们的认识存在局限性，加之现有技术水平有限，导致一些事故、隐患总是出现在意想不到的地方。近年来，很多国家都通过应用大数据分析来研究事故原因和规律。我们应进一步利用大数据、"互联网＋"等手段，加大对管理薄弱行业、领域、企业的普查"会诊"和监测监控力度，确定风险清单，对症下药，分类施策。

3.人与人——生命至上

安全生产问题的产生，与科学技术不够发达、生产力不够先进、价值观念不够正确、生产关系不够合理等密切相关，同样也受到人与人关系的作用和影响。

人与人的关系，即生产经营者与国家、政府、行业、社会和员工的关系。市场经济条件下，用工制度改革使得劳动者与企业的关系发生明显变化。一方面，企业雇用的工人多数来自劳动力市场，经济利益成为劳动者与企业之间的主要联系，劳动者在安全问题上的要求和呼声往往得不到及时有效反映；另一方面，劳动者文化素质依然较低，加之受社会功利思想影响，劳动者对企业的归属感和忠诚度相对弱化，野蛮生产、违章作业等现象突出，企业安全管理难度加大。而同时，生产经营者与行业、政府、社会的关系，就如同被放大的劳动者与企业的关系，个别企业的正向需求和呼声往往难以对整个行业、社会产生影响，但其单纯追求利润而忽视安全的行为，则易形成羊群效应。

正确处理人与人的关系需要坚守"发展决不能以牺牲人的生命为代价"这条红线，始终坚持把生命安全放在首位，牢固树立以人为本、生命至上的安全理念，建立"党政同责、一岗双责、失职追责"的安全生产责任体系，切实落实"管行业必须管安全、管业务必须管安全、管生产经营必须管安全"的要求。

三、安全生产定律是安全生产之依据

1.事故预想控制

根据以往的事故教训，结合当班作业现场条件、存在的问题，在班前会上，预测可能会出现的情况，主动、超前提出解决问题的办法，制订相应的防范措施和处理方案，对可能出的事故进行"预想"控制。

在事故预想控制方面，针对性地出台《班组班前会管理规定》，明确规定各生产科室以及安全员都必须参加班前会，副总以上的企业领导进行巡回检查。车间主任、书记保证有一人参加班前会，班前会的时间不少于40min。班前会必须做到以下几点：

① 介绍上一班生产情况、存在问题，明确当班工作任务和工作重点，指出作

业现场中的薄弱环节，提出针对性的安全措施，各项工作、各道工序责任到个人；

②业务科室对班前会内容进行监督，严格按要求组织安排班前会；

③安全员按照班前会安排要求，搞好重点工作、薄弱环节的现场监督和检查、监护工作。这样，业务科室通过参加班前会，清楚班组作业现场存在问题，能及时提供技术指导，安全员通过参加班前会，对当班现场监督的重点做到心中有数。班组和管理科室之间真正做到管理与服务的统一，能有效地对事故进行预防性控制。

2.作业过程控制

坚持"一会二检三查四标准"的工作步骤。

①组织召开好班前会，严格对事故进行预防性控制，从而提高班中安全意识；

②开工前检查作业现场情况，做到心中有数，先排查隐患后进行生产；

③当班生产中，班组长、安全员、质量验收员要进行动态检查和监督；

④班组职工要严格按岗位作业标准化作业标准进行作业。

为了加大现场监护力度，强化安全责任，切实搞好现场管理，使"四位一体"、现场评估、安全管理制度化、规范化，有针对性地制订车间"作业地点'四位一体'、现场管理评估管理办法"。明确要求，全车间所有作业地点作业前必须由跟班干部、班组长、质量验收员、安全员共同进行现场检查，确定作业地点是否具备开工条件，不具备开工条件的，对存在的隐患要及时整改；"四位一体"不到位，不准开工；"四位一体"牌板由他人代签名视为违章。对当班存在的隐患要现场详细交接，危及安全生产的必须及时停产整改。明确提出"跟班车间干部就是本班安全员"：跟班车间技术员不承担任何生产任务，代表主任履行现场安全员的安全监督和安全管理职能，各班组不得安排跟班车间技术员行使生产管理职能，跟班车间技术员在现场必须与班组安全员积极配合，互相支持，共同抓好现场管理。同时班组安全员对跟班车间技术员进行监督考核，跟班车间技术员安全效益奖由企业安监部门考核发放。

3.重点环节控制

作业过程中的重点环节、重点工序必须有针对性的措施，有班组长现场指挥，并由有经验的老工人进行监护。如重大危险作业工序，从作业前的准备情况，到作业过程中的安全控制都得到位，确保不能有任何问题存在。

4.思想动态控制

职工的思想动态是安全生产的晴雨表，要加强月初、月底、农忙季节、节假日前后，婚丧喜庆日子里职工思想波动幅度的控制。危险性作业由于时间长、环境压抑，职工常常处于紧张状态。每到月底、月初这几天，上够班或将上够班的存在一种周期性的"歇歇脚，喘口气"思想，就会放松安全弦。家居农村的职

绪论 第一章

5

工，每逢农忙季节，部分职工就会身在企业而心在田里。节假日前后或婚丧喜庆的日子里，职工精力涣散，思想波动大，自我约束就会松弛，安全最易出差错。因此，必须加强职工思想动态控制，采取多种形式对职工进行提醒教育，对安全上不放心的人实施重点帮教，考核后重新上岗。

5.全员联保控制

个体的安全主要依靠"自控"，即通过提高职工安全意识，推行岗位标准化作业，提高自主保安能力来实现。同时实行"他控"和"联控"，即互保、联保制度，实行连带责任安全处罚。班组对个人要实行以安全行为工作质量、岗位系数的综合效果来评价职工在安全生产过程中动态情况的考核，从而在每个人的周围形成立体交叉安全网络，人人时时处在"生产必须安全"的包围中。

总之，安全生产是有一定的规律可循的，安全生产规律的源头是控制好人的行为。因为，任何企业都是一个"人造系统"，都是通过人的双手和人的聪明才智建造起来的，也完全可以由人来掌控，这样，人的行为就显得格外重要了。

第一节
二八定律

二八定律也叫巴莱多定律，是19世纪末20世纪初意大利经济学家巴莱多发现的。他认为，在任何事物中，最重要的、起决定性作用的只占其中一小部分，约20%；其余80%的尽管是多数，却是次要的、非决定性的，因此又称二八法则。

一、概论

1897年，意大利经济学者帕累托偶然注意到19世纪英国人的财富和收益模式。在调查取样中，他发现大部分的财富流向了少数人手里，同时，他还发现了一件非常重要的事情，即某一个族群占总人口数的百分比和他们所享有的总收入之间有一种微妙的关系。他在不同时期、不同国度都见过这种现象。不论是早期的英国，还是其他国家，甚至从早期的资料中，他都发现这种微妙关系一再出现，而且在数学上呈现出一种稳定的关系。

二、定律模式

帕累托从大量具体的事实中发现：社会上20%的人占有80%的社会财富，即财富在人口中的分配是不平衡的。同时，人们还发现生活中存在许多不平衡的现象。因此，二八定律成了这种不平等关系的简称，不管结果是不是恰好为80%和20%（从统计学上来说，精确的80%和20%不太可能出现）。习惯上，二八定律讨论的是顶端的20%，而非底部的80%。

三、法则定论

有人说："美国人的金钱装在犹太人的口袋里。"因为犹太人认为，存在一条78：22宇宙法则，世界上许多事物，都是按78：22这样的比率存在的。比如空气中，氮气占78%，氧气及其他气体占22%；人体中的水分占78%，其他为22%；等等。他们把这个法则也用在生存和发展之道上，始终坚持二八法则，把精力用在最见成效的地方。美国企业家威廉·穆尔在为格利登公司销售油漆时，头一个月仅赚了160美元。此后，他仔细研究了犹太人经商的"二八法则"，分析了自己的销售图表，发现他80%的收益却来自20%的客户，但是他过去却对所有的客户花费了同样多的时间——这就是他过去失败的主要原因。于是，他要求把他最不活跃的36个客户重新分派给其他销售人员，而自己则把精力集中到最有希望的客户上。不久，他一个月就赚到了1000美元。穆尔学会了犹太人经商的二八法则，连续九年从不放弃这一法则，这使他最终成为凯利-穆尔油漆公司的董事长。

不仅犹太人是这样，许多世界著名的大公司也非常注重二八法则。比如，通用电气公司永远把奖励放在第一，它的薪金和奖励制度使员工们工作得更快、也更出色，但只奖励那些完成了高难度工作指标的员工。摩托罗拉公司认为，在100名员工中，前面25名是好的，后面25名差一些，应该做好两头人的工作。对于后25人，要给他们提供发展的机会；对于表现好的，要设法保持他们的激情。诺基亚公司也信奉二八法则，为最优秀的20%的员工设计出一条梯形的奖励曲线。

四、具体步骤

在企业的安全管理中，二八定律是建立以风险为导向内部控制框架。其具体步骤如下。

1.明确目标

一般企业都会有一个中长期的总体战略目标，在安全生产中，可以运用树状分析法，细化分解企业总体安全生产战略目标：首先在各个运营单位的层面上分解形成相应的运营单位的安全生产目标，然后按照部门设置将每个运营单位目标分解为部门安全生产目标，再按照业务流程将部门安全生产目标分解为流程目标。通过层层分解，最终把企业总体安全生产战略目标分解为金字塔形的安全生产目标体系。

2.确立主要风险

建立安全生产目标体系后，运用二八法则识别和确立主要风险。① 按安全生产目标体系识别各层级目标面临的各种风险因素，并广泛、系统地收集与风险因素相关的内、外部信息，并对可能导致的各种潜在风险事件及影响后果分门别类地进行分析。② 采用定量和定性的分析方法，逐个或逐类评估风险因素发生的概率及其影响程度，并按照优先原则划分和确立必须进行管理和控制的20%的主要风险。这在安全生产管理工作中尤为重要。

3.建立内部控制框架

（1）确定风险管理范围和控制力度　企业根据安全生产风险承受力计算将20%主要风险降至可接受程度的成本，并结合企业安全管理能力、人力、财力等综合因素，确定风险管理范围和控制力度等。

（2）确定应采取的安全生产应对策略　企业依据风险管理范围和控制力度，

通过对政策规定、业务流程、人员岗位、信息系统等采取有针对性的风险控制措施，建立预防性、检查性和纠正性的风险控制机制，在特定的范围内控制主要风险；同时，对控制措施尽可能采取程序化的控制工具或手段，对不能采取程序化控制工具或手段的控制措施建立相应的监控机制。此外，控制措施要以不同的方式，灵活地嵌入到整个安全管理业务流程，并且使具体的安全管理人员拥有一定的实施运用控制的空间，有效地实现控制安全生产目标。

（3）实现成本和效益平衡　内部控制的安全生产目标是合理保证企业经营管理合法合规、资产安全、财务报告及相关信息真实完整，提高经营效率和效果，促进企业实现安全发展战略。可见，建立内部控制框架所采取的控制措施只要能合理保证安全生产控制目标实现即可，不需要加大投入以期绝对避免各种风险的发生。所以要把握好成本效益的"度"，实现成本和效益的平衡。

五、安全管理启示

安全管理是一项系统工程，它包含着丰富的内涵。安全管理者只有不断加深自身的理论素养，学会用科学的眼光看问题，才能认清和把握安全工作的本质规律，在各种错综复杂的情况与是非面前，保持清醒的头脑和坚定的信念，才能更好地从事安全生产实践。为了更好地做到安全生产，创造无事故、零伤害的工作目标，需要更加严格地执行所制订的安全管理程序，并且根据相关方的要求而更新。安全工作需要所有管理人员和一线工人100%的支持，要在安全、环境、质量等诸多方面工作中积极努力、不断完善，实现持续改进。

1.安全宣传

（1）加强安全宣传工作，积极主动与员工和监管部门联系，尽力根据自身特点并兼顾其他方要求去展开安全生产工作。

（2）搭建宣传平台，营造赶、学、比、超的良好氛围，达到实施安全生产工作上的人人争优，处处争先。

（3）安全宣传不仅让企业员工受到教育，而且给企业领导和其他监管领导有耳目一新的感觉，能够增加他们对安全生产的信心和认同感。安全宣传给企业带来的是一种巨大的无形资产。

2.隐患控制

（1）消除潜在危险　即在本质上消除事故隐患，这是理想的、积极的、进步的事故预防措施。其根本做法是以新的系统、新的技术和新的工艺代替旧的不安全的工艺，从根本上消除事故发生的可能性。例如：用不可燃材料代替可燃材料；以导爆管技术代替导火索起爆方法；改进机器设备，消除操作对象和作业环境的危险因素，排除噪声、尘毒对的影响等，从本质上实现职业安全卫生。

（2）降低潜在危险因素　在系统危险不能根除的情况下，尽量降低系统的危险程度。一旦系统发生事故，将使其所造成的后果严重程度降到最小。例如：手电钻工具采用双层绝缘措施；利用变压器降低回路电压；在高压容器中安装安全阀、泄压阀抑制危险发生。

（3）冗余性原则　通过多重保险、后援系统等措施，提高系统的安全系数，增加安全余量。例如：在工业生产中降低额定功率；增加钢丝绳强度；飞机系统的双引擎；系统中增加备用装置或设备等措施，都是冗余性原则的具体体现。

（4）闭锁原则　在系统中通过一些元器件的机器联锁或电气互锁，作为保证安全的条件。例如冲压机的安全互锁器等。

（5）薄弱环节　在生产系统中设置薄弱环节，以最小的、局部的损失换取系统的总体安全。如我们经常见到的电路中的保险丝、煤气发生器的防爆膜、压力容器的泄压阀等。它们在危险情况刚出现时就发生破坏，从而释放和阻断能量，以保证整个系统的安全。

（6）坚固性原则　通过系统强度来保证其安全性，这是加大安全系数、提高结构强度等安全措施、保证其系统安全的最直接措施。

（7）个体防护　根据不同作业性质和条件配备相应的防护用品和安全用具，采取被动的措施，减轻事故及危害，以减轻灾害造成的伤害或损失。

（8）代替作业人员　在不可能消除和控制危险及有害因素的条件下，以机器、机械手、自动控制器和机器人等代替人的某些操作，防止危险和有害因素对人体的危害。代替作业人员的原则是今后安全科学技术发展的方向。

（9）警告和禁止　在生产现场或生产系统中采用光、声、色或其他标识作为传递组织和技术信息的目标，以保证现场或系统的安全。如宣传画、安全标志、安全标识、重大危险源标志牌、毒物周知卡、安全板报警告等。

第二节

酒与污水定律

一、概论

管理学上一个有趣的定律叫"酒与污水定律"，意思是一匙酒倒进一桶污水，得到的是一桶污水；把一匙污水倒进一桶酒里，得到的还是一桶污水。显而易

管理学上一个有趣的定律叫"酒与污水定律"。意思是一匙酒倒进一桶污水，得到的是一桶污水；把一匙污水倒进一桶酒里，得到的还是一桶污水。

显而易见，污水和酒的比例并不能决定这桶东西的性质，真正起决定作用的就是那一勺污水，只要有它，再多的酒都成了污水。

见，污水和酒的比例并不能决定这桶东西的性质，真正起决定作用的就是那一勺污水，只要有它，再多的酒都成了污水。

在任何一个企业组织里，其日常的生产生活中，几乎都存在这么几个难应付的人物（我们称之为刺头），他们总是和领导唱"对台戏"，总是和领导"顶着干"，他们存在的目的似乎就是为了把事情搞糟。打个比喻：他们像果箱里的烂苹果一样，如果不及时处理掉，它会迅速传染，把果箱里其他苹果也弄烂。烂苹果的可怕之处，在于它那惊人的破坏力。"刺头"的可怕之处也在于其对组织的破坏力。

在企业安全工作中，往往存在极少数的"三违"（违章指挥、违章作业、违反劳动纪律）人员，这部分人员会起到连锁性的示范效应，进而直接影响到其他人员的作业行为，弱化了安全管理方案和措施的有效落实，具有很大的破坏力。对这部分人员实行亮牌警告制（亮黄牌或亮红牌），若效果仍然不明显便应及时将其解雇，以提高安全管理工作人员在各层面的执行能力。同时，企业各层级管理者应注重自身的素质培养，为员工做正面的示范作用，在潜移默化中提高安全管理工作的质量。

二、从酒和污水定律到人才战略

几乎在任何组织里，都存在几个难弄的人物，他们存在的目的似乎就是把事情搞糟。他们到处搬弄是非，传播流言、破坏组织内部的和谐。最糟糕的是，他们像果箱里的烂苹果，如果你不及时处理，它会迅速传染，把果箱里其他苹果也弄烂，"烂苹果"的可怕之处在于它那惊人的破坏力。一个正直能干的人进入一个混乱的部门可能会被吞没，而一个无德无才者能很快将一个高效的部门变成一盘散沙。组织系统往往是脆弱的，是建立在相互理解、妥协和容忍的基础上的，它很容易被侵害、被毒化。破坏者能力非凡的另一个重要原因在于，破坏总比建设容易。一个能工巧匠花费时日精心制作的陶瓷器，一头驴子一秒钟就能将其毁坏掉。如果拥有再多的能工巧匠，也不会有多少像样的工作成果。如果你的组织里有这样的一头驴子，你应该马上把它清除掉，如果你无力这样做，你就应该把它拴起来。

在一个企业组织里，往往破坏力最大的并不是公然唱反调的"刺头"，而是那些两面三刀的"小人"。在现实生活中小人的能量是极大的，他并不亚于领导者的能力。在一个很好的企业班组里，有一两个"小人"随便一搅，他们或是到上级部门告状，或是在下面煽风点火，其结果：轻者能使功变为过，使好人灰溜溜变得心灰意冷，使一个好企业变成差企业，重者能把一个好端端的人或企业彻底毁掉。好人怕惹事，而软弱又助长邪恶，这些都有形无形、有意无意地纵容"小人"这些破坏者。在企业中不仅一般员工怕惹事，就是管理者也怕惹事。出了事，有些管理者不先怀疑告状的，领导者不先责怪闹事的，而是先责怪受害者：如："你惹他干什么？无风不起浪，一个巴掌拍不响"等等。中国有句古话说"宁可得罪君子，不可得罪小人"。因此导致先告状就先沾光，所以常常是恶人先告状。久而久之，小人得势，歪风当道，好人躲，能人走，组织就这样衰败了。这样的教训不胜枚举。而"小人"捣乱的真正高明之处就是在于这样一个渐变的过程中，谁都有义务、谁也都没有不可推卸的责任对此负责。因此，在企业安全生产中，任何组织和个人对于有巨大破坏力的东西都应该毫不犹豫地摒弃，哪怕它再微小、看上去再美丽也是一定要摒弃的。

三、酒与污水定律的意义

一个人的品质是多年养成的，企业就是在用人，不需要背负育人的义务。不合适的，不能融入企业文化的，尽快使之离开，这对企业是一个好处，对当事者也未必不是一件好事。常言道，长痛不如短痛。也有言道，该出手时就出手。这样的处置，也许企业是要付出一定的代价的，然而作者认为这种代价也是值得的。

在我们的可视范围里，要把60%的眼光放在10%的人才身上，把15%的眼光留给70%的庸才，把剩下的25%的眼光坚定不移

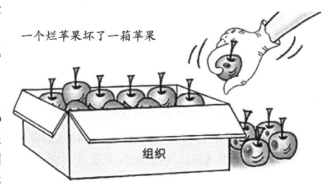

一个烂苹果坏了一箱苹果

组织

地盯住20%的小人。要趁那匙污水还没发臭之前，像变魔术一样将其悄悄地净化，即使倒进了甘醇的美酒里也不会坏了口味，反而增添了雅兴，这就是最好的效率！

四、安全管理启示

从经济学的角度看，企业就是个人的集合体，企业的整体效率取决于其内部每个人的行为，这就要求这个集合体内的每个人都能发挥最大效能，以保持团队的整体步调一致，动作协调。尽管要做到这一点很难，但只要找到合适的途径，就能顺利扬起企业的奋进之帆。酒和污水定律借鉴了国内外的成功经验，把一个最朴素的道理上升到理性的高度，围绕着组织一个高效安全管理团队的核心，进行浅显的解释和深入的探讨，为企业安全管理者提供安全生产中极有价值的建议。

现代企业安全管理的一项带有根本性的任务，就是对安全管理团体中的人加以指引和筛选，剔除具有破坏力的"污水"，使合格者的力量指向同一安全生产目标，这就是对安全管理人才的运作。

实际上在企业的安全管理中，总难免会有污水（各种隐患和各种违章违纪行为），而污水又总会给企业的安全工作带来各种各样的矛盾和冲突，这就要求企业安全管理者要掌握酒与污水的冲突与协调的技巧。酒和污水在一个安全管理组织中也存在着相互博弈的过程。发现问题、善解矛盾，在安全生产的战役中占得先机，是精明的企业安全管理者引领企业走向成功的重要砝码，而有效运用酒和污水定律，则是组织一个高效安全管理团队的最佳途径。

第三节

木桶定律

木桶定律是讲一只水桶能装多少水取决于它最短的那块木板。一只木桶想盛满水，必须每块木板都一样平齐且无破损，如果这只桶的木板中有一块不齐或者某块木板下面有破洞，这只桶就无法盛满水。一只木桶能盛多少水，并不取决于最长的那块木板，而是取决于最短的那块木板，也可称为短板效应。同理，任何一个组织，可能面临的一个共同问题，即构成组织的各个部分往往是优劣不齐的，而劣势部分往往决定整个组织的水平。因此，我们每个人都应思考一下自己的"短板"，并尽早补足它。

木桶的盛水量取决于桶壁上最短的木板

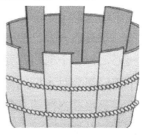
木桶理论

一、木桶理论的内容

盛水的木桶是由多块木板箍成的，盛水量也是由这些木板共同决定的。若其中一块木板很短，则此木桶的盛水量就被限制，该短板就成了这个木桶盛水量的"限制因素"（或称"短板效应"）。若要使此木桶盛水量增加，只有换掉短板或将其加长才行。人们把这一规律总结为"木桶原理"，或"木桶定律"，又称"短板理论"。

其核心内容为：一只水桶盛水的多少，并不取决于桶壁上最高的那块木板，而恰恰取决于桶壁上最短的那块。根据这一核心内容，"木桶理论"还有两个推论：其一，只有桶壁上的所有木板都足够高，那水桶才能盛满水。其二，只要这个水桶里有一块木板高度不够，水桶里的水就不可能是满的。

二、木桶理论的启发

由此演绎出弱项管理的概念，在安全管理工作中也应实施弱项管理，识别影响安全工作的主要原因或薄弱环节，集中优势资源加以改进，对企业发生的事故案例进行剖析，举一反三，从中吸取经验和教训；同时，应对间接事故案例进行分析，从中找出安全工作中存在的差距和问题，及时进行纠正与整改；当然，在改进的过程中又会出现新的短板或弱项，对此应本着持续改进的管理思想，使企业的安全管理水平呈现出螺旋式上升的良好态势。

三、木桶的演变

1.形态因素

（1）一个木桶的储水量，还取决于木桶的直径大小　每个企业都是不同的木桶，所以木桶的大小也不完全一致。直径大的木桶，储水量自然要大于其他木桶。各企业在进入市场之初，起步是不完全一样的，有的基础扎实，有的基础薄弱，有的资源面广，有的资源面窄，这都对企业最初的发展起到关键的作用。

（2）在每块木板都相同的情况下，木桶的储水量还取决于木桶的形状　在周长相同的条件下，圆形的面积大于方形的面积。因此，圆形木桶是所有形状的木桶中储水量最大的，它强调组织结构的运作协调性和向心力，围绕一个圆心，形成一个最适合自己的圆。因此，从做企业来说，企业的每一块资源都要围绕一个核心，每一个部门都要围绕这个核心目标而用力，作为总经理来说，偏颇任何一个部门都会对木桶的最后储水量带来影响。有一句话说得好，结构决定力量，结构也决定着木桶储水量。

2.相互作用

（1）木桶的最终储水量，还取决于木桶的使用状态和相互配合　虽然木桶的储水量取决于最短板的高度，不过，在特定的使用状态下，通过相互配合可增加一定的储水量，如有意识地把木桶向长板方向倾斜，其储水量就比正立时的木桶多得多；或为了暂时提升储水量，可以将长板截下补到短板处，从而提高储水量。

木桶的长久储水量，还取决于各木板的配合紧密性，配合要有衔接，没有空隙，每一块木板都有其特定的位置和顺序，不能出错。如果每块木板间的配合不好，出现缝隙，就会导致漏水。

一个团队，如果没有良好的配合意识，不能做好互相的补位和衔接，最终储水量也不能提高。单个的木板再长也没用，这样的木板组合只能说是一堆木板，而不是一个完整的木桶、一个团队。同理，一个企业的安全管理组织，如果没有良好的安全生产配合意识，最终安全生产水平不能提高，安全经理的水平再高也没用。

如果把木桶比作企业竞争力的支持元素，那么储多少水就是企业的真正竞争力，但是，所有的这一切，都是以一种静止的并且是理想的假设为前提的：即所有木桶都是在同等的取水状态下，比如是在下雨的天气，所有木桶都在接收落下来的雨水，并且不管接住的雨水用于何处、如何使用等等。

其实，储水本身是一个动态过程，做企业、做品牌，也并不仅仅是一个储水的过程，不是储水越多越好。其实最重要的还在于如何更有效率地储水和如何使用所储之水。

（2）木桶理论的动态演变

① 在储水前要清楚这样一个疑问，是先有水还是先有桶？先有大木桶还是先有小木桶？按照木桶理论，必然是先有木桶，再有水，然后不断调整，从小木桶到大木桶，从短木桶到长木桶，没有哪只木桶一开始就非常大非常深的。然而在实践上，也许是先有水再有木桶，或者是先有不成形的木桶，甚至只有几块木板，而不是桶，然后通过这几块紧缺的垄断的木板资源，赚到第一桶金，最后才做出第一个木桶。

② 储水量的多少是动态的，目标设定储多少水，决定于做多少长的木板，而不是越多越好。多了是浪费投资，少了是不求进取。

储水量的多少，有时并不是企业竞争的全部，市场竞争并不是所有木板都超过对手，有时为了竞争还需要故意卖个破绽给对手，而以自己的集中优势攻别人的相对弱势取得胜利。就如田忌赛马。当敌众我寡时，就需要集中一点优势予以击破，这就是相对竞争优势。

（3）木桶理论中水的使用演变　所有的储水过程，还在于都是为了让水得到最大的使用价值，是可以使用的水。

一个木桶，首先它至少要有两块最牢固的木板装成提柄，以能轻松提取。这两块长板必须能负荷起整个木桶的重量。这就是木板的明星效应：如果这木桶的板都一样长，只是说明你有这个储水潜力，如何发挥潜力及把它运出来，必须要有一定的借力，运用提或拉的动作操作起来。

从木桶本身来说，一个木桶至少要有两块木板比其他木板更长更牢固，才可以在上面装上借力的提柄，在装提柄位置的木块要特别经得起提拉，所谓提纲挈领就是此意。作为企业，必须要培养核心竞争优势，以这一两点核心优势能够统领整个公司的发展。否则只是作为一个光溜溜的木桶，实在难以将它提起。

同样，一只太深的木桶，却装着太浅的水，这必将影响木桶的使用效率。这同样也不是一个企业追求的最终目标。

3.形状因素

（1）木桶储水多少还取决于各块木板的厚度　如果木板的厚度不够，水桶的直径越大，木板越长就越危险。我们将员工的技能看作木板的长短，员工的品德看作木板的厚度，对于一个企业来说，企业的发展不仅仅是看它拥有多少有能力的员工，更要看它拥有多少品才都较优秀的员工。如果没有品德，那么这个员工对于企业的损害程度将与他的技能成正比。

（2）木桶储水多少还取决于木桶底面的面积　如果一个水桶的底面面积不够大，就等于没有了一个平台，就会把员工束缚住了，难以施展手脚。当桶底足够大时员工们就可以发挥自己的特长，即使再短的板子也需要一定的空间。所以企业必须给员工一个大的桶底，一个大的平台，才会让员工慢慢地成长，才会有发展的机会。

4.综合分析

对一个企业来说，最短的那块"板"其实也就是漏洞的同义词，必须立即想办法补上。如果把企业的管理水平比作三长两短的一只木桶，而把企业的生产效率或者经营业绩比作桶里装的水，那影响这家企业生产效率或绩效水平高低的决定性因素就是最短的那块。企业的板就是各种资源，如研发、生产、市场、行销、管理、品质等等。为了做到木桶"容量"的最大化，就要合理配置企业内部各种资源，及时补上最短的那块"木板"。如果具体到人力资源管理的问题上来

说，又可以将木桶视为人力资源管理的绩效，木桶的板则分别代表人力资源规划、工作分析与职位设计、人员的招募甄选和雇用、发展培训、绩效管理、薪酬管理、企业文化等各方面内容。所以，木桶有大小之分，木桶原理也有整体和局部之分，我们所要做的事情就是找到我们自己的桶，然后找到那块最短的板，并去加高它！

但是，要想完全克服最薄弱的环节是不可能的，一根链条总有最弱的环节，强弱本来就是相对而言的。问题在于你能承担这个弱点到什么程度，一旦它已成为工作的瓶颈，就必须下手了。

5.推广运用

除了用人，木桶效应在企业的销售能力、市场开发能力、服务能力、生产管理能力等方面同样有效。进一步说，每个企业都有它的薄弱环节。正是这些环节使企业许多资源闲置甚至浪费，发挥不了应有的作用。如常见的互相扯皮、决策低效、实施不力等薄弱环节，都严重地影响并制约着企业的发展。

因此，企业要想做好、做强，必须从产品设计、价格政策、渠道建设、品牌培植、技术开发、财务监控、队伍培育、文化理念、战略定位等各方面一一做到位才行。任何一个环节太薄弱都有可能导致企业在竞争中处于不利位置，最终导致失败。

四、典型案例

一个企业要想成为一个结实耐用的木桶，首先要想方设法提高所有木板的长度。只有让所有的木板都维持"足够高"的高度，才能充分体现团队精神，完全发挥团队作用。在这个充满竞争的年代，越来越多的管理者意识到，只要组织里有一个员工的能力很弱，就足以影响整个组织，从而难以达到预期的目标。而要想提高每一个员工的竞争力，并将他们的力量有效地凝聚起来，最好的办法就是对员工进行教育和培训。企业培训是一项有意义而又实实在在的工作，许多著名企业都很重视对员工的培训。

根据权威的IDC公司预计，在美国，到2015年企业花在职工培训的费用总额将达到114亿美元，而被誉为美国"最佳管理者"的GE公司总裁麦克尼尔宣称，GE每年的员工培训费用就达5亿美元，并且将成倍增长。惠普公司内部有一项关于管理规范的教育项目，仅仅是这一个培训项目，研究经费每年就高达数百万美元。他们不仅研究教育内容，而且还研究哪一种教育方式更易于被人们所接受。员工培训实质上就是通过培训来增大这一个个"木桶"的容量，增强企业的总体实力。而要想提升企业的整体绩效，除了对所有员工进行培训外，更要注重对"短木板"——非明星员工的开发。

有一个华讯公司员工，由于与主管的关系不太好，工作时的一些想法不能被肯定，从而忧心忡忡、兴致不高。刚巧，摩托罗拉公司需要从华讯借调一名技术人员去协助他们搞市场服务。于是，华讯的总经理在经过深思熟虑后，决定派这位员工去。这位员工很高兴，觉得有了一个施展自己拳脚的机会。去之前，总经理只对那位员工简单交代了几句："出去工作，既代表公司，也代表个人。怎样做，不用我教。如果觉得顶不住了，打个电话回来。"

一个月后，摩托罗拉公司打来电话："你派出的兵还真棒！""我们还有更好的呢！"华讯的总经理在不忘推销公司的同时，着实松了一口气。这位员工回来后，部门主管也对他另眼相看，他自己也增加了自信。后来，这位员工对华讯的发展作出了不小的贡献。

华讯的例子表明，注意对"短木板"的激励，可以使"短木板"慢慢变长，从而提高企业的总体实力。人力资源管理不能局限于个体的能力和水平，更应把所有的人融合在团队里，科学配置，好钢才能够用在刀刃上。木板的高低与否有时候不是个人问题，是组织的问题。

所以，在加强木桶盛水能力的过程中，不能够把"高木板"和"低木板"简单地对立起来。每一个人都有自己的"高木板"，与其不分青红皂白地赶他出局，不如发挥他的长处，把他放在适合他的位置上。

五、安全工作的优化

1.改变木桶结构可增加储水量

从木桶原理中，我们可以发现，木桶的最终储水量，不仅取决于最短的那块木板，还取决于木桶的使用状态和木板间的衔接与配合。在特定的使用状态下，通过相互配合，可在一定程度上增加木桶的储水量，比如：有意识地把木桶向长板方向倾斜，木桶的储水量就会比正立时多得多；或为了暂时地提升储水量，可以将长板截下补到短板处，从而提高木桶储水量。企业的安全生产管理中何尝不是如此。

2.通过激励让"短木板"变长

毫无疑问，在企业的安全生产中最受欢迎、最受关注的是安全明星员工，即在安全生产中能力超群的员工占少数。管理者往往器重安全明星员工，而忽视对一般员工的利用和开发。这样做很容易打击团队的士气，从而使"安全明星员工"的才能与团队合作两者间失去平衡。想要避免这个问题，管理者就需要多关注普通员工，特别是对那些"短板员工"要多一些鼓励、多一些赏识。

3.别让"短板"葬送自己

如果把木桶比作人生，那么"短板"实际上就是我们生命中的一些弱点。比如，很多人不注意个人习惯，导致在生活和工作中出现失误。缺点和毛病就是人的"短板"，因为它们的存在，制约了一个人才能的发挥。有时候，一些不良的习惯甚至有可能葬送一个人的事业。所以，我们不能被缺点牵着鼻子走，而要主动将"短板"加长，将缺点纠正过来。

① 只有构成木桶的所有木板都足够高，木桶才能盛满水。

② 所有木板比最低木板高出的部分都是没有意义的，高的越多，浪费越大。

③ 要想增加木桶的容量，应该设法加高最低木板的高度，这是最有效也是最直接的途径。

我们要想取得安全生产成功，就要设法加高我们的短板，否则无论我们的长板多高，都是毫无意义的。做个全面安全发展的人。

六、新木桶定律

我们知道的木桶定律——桶装水的多少，取决于最短的一块木板。传统的木桶定律是把木桶放在平面上来衡量的。但是，如果把木桶放置在一个斜面上的时候，木桶装水的多少就取决于最长的一块木板的长度。当然这要求长与长要正相对，并且长木板的周围要有相应长度的木板作为它的辅助。也就是说当我们比别人在某一块短一大截儿时，不但要选择合适的斜度，更重要的是把其他木板合理排列起来，使它们发挥应有的作用。这样才可以最大限度地利用现有的木板。

平面上的木桶，处于一个成熟的市场环境下，有成熟的游戏规则来管理整个市场，但是在一个不完善的市场体系和规则下，就要发挥我们的能动性，创造性地利用现有规则的有利条件，当别人在计较平面的时候，我们利用斜面和合理排列木板来增加我们装水的能力。

同时，还可以把斜面理解为对于企业或公司不利的或负面的外部环境，那么这时要做的，就是如何在不利的环境中做到效能的最大化；同样也可以联系到危机管理，如何在企业经营的外部环境出现危机的时候，做到合理的应对，从而"转危为机"。

尺有所短，寸有所长。我们比别人短的板子，可能不会很快地在平面上弥补，在现在的市场速度下，已经不容许有充足的时间来弥补自己的不足了，以后也不会再有像海尔、长虹那样的企业，市场给十几年的时间来发展自己，所以，我们就要利用自己的长处，创造一个属于自己的斜面，尽可能发挥我们现在拥有的条件。先比别人多蓄水，蓄水之后，在过程中改善我们的短板，实现一个跨越式的发展。

第四节

蝴蝶效应定律

一、概述

20世纪70年代，美国一个名叫洛伦兹的气象学家在解释空气系统理论时说，亚马逊雨林一只蝴蝶翅膀偶尔振动，也许两周后就会引起美国得克萨斯州的一场龙卷风。蝴蝶效应是说，初始条件十分微小的变化经过不断放大，对其未来状态会造成极其巨大的差别。有些小事可以糊涂，有些小事如经系统放大，则对一个组织、一个国家来说是很重要的，就不能糊涂。

蝴蝶在热带轻轻扇动一下翅膀，遥远的国家就可能造成一场飓风

蝴蝶效应定律是指：微小的起因加之相应因素的相互作用，极易产成巨大的和复杂的现象，也就是说一个微小的事件容易连锁造成极大的事故。在安全管理工作中企业应注重细节管理，建立健全动态跟踪与考核管理体系，在领导重视、全员参与的基础上真正务实地做到防微杜渐，将事故消除在萌芽状态之中，将危险源控制在能量受控状态；安全工作无小事，有时一次人身伤亡事故的发生，在进行原因分析时，往往是由于一时的疏漏而造成的，企业应树立安全工作无小事，安全管理应该小题大做的管理理念，从抓细节入手进而以点带面来提升企业的整体安全管理水平。

在现实生活中，蝴蝶效应告诉我们一些看似极微小的事情，却有可能造成整件事情的分崩离析。就像我们下棋、做生意一样，往往"一着不慎，满盘皆输"和"差之毫厘，失之千里"。读读这个在西方流传的一首民谣，会让我们更形象地了解到蝴蝶效应在生活中无形的影响力：

丢失一个钉子，坏了一只蹄铁；

坏了一只蹄铁，折了一匹战马；

折了一匹战马，伤了一位骑士；

伤了一位骑士，输了一场战斗；

输了一场战斗，亡了一个帝国。

安全生产十大安全定律

第二章

21

不要觉得这首民谣显得有些夸张，就像"千里之堤，溃于蚁穴"一样，微小的事情确实能够造成这样的后果。马蹄铁上一个钉子是否会丢失，本是初始条件的十分微小的变化，但其"长期"效应却是一个帝国存与亡的根本差别。可见，初始条件的十分微小的变化经过不断放大，对其未来状态会造成极其巨大的差别。

二、典型案例

亨利·福特，是美国福特（Ford）汽车公司的创始人。他大学毕业去汽车公司应聘，一同应聘的其他几个人学历都比他高，但是唯独他被录用了。因为他在走进董事长办公室时，把地上的一张废纸扔进了垃圾篓。

福特的这个不经意的动作，使他迅速开始了自己的辉煌之路，也使得福特汽车闻名全世界。其实这些看似偶然的事情，实则必然。著名心理学家、哲学家威廉·詹姆士说过："播下一个行动，你将收获一种习惯；播下一种习惯，你将收获一种性格；播下一种性格，你将收获一种命运"。

总而言之，被科学家用来形象地说明混沌理论的"蝴蝶效应"，的确存在于我们人生历程中的各个角落：一次大胆的尝试，一个灿烂的微笑，一个习惯性的动作，一种积极的态度和真诚的服务，都可以触发生命中意想不到的起点，它能带来的远远不止于一点点喜悦和表面上的报酬。

蝴蝶效应告诉我们：防微杜渐，不能忽视小的漏洞和差错，以免造成大祸。

三、安全启示

看似荒谬和极端的理论，却说明事物发展对初始条件具有极敏感的依赖性，初始条件的极小偏差，将会引起结果的极大差异。因此，安全生产要从防微杜渐开始，"防"在细微之处，"杜"在行动之中。我们应该从注重细节做起，从源头消除偏差，防止造成"失之毫厘，谬以千里"的后果，把不安全因素消除于萌芽之中。

这就是蝴蝶效应给安全生产的启示，它告诉我们细节的重要性。

四、制度、管理和安全

1.企业要做到安全生产，主要靠制度和管理

（1）安全制度是最重要的　有了制度才有参照，才有执行的依据，否则，一切无从谈起。"没有规矩，不成方圆"，根据工作中较易出现的违规行为，制订出相应的制约制度十分必要，而且越细越好。

（2）现场安全管理是重要一环　制度形成了，关键在执行。有道是"赢在执行"，有了好的制度，执行不好，制度就成了一纸空文。要把制度执行下去，就要靠现场安全管理。这两点，毋庸质疑。然而，有了完善的安全制度和执行到位的现场安全管理，就能使员工不违规操作了吗？

让我们先来聆听一下一位现场安全管理者的声音：处罚从轻从宽，起不到应有的警示作用；从重从严，将会激起人的逆反心理，还可能因此生发出其他问题。

再来看看一位网友的感言："一次在甲板上干活，天气很闷很热，有点让人喘不过气来。真想把头发都剃光了，别说戴着安全帽了。干了一会，心想：把安全帽脱了吧，总不会那么巧就碰着头了吧，总不会那么巧被安全管理员抓到了吧。一边为自己找脱安全帽的理由，一边就把安全帽给脱了。不一会工夫我就把没戴安全帽这事给忘了，当我猛一抬头，后脑勺重重地碰在了舱口围上，疼得我在甲板上直打滚，碰处立马就起了个大血包。当时我就是想不通，怎么就那么巧呢？这样的小概率事件真的就发生在我身上了啊！"

上述两种情况，其实十分普遍。即使在安全制度与安全管理工作都很到位的情况下，也会出现。两段感言，让我们看到，光靠制度和管理，还不能从根本上解决问题。

2.蝴蝶效应的另一种启示

完善的安全制度，是约束和指导员工行为的准则；现场安全管理，是使安全制度贯彻执行的保障。而蝴蝶效应则告诉了我们，每一个细节的疏忽都有可能引发极大的不良后果。启发了每一位员工，要自觉遵守制度，自觉地注意每一个细节，自觉地约束自己的行为。只有自觉和认同，才能从源头上消除安全隐患。所以，除了完善的安全制度和到位的现场安全管理，还需要去营造一种员工认同的氛围。只有营造了这种氛围，才能提高员工的安全意识。

这就需要我们利用各种平台、各种方式，不断开展各类安全知识的宣传、教育、培训和其他活动，丰富企业安全文化的内容。这些看似边缘性的各种安全文化工作，很可能会像亚马逊蝴蝶扇动的翅膀一样，产生良性连锁反应，使员工逐渐培养出良好的安全行为习惯和安全意识，营造出一种认同与自觉的良好氛围；反之，也许因为我们忽略了这些工作，蝴蝶扇动的翅膀可能会造成员工认识上的偏颇，形成员工安全意识淡薄、对安全制度和安全管理有抵触心理、对安全行为心存侥幸等不良氛围。

这也许是"蝴蝶效应"对安全管理的另一种启示：制度、管理、文化三者应该齐头并进。

安全生产十大安全定律 第一章

第五节

热炉定律

一、概述

　　管理定律中有个著名的热炉定律：是指当人要用手去碰烧热的火炉时，就会受到"烫"的惩罚。每个企业在进行安全管理工作时都有相应的规程和规章制度，任何人触犯了这些条款都应受到相应的惩戒和处罚。企业首先应完善安全管理方面的有关文件；其次本着做所写的原则严格予以实施；再次应对实施效果进行全方位评价。热炉定律告诉我们：在安全工作中应先警告后立即处罚，安全制度条款面前人人平等，不能搞特殊化，用这些原则来保证员工现场作业规范化和标准化，进而减少事故的发生。

二、处罚原则

　　热炉定律形象地阐述了以下惩处原则。

　　① 警告性原则　热炉火红，不用手去摸也知道炉子是热的，是会烫伤人的。

　　② 确定性原则　每当你碰到热炉，肯定会被烫伤。

　　③ 即时性原则　当你碰到热炉时，立即就会被烫伤。

热炉定律

　　有人在工作中违反了规章制度，就像碰触一个烧红的火炉。一定要让他受到"烫"的处罚。与奖赏类的正面强化手段相反，"烫"的处罚属于反面强化手段。"热炉定律"指导我们"三性"，即刻性、预先示警性、彻底贯穿性。我们需要用这三个特性来完善管理制度。

④ 公平性原则　不管谁碰到热炉，都会被烫伤。

三、贯彻安全制度

热炉定律能指导管理者有效地贯彻制度，这是因为触摸热炉与安全制度执行之间有许多相似之处。

① 当你触摸热炉时，你得到即时的反应。你在瞬间感受到灼痛，使大脑毫无疑问地在原因与结果之间形成联系。

② 你得到了充分的警告，使你知道一旦接触热炉会发生什么问题。

③ 其结果具有一致性。每一次接触热炉，都会得到同样的结果——你被烫伤。最后，其结果不针对某个具体的人。无论你是谁，只要接触热炉，都会被烫伤。

从以上对热炉定律的理解来看，企业在贯彻安全制度执行力方面，需要让员工懂得安全制度的不可侵犯性，以及犯错的负面作用，需要遵从以下程序。

1.尽可能迅速反应

如果违规与对违规的矫正之间的时间间隔延长，则会减弱训导活动的效果。在过失之后越迅速地进行训导，下属越容易将训导与自己的错误联系在一起，因此，一旦发现违规，应尽可能迅速地开展训导工作。

2.事先警告

作为管理者，在进行正式的教导之前有义务事先给予警告。也就是说，必须首先让下属了解到企业的安全生产规章制度并接受企业的安全行为准则。

3.行使权利的一致性

公平地对待下属。如果你以不一致的方式处理违规，则会丧失安全规章制度的效力，降低下属的工作士气，下属对你的工作能力也会产生怀疑。烫火炉是不讲情面的，谁碰它，就烫谁，一视同仁，对谁都一样，和谁都没有私交，对谁都不讲私人感情，所以它能真正做到一视同仁。

4.对事不对人

热炉定律的最后一项是不针对个人。处罚应该与特定的过错相联系，而不应与违犯者的人格特征联系在一起。也就是说，应该指向下属所做的行为而不是下属自身。

四、典型案例

1.古代案例

三国时代孔明挥泪斩马谡的故事就是热炉定律的一个好案例。马谡是诸葛亮的一员爱将。诸葛亮在与司马懿对战街亭时，马谡自告奋勇要出兵守街亭。诸葛亮虽然很赏识他，但知道马谡做事未免轻率，因而不敢轻易答应他的请求。但马谡表示愿立军令状，若失败就处死全家，诸葛亮只好同意给他这个机会，指派王平将军随行，并交代马谡在安置完营寨后须立刻回报，有事要与王平商量，马谡一一答应。可是军队到了街亭，马谡执意扎营在山上，完全不听王平的建议，而且没有遵守约定将安营的阵图送回本部。司马懿派兵进攻街亭时，在山下切断了马谡军队的粮食及水的供应，使得马谡兵败如山倒，蜀国的重要据点街亭因而失守。面对爱将的重大错误，诸葛亮没有姑息他，而是马上挥泪将其处斩了。

火炉面前人人平等，谁摸谁挨烫。诸葛亮不因马谡是自己的爱将就网开一面，从而保证了惩罚的平等性。事前预立军令状，做到了预防性。撤军后马上执行斩刑，体现了即时性。正是因为能做到这些，才使蜀国在实力最弱的情况下存活了那么长时间，军队也保持了长久的战斗力。

2.现代案例

为做到在市场竞争中长期站稳脚跟，希望集团的基本方法是"严厉和宽容"。希望集团的治厂方针是"用钢铁般的纪律治厂，以慈母般的关怀善待员工"。它的严厉，是指执行规章制度不允许搞下不为例，不允许打折扣。曾有人建议希望集团的总裁陈育新将"严厉"改为"严格"，但遭到了陈育新的拒绝。他认为，只有将严格上升到严厉的程度才能表达他"钢铁般"的本意。

希望集团的严厉体现在制度的制定、执行和检查上。在数年前，希望集团美好食品公司，还是一个连年亏损几百万元的公司，在更换了总经理后，第一年就转亏为盈，之后连年赢利以千万元计，显示出强劲的发展势头。靠什么？总经理道出真谛，靠员工"十不准"戒规。这些戒规条款几近苛刻，但正是对它的严格执行让员工形成了良好的工作习惯，保证了公司的高效率运转。

作者认为在企业安全管理中，严厉最体现胆识，宽容则体现胸怀。严厉要体现公平，通过严厉不但可以消除不良现象，保证公司高效率运行，而且还可以发现人才、造就人才。但宽容的前提是企业领导人的头脑必须清醒，糊涂的宽容非但达不到目的，还会对违反规章制度的行为造成包庇和纵容。必须让员工明白，宽容是有限度的，并且宽容只会发生在提高认识之后。希望集团的企业管理经验证明：在严厉基础上的宽容效果才好，在宽容之后的严厉才更有力度。

海尔集团有个规定，所有员工走路都必须靠右行，在离开座位时则需将椅子推进桌洞里，否则，都将被处以罚款。在实践中，海尔就是这样做的。在奥克斯集团的各项纪律中，有一项规定是开会时不得有手机铃声，若违反，每记铃声罚款50元。在奥克斯集团内，无论大会小会，都不会受手机铃声的干扰，即使是刚进奥克斯的新人也知道必须养成这样的良好习惯，绝不触犯。

这些企业之所以做这样的规定，用意无非是希望全体员工在心目中形成一种强烈的观念：制度和纪律是一个不可触摸的"热炉"。

惩罚制度毕竟是手段而不是目的，使用过滥就会适得其反。企业制订和推行惩罚制度，关键是要遵循公开、公正、公平、公心的原则，并从技能培训、企业文化建设和建立科学的奖惩机制入手，使员工心悦诚服、勇于认错。这样，"热炉"给员工的就不仅仅是烫、而且还会有温暖的感觉。

五、热炉定律的几大原则

"火烈，民望而畏之，故鲜死焉；水懦弱，民狎而玩之，则多死焉"。由《左传·昭公二十年》中郑国子产的话，想到西方管理学家提出的"热炉定律"。这一法则形象地阐述了执行法规制度时的惩处原则，对于如何惩治和预防事故不无借鉴意义。

1. 预警性原则

热炉通红，不用手去摸就知道炉子是热的，会烫伤人。这通红的"火炉"就好比安全法规，是一柄时刻悬在每个人心头上闪着寒光的"达摩克利斯剑"。企业中的每个领导者和员工，切不可忘乎所以，必须常怀敬畏之心，自觉接受安全法规的约束和教育，时时想想那通红灼人的"火炉"，想想人生道路上的"红绿灯"，就不敢为所欲为了。

2. 必然性原则

每当你触摸到热炉时，无论是谁采取什么方式触摸，都肯定会被灼伤，也就是只要触犯了国家安全法律和企业安全生产规章制度，就一定会受到严肃惩处。"树上有一只鸟被打死，其它九只鸟却吓不跑"。这些"菜鸟"就是抱着一种侥幸心理，以为自己摸了"热炉"，不一定会被灼伤。克服这种现象，必须树立安全制度法规约束力的绝对权威，使那些贪婪之人，掂量掂量炙热"火炉"的温度，也就不敢伸手了。

3. 即刻性原则

当你碰到热炉时，立即会被灼伤，也就是惩处必须在错误行为发生后及时进行。"刑罚不时，则民伤；教令不节，则俗弊"。要想铲除事故之癌，"除恶务快"是很重要的一环。

4. 公平性原则

"热炉"没有任何"弹性"，无论什么人，无论何时何地，只要触摸了"热炉"，都会被灼伤。"伸手必被捉"。只要做到"不辨亲疏，不异贵贱，一致于法"，除恶务尽，有贪念者就不敢再去触碰"热炉"了。

"巨壑虽深，兽知所避；烈火虽猛，人无蹈死。"看来，我们必须充分发挥"热炉定律"的巨大威力，使事故肇事者真正受到惩处和震慑，这样安全教育才有说服力，安全制度和监督才有约束力。

六、热炉定律与人性化管理

人性既有恶的因素，也有善的因素，在企业安全管理实践中，既要制订一些惩罚性的制度抑制人性的丑恶，更要激发人性中的善良。热炉定律是管理学的一个重要管理定律，人们已普遍认识了它的警告性、严肃性、即时性、公平性等特点，但是对其自身所固有的冷酷性、严肃性、消极性、独裁性等特征却很少重视，更缺乏必要的反思。

热炉定律的原始意思是，任何人都知道炉火熊熊燃烧时不能用手触摸，只要你伸手一碰，炉火立该就会把你烧伤，每个企业都应该拥有某些不可触犯的安全制度，这些安全制度就是一只只火炉，任何人胆敢触犯都会受到严厉的惩罚。而人们之所以青睐热炉定律，更多地还是因为其严肃性及公平性。所谓公平，是讲火炉是六亲不认的，不会偏爱任何人，不管是谁，只要你胆敢触摸火炉，热炉都会毫不留情地将你烧伤。

但实际上，企业安全规章制度并不是热炉，并不客观地具有热炉定律的四大特征。安全制度是由人制订出来的，也必须由人来执行，所以，安全制度是否具有热炉的四大特征也是由人决定的。同时，安全制度作用的对象也是人，人与制度的关系其实就是人与人之间的关系，所以，我们不得不思考以下被普遍忽视的问题：人们能否完全抛弃自身的情感、信仰、价值观等非理性因素，从而把错综复杂的人际关系演变为单纯的人与制度的关系？热炉定律被完全实践和贯彻之后，是否解决了所有的问题？

热炉定律本身存在着许多先天缺陷，过度推崇和依赖热炉定律，不仅解决不了所有存在的问题，还会制造出新的麻烦。热炉定律存在以下不足。

① 冷酷性　如果你被热炉烫伤了，热炉不会告诉你为什么，唯一的原因就是你胆敢触摸它，同时，热炉也不会告诉你下一次怎样才能避免碰到它的火焰。

② 机械性　人们触摸到热炉的原因很多，可能是有意，可能是无意，也可能是不小心，甚至出于善意，但是热炉并不关心人的动机，它只关注事情的结果，只要造成的结果相同，一律给以公平的待遇：立即灼伤。

③ 消极性　炉火熊熊燃烧，告诫着人们，千万不要试图触摸它。可是，企业成败的关键并不在于员工知道不该做什么，而在于员工知道应该做什么，显然，热炉只能告诉员工不该做什么，所以比较消极，不能发挥积极的激励效果。

④ 独裁性　这里为何要放一只热炉？热炉不会回答你，只有熊熊的火焰告诫你：千万不要触摸！

鉴于此，我们在辩证地看待热炉定律的同时，还应该学会如何充分利用它的优势，尽量规避它的消极影响。

（1）安全制度要从员工的心里流出　诺斯古德·帕金森谈到热炉定律的警告性时解释说，事先警告的内容主要有：一是定制度后要做宣传，让人们明确制度的意义和必要性，在思想上有所准备；二是要告诉他们怎样做是值得提倡的，是该奖励的；哪些做法和行为是错误的，是会被处罚的。

制度应该事先公布，而不能秋后算账，诺斯古德·帕金森看见了这一点，但他没有点中问题的要害。依照帕金森的意思，制度是由管理者们设计的，然后组织人们学习，认识其重要性和必要性。可是，如果人们经过学习之后仍然不能认识制度的重要性和必要性怎么办，这些制度是不是仍然按照管理当局的意愿执行呢？这种思想正好暴露出了热炉定律的独裁性：别问我为什么，碰我就要烧伤你。

人们固然不会真正地去质问火炉，但会质问制度的设计者，设计者强行推行自认为重要的制度，并且贯彻热炉定律，人们自然也有对策可用：

① 不触犯制度，也不会积极做事；

② 团结一致，共同对抗制度，用水浇灭火炉；

③ 炉火太大，无法扑灭时，只有一走了之，辞职离去。

没有人心甘情愿地遵守别人强加的约束，无论人们用哪一种方法进行反抗，对组织的发展都是不利的。因此，运用热炉定律的第一要领，就是民主化管理，设计的制度要真正代表民意。

（2）让安全制度活起来　作为全体员工共同遵守的安全规章制度，当然应该具有严肃性，对事不对人，无论谁违反了安全制度，都要接受相同的处罚，只有这样，才能维护安全制度的权威，使其像一个红红的热炉一样，时时告诫着企图犯规者。然而，安全制度设计者不可能考虑到影响安全制度运行的所有因素和情景，如果坚持百分之百的严肃性，就反而使制度僵化，变得不合情理，甚至适得其反。所以，贯彻热炉定律的时候，坚持严肃性的同时，还需留有一定的弹性和灵活性。以下两种情景下，灵活性是至关重要的。

① 一视同仁下的因人而异　同样的结果可能出自不同的原因，设计安全制度的时候，一般比较重视结果，对原因不能充分考虑，也无法充分考虑。如果过分考虑原因，安全制度往往难以执行。因为，人们总会找出各种各样的理由为自己的过失开脱，所以，安全制度应该一视同仁。

但是，事情总是一分为二的，针对同样的结果，给以同样的处罚，有时反而不能使当事人心服口服，甚至引起员工的普遍不满，认为组织没有一点人情味，从而导致士气低落。原因何在？

从违规者的行为动机分析，主要有以下四种可能性：

a.出于能力低下或者主观恶意；

b.出于无意，不小心触犯了安全制度；

c.由于客观条件的限制，无法完成任务；

d.出于善良的动机，结果事与愿违，违反了安全制度。

对于第一种情景，严格按照安全制度执行将会得到普遍的支持，对于第二种情景，人们一般会对违规者寄予一定的同情，至于第三、第四种情景，人们除了同情之外，还会给以谅解和宽容。由此可见，如果完全不考虑行为的动机，只问结果，对所有的违规者一视同仁，往往适得其反，可能会引起普遍的不满。

另外，不同的违规者对组织的历史贡献差异较大，给予的处罚也应因人而异，这是中国的传统文化意识的要求。在西方国家，尤其在美国，情形完全不同，员工与组织之间是一种单纯的交易关系，你的贡献大，组织已经给了你相应的回报，这是一种等价交换，组织既不欠你的金钱，也不欠你的感情；对于中国来说，员工与组织不是纯粹的经济关系，企业既是员工工作的地方，也是员工生活的地方，员工对企业的投入不仅有知识和技能，还有青春和感情，员工与企业就是一个命运共同体。所以，如果企业严厉处罚那些曾有重大贡献的违规者，就会伤害员工的感情，因为人们此时就会想起中国的一句古话：鸟尽弓藏，兔死狗烹。

② 灵活对待没有生命力的安全制度　有时候，环境与条件都已经发生了质的变化，原来的安全制度已经变得不合情理，但安全制度没有及时变革，依然具有合法性，这就给管理者出了一个难题，不执行安全制度，安全制度就失去了严肃性，执行安全制度，就会制造出人为的违规事件，导致员工的不满。应该怎么办？《中国管理寓言》一书里有个慧王吞蛭的故事，也许能给我们一丝解决问题的灵感。故事的内容如下：

楚慧王是春秋时期一位杰出的国君。有一次，他让厨师做了一道冷酸菜，吃了以后，突然肚子不舒服，吃不下饭，病倒了。令尹听说以后急忙进宫询问病因。慧王说："我昨天吃冷酸菜时，看到菜里有一条蛭。我当时想，如果把蛭挑出来而不判厨师和食监的罪的话，法律就会变成一纸空文，我的威信就无法树立，国家也会无法推行政令；可是真的要判罪的话，那么厨师他们就应该依法处死。我不忍那样做，我怕蛭被别人发现，就吞到肚子里去了。原本想没有什么问题，结果却不舒服。"令尹听完以后，马上离席向慧王深施一礼，说："我听说上天对人不分亲疏，只帮助有德之人。大王仁德如此，上天一定会保佑你的。请医师调理一下，一定会好的"。第二天，慧王排下了蛭，病完全好了。故事中的楚慧王感觉到了制度的不合理，但是制度毕竟没有废除，它依然具有合法性，一方面要维护制度的严肃性，另一方面不能处死厨师，这是一个两难选择。楚慧王的对策是，假装没有看见菜里的蛭，直接吃到肚子里去。

这则故事给了我们安全管理的启示：严格执行现有的安全规章制度，这是组织管理的要求，领导者应该以身作则，对所有的员工应该一视同仁，不能因人而异；让安全制度活起来，针对不同的情景、不同的员工进行灵活的应变，则是一种微妙的领导艺术，运用之妙，存乎一心，不可为外人道。

③ 别让安全制度阻碍员工的成长　美国管理学家阿吉里斯提出了不成熟-成熟连续流理论，其《管理学原理》一书里对不成熟员工和成熟员工的性格特征进行了总结，不成熟的员工具有的特征是：被动性、依赖性、办起事来方法少、兴趣淡漠、目光短浅、从属的地位、缺乏自知之明；成熟的员工具有的特征是：能动性、独立性、办起事来方法多、兴趣浓厚、目光长远、有自知之明、能自我调控。阿吉里斯认为传统的组织设计死抠规章制度，使职工处处听命于上级，变得消极被动，依赖成性。阿吉里斯指出，如果一个组织不为人们提供使他们成熟起来的机会，或不提供把他们作为已经成熟的个人来对待的机会，那么人们就会变得忧虑、沮丧，并且将会以违背组织目标的方式行事。

一个组织过于看重热炉定律，就意味着组织里到处都是冒着熊熊火焰的热炉，员工稍有不慎就会碰到火焰，经过一段时间的学习，员工终于明白，不被火烧的可靠方法就是听话，不要乱动，在此过程中，员工逐渐养成了许多不成熟的个性特征，同时也变得忧虑、沮丧和压抑，缺乏成就感。发展下去，迟到、旷工、恶意破坏、离职等越演越烈，热炉定律受到严重的挑战，再也无法维护自己的权威了。

对比成熟员工和不成熟员工的个性特征，任何聪明的管理者都会作出明智的选择，但是实际上，大多数管理者都在做着相反的事情，正是他们过于严厉、刻板的安全制度化管理阻碍了员工的良性发展。要想培养成熟的员工，就要尽量减少热炉的数量，给员工腾出更多的活动空间，赋予他们更多的权力，让他们承担更多的责任。

④ 多吹一点南风　南风法则也称为温暖法则，源于法国作家拉封丹所写的一则寓言：北风和南风比威力，看谁能把行人身上的大衣脱掉。北风首先来一个冷风凛冽、寒冷刺骨，结果行人把大衣裹得更紧。南风则徐徐吹动，顿时风和日丽，行人因为觉得暖意上身，开始解开纽扣，继而脱掉大衣。比赛的结果，南风获得胜利。

仔细分析上述寓言中北风的行为，本质上就是体现了热炉定律的精神，它们都具有强迫性、威严性，希望通过自己的强大力量，从外部施加压力，迫使人们服从。但是，北风失败了，南风胜利了，这是为什么？奥秘就在于对人性

第二章　安全生产十大安全定律

31

的正确认识。人性既有恶的因素，也有善的因素，在安全管理实践中，既要制订一些惩罚性的安全制度抑制人性的丑恶，更要激发人性中的善良。热炉定律看见了人性中恶的一面，通过威胁、监督和惩罚等，从外部向其施加压力，以达到抑制丑恶发展的目的。这里存在很大的局限性，一方面，热炉定律只能抑制人们心中恶的因素，进而抑制消极行为的发生，但是它对人性中善的因素没有任何影响力，无法诱导积极行为的发生；另一方面，热炉定律与人性处于对立的状态，人们并非心甘情愿地服从，总是企图绕过热炉的威胁，这就增加了监督的成本。

南风法则看见了人性中善的一面，采取积极诱导的措施，诱发人们内心的善良。它能使人们自觉地、自然地追求企业的目标。这正符合道家无为而治的思想，老子说："悠兮，其贵言。功成事遂，百姓皆谓我自然"。老子崇尚的领导境界，就是领导尽量不要发号施令，应该顺着人们的本性加以引导，人们则顺着自己的本性作为，丝毫没有感觉到外力的强迫。

七、从"热炉定律"看安全管理

在强化安全生产管理中，企业出台了一系列文件、制度和管理办法，不断地强化思想意识、业务技能教育、培训和现场监督考核。但是，有些员工"明知山有虎、偏向虎山行"，从而受到了伤害。可以说，在企业安全管理中，本来就不缺少制度、措施的支撑和监督考核的保证，但是缺少的是安全生产意识、责任以及执行力。在这当中，安全意识的薄弱，侥幸心理的作祟，是造成触炉受伤的根本和关键。安全生产是企业最大的效益，我们本来就该时刻保持如履薄冰的高度责任感。要想保证企业安全生产，必须严格执行安全管理制度，及时纠正员工有意和无意的违章行为，保护人身和设备的安全。加强工作现场的安全考核，了解现场安全动态，根据工作实际制订安全管理举措，最大限度地杜绝事故隐患。同时，切实遵守"不伤害自己、不伤害他人、不被他人伤害、保护他人不受伤害"的"四不伤害"原则，力戒自己出现违章，别人制止自己违章时虚心接受，发现别人违章时，积极进行制止、劝阻和帮助。另外，还要积极参加企业组织开展的安全知识竞赛、安全征文评选、安全合理化建议征集评选、员工家属座谈等活动，通过生动活泼、形式多样的活动促进企业安全文化的传播，使安全文化深入人心，深入家庭。

政策确定之后，决定性的因素是执行。"热炉定律"告诫我们，安全生产来不得半点马虎和疏忽，我们每个人都要从我做起，克服可能引起事故的不安全心理，不放过任何一个小小的异常，不做任何一次小小的违章，让安全成为一种习惯，让习惯变得更加安全。

第六节
5S活动定律

一、概述

　　5S是指整理、整顿、清扫、清洁和素养,5S活动的对象是现场的环境,它是对现场作业环境进行全局、综合的考虑,并制订真心实意可行的计划与措施,以便达到规范化管理的目的。事故致因理论认为事故的发生是由于人的不安全行为、物的不安全状态和管理因素相互作用而引发的小概率事件,现场作业环境有时也是诱发事故的主要因素。为此,企业应按照5S管理定律对现场作业环境进行规范管理,

消除现场作业环境的危险源,以减少职业伤害,降低职业伤害损失。

　　5S是指整理、整顿、清扫、清洁、习惯,因其日语的拼音都是"S"打头,故简称"5S"。5S起源于日本,旨在通过规范现场、现物,营造一目了然的工作环境,培养员工良好的工作习惯,提升员工的人格素养。

二、实施5S管理的理由

　　根据日本企业经济成长的经验,大多数的组织近年来深深体会到组织升级的必要性,于是经常举办产业研讨会、产业考察团或建立品质活动月、品质激励奖等,这些举措不外乎是期望本组织能朝着高品质的目标推进。他们推行5S运动能为组织带来许多效用,下面是推行5S的几个理由。① 5S管理法则是无声但最有魄力的"推销员",整洁的环境可以得到客户的赞扬,获得他们对产品品质的信赖。② 5S能吸引许多人参观工厂,借此提高组织的形象。

　　整洁的工厂将能激发客户签订订单的意愿。在整洁的工作场所中上班的员工,都有被肯定、被赞扬的荣誉感,进而促进组织团队精神力量的提高,生产力

自然也会随之提高。③ 5S的工作场所是节约的场所，5S的理论是从零基础管理出发的，借以降代成本。

1.减少浪费，减少库存

推展5S后，跟随减少浪费而来的是生产时间的节约，当然交货延迟的现象也就自动消失了。建立5S的组织是明亮的、视野良好的工作场所，走道、堆积区域都标示明显，不会违反通道规则。工作服及安全防护用具保持整齐，员工有安全、舒适的工作环境。

5S也是建立标准化的推动者，要求每位员工正确地执行任务，并且任何一个员工到达一个工作场所后，都能立即展开作业，随时向品质零缺点目标迈进。

任何行业实施5S管理法则，都能创造出令人满意的工作场所，也能带动全组织进行改善的意愿，达到鼓励全员参与工作的目的。

实施5S活动也有利于组织培养一批有企划能力以及自主管理能力的干部和员工。实施5S的优点如此之多，当然是推行得越早越好了。

2.5S管理是有抱负企业的必由之路

一个有理想、有抱负的企业，实施5S管理可以说是它们的必由之路，这主要是因为以下的需要：

① 公司形象的需要　整顿不佳的企业给客户的第一个印象一定是不理想的。高品质、高水准的产品一定是经过5S后生产出来的，为提升企业的形象，应实施5S。

② 及时清除内部管理的死角　没有实施5S管理的企业内部，一定存在着许多浪费与死角，员工长期与它为伍，所以感觉不出来，但事实上它存在于各个部门的每一个角落，只是我们没有用心发掘罢了。

③ 可以创造良好的工作环境　在人的一生中，大部分的时间都在工作，一个清爽、舒适的工作场所有益于人体的健康，有利于员工提高工作效率。

④ 避免人才流失，吸引高级人才　一个环境不佳的工作场所，往往会使高级人才望而却步，当然也会造成现有员工的流失。现代人讲究工作品味，追求舒适生活，而现代人的工作环境和生活期望都与5S的良好发展是分不开的。

三、5S管理是企业安全生产的基础

5S管理包括整理、整顿、清扫、清洁、素养等五个要素，五个要素之间是从低级到高级递进的。这些要素与安全生产其实是息息相关的。见图2-1所示。

1.整理是安全生产的前提

5S管理中整理的含义是区分必需品和非必需品，现场不放置任何非必需品。这是保证现场安全生产的基础和前提。

在生产现场，如果将一些非必需品放置在现场，不仅占用了生产或作业现场的空间和通道，而且妨碍了现场的生产或作业，特别是一旦出现紧急情况，非必需品还影响到应急事件的处理，是潜在的安全隐患。在检修现场，如果将一些非必需品带到检修现场，将占用检修空间，并可能造成材料的误用，给设备安全带

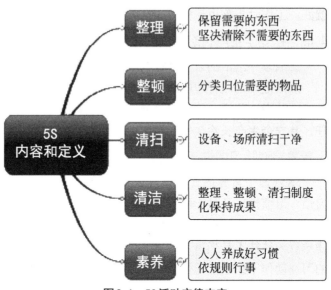

图2-1　5S活动定律内容

来安全隐患。因此，在生产及检修场地必须坚决清理不必要物品，在办公室也是如此（后面将统称为工作场所）。将工作场所的物品区分为有必要的与没有必要的，除了有必要的留下来以外，其他的都清除或放置在其他地方，这是5S管理的第一步，也是安全生产的前提和条件。

2.整顿是安全生产的要求

5S管理中整顿的含义是将必需品放于任何人都能取到的位置，使寻找时间为零。经过整理后的工作场所，还必须把留下来的必需品分门别类依规定的位置定点、定位放置，按照使用频率、就近位置、易于寻找，合理放置必要物品，必要时加以统一标识，使工作场所整整齐齐、一目了然，减少或消除"找寻物品时间的浪费"，这是提高工作效率的基础。

整顿时，首先要考虑通道的畅通及合理；尽可能将物品集中放置，减少物品的放置区域；采用各种隔离方式隔离放置区域，合理利用空间；尽可能将物品隐蔽式放置，大量使用"目视管理"。标识要清楚明了，能够让任何人都能简单查找，必要时还应将使用说明放在适当位置，这也是安全生产的要求。安全及消防设施的放置不仅要醒目，而且要易取，以便在应急处理中能容易取得。

3.清扫是安全生产的保证

5S管理中清扫的含义是使工作现场干净整洁，将设备保养得锃亮完好。清扫是为设备提供一个良好的环境，是保持设备完好的前提。恶劣的环境将对设备或系统造成安全隐患，如电缆沟内积水积泥，长期可能导致短路。

同样，清扫也是提高从业人员满意度的必要手段。环境好了，从业人员心态

35

就好，工作时头脑也清醒，安全就更有保证。

4.清洁是安全生产长治久安的保证

5S管理中清洁的含义是将整理、整顿、清扫进行到底，并且标准化、制度化。

清洁是规范化管理的要求，尤其是对一个靠规章制度管理的现代企业。清洁是巩固整理、整顿、清扫的必要手段。制订完善安全管理制度、落实安全生产责任，是安全生产长治久安的根本保证。

5.素养是消除习惯性违章的武器

5S管理中素养的含义是养成良好的习惯，即养成具有高效率和安全意识的习惯。习惯性违章是指固守旧有的不良作业习惯和违反安全工作规程的行为。习惯性违章是一种习惯性的动作方式，它具有顽固性、潜在性的特点，一些习惯性违章行为往往不是当事者有意所为，而是习惯成自然的结果。只要操作人员不良的习惯动作不纠正，习惯性的违章行为就会反复发生，直到发生事故，习惯性违章的危害性是十分严重的。

5S管理的五个方面内容是从简单到复杂、低级到高级发展的。5S管理中的素养是5S管理中的最高形式，在5S管理达到素养这个阶段，良好的习惯也就产生了，安全意识提高到一个很高的水平，习惯性违章也就得到了有效的控制。所以，可以说素养是消除习惯性违章的武器。

四、5S并非打扫卫生

1950年，日本劳动安全协会推行的口号是：安全始于整理、整顿而终于整理、整顿。由此可见，日本早期只推行5S中的整理、整顿，目的在于确保安全的作业空间，后来，因生产管理需求和生产管理水准的提高，另增清扫、清洁、素养，成为现在的5S。5S的着眼点不限于安全，扩大到环境卫生、效率、品质、成本等方面。日本企业成功的秘诀和人民生活高水平的真谛，在于持续不断地、系统地、全面地推行生产和经营管理5S运动。

推行5S的时候不可操之过急，也不要期望一次见效，它不可能在短期内获利，而是一种长期投资，它没有捷径，只有脚踏实地去做。现代化企业成功的经营经验告诉我们：一个企业要发展，设备一定要精密，产品一定要优良，所以5S就更加重要。脏乱的工作场所，非但造成时间成本太高，人员安全没保障，士气低落，更重要的是不能制造出优良的产品。客户下大笔订单前会要求到生产现场参观，如果未彻底推行5S，经常临时抱佛脚，既费时又耗人力。反之，实施5S的企业或办公室，到处窗明几净，物品放置井然有序，标识、看板、通道畅通无阻，因此提高企业的形象，获得客户的信赖，成为企业无形的宝贵资产。现今，人们生活水平大幅度提高，开始追求美好的生活品质，企业环境的好坏，也成为新一代年轻人选择工作的条件之一。因此，塑造企业明朗的工作场所，已经成为追求人力资源成功的对策之一。

五、对安全工作的启示

事故致因理论认为事故的发生是由于人的不安全行为、物的不安全状态和管理因素相互作用而引发的小概率事件，现场作业环境有时也是诱发事故的主要因素。为此，企业应按照5S管理定律对现场作业环境进行规范管理，消除现场作业环境的危险源，以减少职业伤害，降低职业伤害损失。任何管理水平的提高必然遵循"提高、固化、再提高"的规律。在5S管理发轫之初，制订标准并采取措施达到标准是第一步。

"整理"活动要求每位员工每天上班后和下班前必须对交办的文件进行两次整理，已经完成的文件及时交行政秘书归档，未完成文件必须合理安排时间，确保在规定时限内完成，未明确完成时限的，必须在一个工作日内提出处理意见；对书籍、报刊、稿纸、办公用品在规定时间集中清理，彻底改变书报稿纸堆积如山、办公用品杂乱不堪的现状；会计凭证必须当日打印粘贴完毕，现金、有价卡要每月定期盘点，电子文档要每周清理备份。

"整顿"活动要求对待办文件、已办文件和办理中的文件进行分层存放，留存的文件资料必须分类存放并设索引，电子文档要分类存放在不同文件夹下，并按照"发文号＋文件标题"的统一规则命名以便检索；对物品、凭证、有价卡、合同等的摆列、保管以及线缆布局和计算机病毒防范也提出了统一要求；通过合理调整安排出纳、会计、复核人员的工位和优化业务处理流程，实现了会计凭证传递距离最短、业务处理速度最快的目标。特别重要的是，在会计基础工作规范化方面，制订了会计凭证、账簿、报表的统一规格和样式标准，统一了二级和部分三级会计明细科目的设置，明确了每个会计科目的具体核算内容，对各单位的会计岗位设置、凭证填制、会计稽核和内部控制提出了统一要求，规定了已有业务的标准处理方式，有效地提高了会计信息的可比性、相关性、及时性和业务处理的规范性，为企业经营决策提供了准确、翔实的信息支持，改变了原来凭证账簿规格不一、会计信息口径各异的状况，为公司MIS系统的上线运行奠定了坚实的基础，使公司会计基础工作规范化进入了一个全新的阶段。

"清扫"要求每天早上提前10min到达办公室清扫地面和擦拭桌面，将垃圾及其他废弃物清理出办公室；每周至少擦拭一次计算机、打印机、电话等办公设备，计算机不得安装与工作无关的软件；以办公隔断的延长线为界划定个人5S责任区域，每人负责保持各自责任区域内所置物品以及地面的清洁卫生。这是对"清扫"活动的基本要求，以创造一个清洁、卫生、安全的办公环境。

通过以上"整理、整顿、清扫"活动，企业的卫生整洁状况、工作效率、员工精神面貌焕然一新，在原有基础上取得了大的飞跃。取得进步后如何巩固和进一步提高呢？那就要通过"清洁"活动来保持和强化前面5S的成果，一以贯之，使之成为企业安全文化的组成部分，潜移默化地成为每位员工的自觉行为，达到提高"修养"的最终目的。为保持巩固已取得的成绩、追求新的升华，企业制订完善5S活动结果检查制度、5S管理提议制度、文件督办制度、工作考核办法等一系列保障制度，对5S活动、工作效率和工作质量进行检查、评估、优化、改进，将5S活动成绩纳入员工绩效考核体系，使员工养成并保持遵守规章制度、遵守工作纪律、维护安全秩序的良好习惯，进而提高个人修养和职业道德。通过5S推进企业全体成员的群策群力，使5S活动进入了自我发展、自我完善的良性循环之中。

　　把5S"运动"推行到车间、班组等生产单位。通过合理安排生产布局、随时保持环境卫生、优化工作流程、加强设备维护，除有效地提高环境卫生、工作效率和降低成本，还大幅提高了生产单位的安全系数，防止出现因火灾、断电等事故造成通信中断的严重后果，有助于维护网络质量这一通信企业的生命线。在生产现场推行5S管理，通过统一企业标志、统一服饰礼仪、统一服务规范，显著提升了企业形象、改善了服务质量、提高了客户满意度。5S管理使提高客户服务水平和提高企业运营效率的两大目标统一起来，较好地塑造和提升了企业"服务和业务双领先"的形象，进一步强化了企业核心竞争优势。

第七节

水坝定律

　　筑建水坝意在阻拦和储存河川的水，因为必须保持必要的蓄水量才可以适应季节或气候的变化。堤坝定律是指：一条长长的堤坝是一个整体，只要有一个

地方缺了口，决了堤，整个堤坝都将溃决，毁于一旦。所以，它强调了每个细节都是整体的有效组成部分，对整体都有不可忽视的影响，因此要按要求做好每一个小的工作，避免整体工作皆因一个小的失误而全盘皆输。

一、安全管理中的水坝定律

安全第一应该就是指不论其他各方面如何，安全应该放在各项工作的第一位。而只有安全的要求达到了，其他各方面才有存在的意义。

创造性地运用堤坝定律指导安全管理实践，强调每个细节都是整体的有效组成部分，对整体都有不可忽视的影响。安全同样也来不得半点疏忽大意、容不得丝毫差错，"千里之堤溃于蚁穴"，严重的"三违"隐患，是颠覆性、破坏性极强的毁堤行为。安全管理应推进细节化管理，通过管理人员细致的工作来预测和预防事故，要以铁的纪律、铁的面孔、铁的手段反"三违"。要彻底消除隐患，纵使隐患一时难以彻底消除也应采取措施将隐患事故危害程度降低至人们可以承受的水平。如电气保持安全距离用绝缘防护、危险作用环境中的时间尽可能缩短至安全限度内、放射线设置屏障、人不进入危险区域等等。要定期组织安全大检查与开展隐患排查治理，查找问题与不足，堵塞安全管理漏洞，防患于未然，绝不能让堤坝决口，即使决口也要坚决堵漏，亡羊补牢，不然，势猛迅急，很难补救，无法筑牢安全大堤。

二、案例：水坝式经营法

1.水坝式经营法简介

一旦下大雨，未建水库的河流就会发大水、产生洪涝灾害；而持续日晒，河流就会干涸，水量就会不足。所以，建水库蓄水，使水量不受天气和环境的左右并始终保持一定的数量。经营方面也是一样，景气时更要为不景气时做准备，应该保留一定的后备力量。这就是日本人松下幸之助提出的一种企业经营理念，即水库式经营。松下把上述建造水库的道理，充分运用在企业经营上，因此所谓"水库式经营法"，就是永远留有某种比率的充裕状态经营法。

他早先创业向银行借钱时，已充满了"水库"意识。当时，即使公司只需要一万元，他还是向银行借两万元，并把多余的一万元存入定期存款。这么一来，以高利向银行借两万，却把其中一万元以低利存入银行，当然会有利息损失。可是，若把利息的损失当作是保险费的支出（多借的一万元，可随时领出以应付不时之需），就不算是损失了。松下指出，经营一个需要十亿元资金的事业，如果只准备10亿元，万一不够时，那就糟糕了。所以，需要10亿元，应当准备11亿元或12亿元，此谓之"资金水库"。

松下认为维持企业的稳定成长是天经地义的事情，为了使企业确实能够稳定地发展，水坝式经营是很重要的观念。

我们认为在企业的安全管理中，运用水坝定律使安全组织体系得到保证。完善的组织体系保证了各级人员的配备，健全的安全管理制度保证了各级责任的落实，

第一章

39

在安全生产委员会的统一领导下，在安全质量标准化、职业健康安全管理体系等先进管理模式的指导下，各级部门统一步调，协同作战，更好地完成各项工作的推进。

运用水坝定律使员工安全意识进一步得到提高。通过全员安全教育培训，安全标准化知识的学习，再结合班组活动的不断强化，使员工的安全意识进一步提高，使员工"我要安全"的意识正逐渐向"我要安全"的意识转变。运用水坝定律开展安全达标活动，使员工了解了安全标准化是什么，企业为什么要开展安全标准化，平时工作中要遵守哪些安全标准化的规定，安全标准化将为企业的安全生产奠定坚实的基础。

水坝的目的是拦阻和储存河川的水，随着季节或气候的变化，经常保持必要的用水量。企业也需要有这种调节和运用的机制，才能稳定发展。如果公司的各部门都能像水坝一样，一旦外界情况发生变化，也不会受很大影响，而能够维持稳定的发展，这就是"水坝式经营"的观念。在企业中，不论设备、资金、人员、库存、技术、企划或新产品的开发等各方面都必须有水坝，并发挥其功能。换句话说，在经营上各方面都要保留宽裕的运用弹性。松下幸之助认为，人们修筑水坝的目的在于蓄水、防洪、供水与发电等。因此企业也必须像水坝一样具有调节的机制，即使外在形势有所变化，也能维持稳定的成长与发展。

"水库式经营法"除了必须建立"资金水库"之外，还需建立"人才水库""设备水库""库存水库""技术水库""企划水库"等。换言之，在各方面都要保留运用的弹性，以保持经营上的充裕与安定。千万别将"设备水库""库存水库"与"设备闲置""库存过多"搞混了。前者是基于正确的预估，事先保留一成或两成的设备或是库存；而后者是因为预估错误造成产品滞销，导致库存过多，设备也闲置了。

2. 设备水坝

生产设备是企业安全生产的基础。一般来说生产设备的使用率应维持在80% ～ 90%，而非100%。倘若使用率必须达100%才能赚钱，那么当市场需求一旦增加，或在紧急时刻机器故障无法运行时，将会造成很大的损失。因此该水坝说明企业设备应有10% ～ 20%的剩余，以应对突发事件。例如生产设备，如果只有生产设备的使用率达到100%才会赢利，那对企业来讲是非常危险的。换句话说，平时即使只运用80%或90%的生产设备，企业也应该有获利的能力。那么一旦市场需求量突然增加时，因为设备有余，才可以立即提高生产量，达到市场的要求。这就是设备水坝发挥了作用。

3. 库存水坝

库存水坝意即产品应保有适量的库存，其一，可解决产量减少或生产停滞之急；其二，在市场需求激增时可实时适应。经常保持适当的库存，以应付需要的激增，不断开发新产品，永远要为下一次的新产品做准备，这些都应在制订企业的发展计划中有所考虑。如果企业能随时运用这种水坝式的经营法，即使外界有变化，也一定能够迅速而妥当地应付这种变化，维持稳定的经营与成长。这就好像水坝在干旱时能通过泄洪来解决水资源短缺的问题一样。

三、借鉴价值

在我国有许多的企业取得一时性成功之后，往往没有多长时间就走向衰退，使得企业的平均寿命只有3年左右，形成了"各领风骚三五载，你方唱罢我登台"的局面。造成这种局面的原因很复杂，但是不能克服过度扩张的风险是一个共同的原因，而松下就是通过水坝式经营方法克服这种风险的。这种被他自己称为经营秘诀之一的"经营要留有余地"的思想，或者叫作水坝式经营哲学，为企业的长远发展、永续经营提供了重要的保证，是值得我们的企业经营者借鉴和学习的。总而言之，水坝式经营就是说明：做任何事都要保留一点空间、一点弹性，以应付紧急状况。松下幸之助说："只要遵循此种方法，随时做好准备，各项资源都能自如地运用，那么不论企业遇到什么困难，都能稳定地发展下去。"

四、对安全工作的启示

根据水坝定律的启发，企业应建立这种调节和运行机制，确保企业长期稳定发展。企业在安全管理工作中，应营造良好的安全管理氛围，建立和完善相应的安全管理制度，并强化安全过程动态监督与考核，对危险源进行不定期辨识和评价，以期达到控制事故的目的。安全管理应推进细节化管理，通过管理人员细致的工作来预测和预防事故。同时，企业各层级管理者应对安全工作给予足够的重视，在全员广泛参与基础上，达到人人管安全、人人学安全、人人会安全的管理环境，达到固安全之基而根繁叶茂的管理绩效。

第八节 骨牌定律

一、概述

骨牌定律是指事故的发生都是各因素相互作用的连锁反应，若中止其中的一

个骨牌，事故便能得到有效的抑制。在进行安全管理工作时，应预测分析危险源的危害性，确定控制危险源的方案和措施，并动态地进行跟踪管理，其中以控制人的不安全行为和提高人的安全意识是投入相对节省的途径，企业应不定期组织各种形式的安全教育和培训工作，开展多种形式的安全教育活动，并对取得的效果进行评价分析，进而实现企业安全工作整体目标。

二、多米诺骨牌效应

1.多米诺骨牌的心理学效应物理理论

多米诺骨牌效应或多米诺效应（Domino Effect），是一种心理学效应，类似于蝴蝶效应，指在一个相互联系的系统中，由一个很小的初始能量引发的一系列连锁反应，这种效应广泛地被应用于多个领域之中，用来解释一些具有关联性的现象。在一个相互联系的系统中，一个很小的初始能量就可能产生一系列的连锁反应，人们把这种现象称为"多米诺骨牌效应"或"多米诺效应"。多米诺骨牌效应告诉大家：一个最小的力量能够引起的或许只是察觉不到的渐变，但是它所引发的却可能是翻天覆地的变化，这有点类似于蝴蝶效应，但是比蝴蝶效应更注重过程的发展与变化。

有人曾预言：第一棵长势茂盛对人类有益的树木被砍伐，最后可能导致高山上森林的消失，高山日渐风化，岩石掉落滑坡事件频发；一日荒废的做法，可能是导致一生荒废的恶果；第一场强权战争出现，是整个世界文明化为灰烬的初始力量。这些预言或许有一些危言耸听，但是在未来人们可能不得不承认它们的准确性，或许唯一难以预见的是从第一块骨牌到最后一块骨牌的传递过程会有多久。有些可预见的事件最终出现要经历一个世纪或者两个世纪漫长时间，但它的变化已经从人们没有注意到的地方开始了。

成功推倒340多万张的骨牌，一举打破此前由荷兰人保持的297万张的世界纪录。从电视画面能看出，骨牌的瞬间依次倒下的场面蔚为壮观，其间显示的图案丰富多彩，令人惊叹，其中蕴含着一定科学道理。"多米诺骨牌效应"产生的能量是十分巨大的。

2.揭示地震波的连锁反应

在地震学中，震波是地震发生的起因，地理层产生的动力波到达岩石层时，这些强大的波动使岩石层开始破裂倒塌，导致地表开裂、塌陷、摇动震动。地震能量积聚和释放到地表层，导致地表层建筑晃动塌陷。岩石层就如同排列整齐的扑克牌、积木或多米诺骨牌，在一个相互联系的系统中，一个很小的初始能量就可能产生一连串的反应，人们称它为"多米诺骨牌效应"。

地震的震波是哪来的？为什么会使地球内部岩层破裂？是什么引起地表震动塌陷而产生了震源？地层深处的栖息动物多了，大量迁徙，会产生地壳里层土表的破坏而产生强大的波动，它是具有一定大小的区域，又称地震的来源或震源体，是地震能量积聚和释放的因素之一。人为因素引起的地震的震源称人工震源，如人工爆破（炸药爆破、核弹试验）等。天然地震震源和人工爆破震源的性质有很大区别。一般而言，天然地震主要发生在断层上，以剪切错动为主；而人工爆破震源却是以一点为中心向周围膨胀的过程。采用地震波形资料进行地震矩张量反演，人们可以大致区分这两种震源的特性。

这种效应的物理道理是：骨牌竖着时，重心较高，倒下时重心下降，倒下过程，将其重力势能转化成动能，倒在第二张牌中，动能就转移到第二张牌上，第二张牌将第一张牌转移来的动能和自己倒下过程中由本身具有的重力势能转化来的动能之和，再传到第三张牌上所以每张牌倒下的时候，具有的动能都比前一块牌大，因此速度一个比一个快，也就是说，依次推倒的能量一个比一个大。

大不列颠哥伦比亚大学物理学家A·怀特海德曾经制作了一组骨牌，共13张，第一张最小，长9.53mm、宽4.76mm、厚1.19mm，还不如小手指甲大，以后每张体积扩大1.5倍，这个数据是按照一张骨牌倒下时能推倒一张1.5倍体积的骨牌而选定的，最大的第13张长61mm、宽30.5mm、厚7.6mm，牌面大小接近于扑克牌，厚度相当于扑克牌的20倍。把这套骨牌按适当间距排好，轻轻推倒第一张，必然会波及到第13张，第13张骨牌倒下时释放的能量比第一张牌倒下时释放的能量要扩大整整20多亿倍。因为多米诺骨牌效应的能量是按指数形式增长的，若推倒第一张骨牌要用0.024μJ，倒下的第13张骨牌释放的能量达到51J。可见多米诺骨牌效应产生的能量的确令人瞠目。A·怀德特毕竟没有制作第32张骨牌——高达415m，两倍于纽约帝国大厦。假如真有人制作这样的一套骨牌，摩天大厦会在一指之力下被轰然推倒。多米诺骨牌效应常指一系列的连锁反应，即牵一发而动全身。

三、案例

2002年9月11日，美国纽约110层高的世贸中心"姊妹楼"转眼之间轰然倒地。从表面看，造成这一惊世之灾的直接原因是恐怖分子劫持飞机撞向大楼。但是美国建筑专家评论指出，该楼的钢筋混凝土结构本身就难以承受大的冲击，特别是无法应付随之发生的大火。据美联社报道，美国马萨诸塞州塔夫茨大学

安全生产十大安全定律

第一章

43

（Tufts University）土木工程教授萨纳业表示，世贸大楼的设计存在问题，今天设计的楼房即便是遭受同样的袭击也完全可以避免发生同样的悲剧。他还说："在我看来，大火隔断了被撞楼层的上下联系，并使一些地板开始垮塌，这些地板都是加固水泥地板，非常沉重，所以一旦倒塌砸向另一层时，就发生了多米诺骨牌效应，层层相砸，直到整个大楼彻底倒塌。"同时，另有一些专家也指出，他们通过观看大楼倒塌的录像认为，虽然飞机冲撞对大楼确实造成了一定的破坏，但随后燃起的大火才是造成楼房倒塌的直接原因。科罗拉多一所大学的土木工程教授黑曼·布朗也认为，冉冉烈火使得大楼的钢铁支架熔化，最终导致大楼失去支撑而轰然倒塌。他说："即便是飞机猛烈撞向大楼，它也不至于倒塌。不过，飞机上载有数量巨大的燃油，燃起的大火使得楼墙中的钢筋熔化了。"布朗还指出，这两座大楼当初设计时考虑到耐冲击的因素，但它却对大火和爆炸无能为力。如果飞机撞在大楼的底层，消防部门完全可以控制住火势的蔓延，阻止悲剧的进一步发展。由此可以看出，恐怖分子的袭击是精心策划的，这些恐怖分子简直是"聪明绝顶"。

四、多米诺骨牌效应的启示

（1）多米诺骨牌是一种游戏，多米诺骨牌是一种运动，多米诺骨牌还是一种文化　它的尺寸、重量标准依据多米诺骨牌运动规则制成，适用于专业比赛。它的游戏规则非常简单，将骨牌按一定间距排成单行，或分行排成一片。推倒第一张骨牌，其余发生连锁反应依次倒下，或形成一条长龙，或形成一幅图案，骨牌撞击之声，清脆悦耳；骨牌倒下之时，变化万千。除了可码放单线、多线、文字等各式各样的多米诺造型外，还可充作积木、搭房子、盖牌楼、制成各种各样的拼图。

（2）多米诺骨牌是一项集动手、动脑于一体的运动　一幅图案由几百、几千甚至上万张骨牌组成。骨牌需要一张张摆下去，它不仅考验参与者的体力、耐力和意志力，而且还培养参与者的智力、想象力和创造力。

（3）多米诺骨牌是一种文化　它起源于中国，有着上千年的历史。漫长的发展过程，赋予它独特的教育功能。码牌时，骨牌会因意外一次次倒下，参与者时刻面临和经受着失败的打击。遇到挫折不气馁，不退缩，要树立信心，鼓起勇气，重新再来。人只有经过无数这样的经历，才会变得成熟，最终走向成功。

（4）多米诺骨牌能培养人的心力　培养人的创造能力、增强自信心，而且不受时间、地点的限制，对开发参与者的智力、创造力和想象力，对训练参与者动手能力、思维能力都非常有好处，更重要的是，它能够培养参与者的意志，最大限度地发扬团队精神。

① 摆放方法　多米诺骨牌本身具有大约8种颜色，一般人们把它们称为"基

本色"。这些基本色都是单色的，若要拼出美丽的图案，关键的一步是要为骨牌涂色。

涂色有两种方法：一种是用毛笔蘸颜料涂在骨牌上面，这种涂法多用于涂单色。有时候一枚骨牌上会要求有多种颜色，这时就要用一种叫作Poska的专用笔，涂出的实际上是一种漆料。最后在推骨牌之前，还要把骨牌竖起朝向外的侧面涂成较统一的颜色。

另一个关键步骤是码放。尽管有一些工具一下可码放十几枚骨牌，但很多地方的骨牌还是需要一枚一枚地操作，有时甚至需要用镊子等工具。

② 效应启示　多米诺骨牌效应告诉大家：一个最小的力量能够引起的或许只是察觉不到的渐变，但是它所引发的却可能是翻天覆地的变化。这有点类似于蝴蝶效应，但是比蝴蝶效应更注重过程的发展与变化。在一个存在内部联系的体系中，一个很小的初始能量就可能导致一连串的连锁反应。

五、在安全管理中的应用

我国安全生产管理工作的方针是"安全第一，预防为主，综合治理"。如何实现事故预防，通过多米诺骨牌的启发，一定是"预防 - 预防 - 再预想"。因此，作者就某企业开展"事故预想"活动作一基本介绍。

1. "事故预想"的指导理论为"多米诺骨牌定律"

"多米诺骨牌定律"的大意是：用多个骨牌竖立排列，其距离小于骨牌竖立的长度，当把第一个骨牌推倒时，在第一个骨牌的作用下，其后的骨牌相互作用，顺序而倒，直至最后一个。我们把最后一个"骨牌"作为事故对待，那么每一个"骨牌"就是一个造成事故的环节。通过"事故预想"把造成事故环节的任意一个"骨牌"掐掉，那么，顺序而倒的"骨牌"就不会到最后一个，也就降低了事故的可能。如果把每一个造成事故环节的"骨牌"都掐掉，也就无"事故"可言了。

2. "事故预想"来源于"事故分析"

一般来说企业要求每个班组根据自己的工作性质，对本单位以外的事故进行分析，采取预防本单位再次发生类似事故的措施。对"事故分析"要求了解如下内容：

① 事故背景及结果；

② 事故经过；

③ 事故原因；

④ 事故责任；

⑤ 纠正、预防措施等方面。

3."事故预想"的具体程序

班组接受具体工作任务后，根据具体情况，班组成员一起讨论，在所了解的本项工作任务中，历史上有无发生过人身伤害事故，如果已有过人身伤害事故，则对类似事故进行"事故分析"，如果查不到类似事故，就根据每个人的工作经验，提出自己认为可能发生的人身伤害事故，把预想的事故归纳起来，查找造成事故的原因，并追查造成事故的直接责任和间接责任，按照以上几个方面，共同提出纠正、预防的措施，把该办理的安全生产管理票、证、单落实到人，制订的安全措施做到人尽皆知。

4."事故预想"的效果

（1）全企业各班组都在努力创造安全生产各自的特色，把安全生产与每个人的切身利益联系起来，进一步发挥了班组第三级安全管理的作用。

（2）各车间的安全生产管理有的放矢地落实到每个班组，实现了"班组保车间、车间保公司、确保公司方针、目标的实现"。

5."事故预想"的前景

实践证明，"事故预想"使员工达到了自我教育的目的，班组发挥了自我管理的能力，车间尽到了领导的责任，企业实现了安全、生产的"双效益"。因此，在企业各班组实行"事故预想"的做法具有广阔的前景，并将随着企业的发展而进一步完善，确实起到"安全管理为企业生产保驾护航"的作用。

第九节

海因里希法则

海因里希法则（Heinrich's Law）又称"海因里希安全法则""海因里希事故法则""海因法则"，是美国著名安全工程师海因里希（Herbert William Heinrich）提出的300 ∶ 29 ∶ 1法则。这个法则意为：当一个企业有300起隐患或违章，必然要发生29起轻伤或故障，另外还有一起重伤、死亡或重大事故。

海因里希法则是美国人海因里希通过分析工伤事故的发生概率，为保险公司的经营提出的法则。这一法则完全可以用于企业的安全管理上，即在一件重大的事故背后必有29件轻度的事故，还有300件潜在的隐患。

一、概况

这个法则是1941年美国的海因里希通过统计许多灾害得出的。当时，海因里希统计了55万件机械事故，其中死亡、重伤事故1666件，轻伤48334件，其余则为无伤害事故。从而得出一个重要结论，即在机械事故中，死亡、重伤、轻伤和无伤害事故的比例为1：29：300，国际上把这一法则叫作事故法则。这个法则说

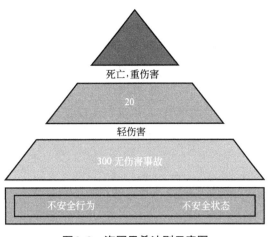

图2-2　海因里希法则示意图

明，在机械生产过程中，每发生330起意外事件，有300件未产生人员伤害，29件造成人员轻伤，1件导致重伤或死亡。见图2-2。

对于不同的生产过程，不同类型的事故，上述比例关系不一定完全相同，但这个统计规律说明了在进行同一项活动中，无数次意外事件，必然导致重大伤亡事故发生。而要防止重大事故的发生必须减少和消除无伤害事故，要重视事故的苗头和未遂事故，否则终会酿成大祸。例如，某机械师企图用手把皮带挂到正在旋转的皮带轮上，因未使用拨带的杆，且站在摇晃的梯板上，又穿了一件宽大长袖的工作服，结果被皮带轮绞入碾死。事故调查结果表明，他这种上皮带的方法使用已有数年之久。查阅四年病志（急救上药记录），发现他有33次手臂擦伤后治疗处理记录，他手下工人均佩服他手段高明，结果还是导致死亡。这一事例说明，重伤和死亡事故虽有偶然性，但是不安全因素或动作在事故发生之前已暴露过许多次，如在事故发生之前，抓住时机，及时消除不安全因素，许多重大伤亡事故是完全可以避免的。海因里希法则的另一个名字是"1：29：300法则"；也可以是"300：29：1法则"。

二、连锁过程

海因里希首先提出了事故因果连锁论，用以阐明导致伤亡事故的各种原因及与事故间的关系。该理论认为，伤亡事故的发生不是一个孤立的事件，尽管伤害可能在某个瞬间突然发生，却是一系列事件相继发生的结果。海因里希把工业伤害事故的发生、发展过程描述为具有一定因果关系的事件的连锁发生过程，即：

（1）人员伤亡的发生是事故的结果。

（2）事故的发生是由于：① 人的不安全行为；② 物的不安全状态。

（3）人的不安全行为或物的不安全状态是由于人的缺点造成的。

（4）人的缺点是由于不良环境诱发的，或者是由先天的遗传因素造成的。见图2-3。

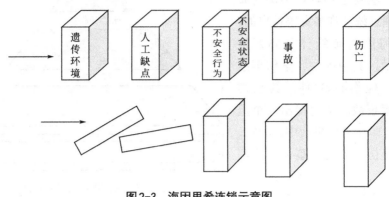

图2-3　海因里希连锁示意图

现代安全管理观点的事故因果连锁见图2-4。

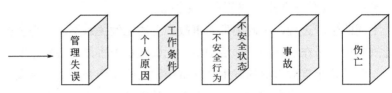

图2-4　现代安全管理观点的事故因果连锁

三、海因里希法则的五个因素

海因里希的工业安全理论是这一时期的代表性理论。海因里希认为，人的不安全行为、物的不安全状态是造成事故的直接原因，企业事故预防工作的中心就是消除人的不安全行为和物的不安全状态。海因里希的研究说明，大多数的工业伤害事故都是由工人的不安全行为引起的。即使一些工业伤害事故是由物的不安全状态引起的，则物的不安全状态的产生也是由于工人的缺点、错误而造成的。因而，海因里希理论也和事故频发倾向论一样，把工业事故的责任归因于工人。从这种认识出发，海因里希进一步追究事故发生的根本原因，认为人的缺点来源于遗传因素和人员成长的社会环境。海因里希最初提出的事故因果连锁过程包括如下5个因素。

1.遗传及社会环境

遗传因素及环境是造成人的性格上缺点的原因，遗传因素可能造成鲁莽、固执等不良性格；社会环境可能妨碍教育、助长性格缺点的发展。

2.人的缺点

人的缺点是使人产生不安全行为或造成机械、物质不安全状态的原因，它包括鲁莽、固执、过激、神经质、轻率等性格上的先天缺点，以及缺乏安全生产知识和技能等后天缺点。

3.人的不安全行为或物的不安全状态

所谓人的不安全行为或物的不安全状态是指那些曾经引起过事故，或可能引起事故的人的行为，或机械、物质的状态，它们是造成事故的直接原因。例如，在起重机的吊荷下停留、不发信号就启动机器、工作时间打闹或拆除安全防护装置等都属于人的不安全行为；没有防护的传动齿轮、裸露的带电体、照明不良等属于物的不安全状态。

4.事故

事故是由于物体、人或放射线的作用或反作用，使人员受到伤害或可能受到伤害的、出乎意料的、失去控制的事件。坠落、物体打击等使人员受到伤害是典型的事故。

5.伤害

伤害是指直接由于事故而产生的人身伤害。人们用多米诺骨牌来形象地描述这种事故因果连锁关系。在多米诺骨牌系列中，一张骨牌被碰倒了，则将发生连锁反应，其余的几张骨牌相继被碰倒。如果移去连锁中的一张骨牌，则连锁被破坏，事故过程被中止。海因里希认为，企业安全工作的中心就是防止人的不安全行为，消除机械的或物质的不安全状态，中断事故连锁的进程而避免事故的发生。

四、导致事故发生的三个要素

违章是指作业者违反安全管理规定的行为。违章好比一个人在发高烧，高烧只是表象，只有在知道是什么原因导致了高烧的情况下，我们才能对症下药。多年的事故案例研究和企业实践显示，"安全知识""安全态度"以及"可知觉到的控制感"的缺失是由于"人"的原因导致违章行为和事故发生的三个关键要素。

1.安全知识缺失

"安全知识"是指作业者必须具备的安全作业的知识和技能。在"安全知识"缺失情况下，作业者不知道正确的、安全的作业方式和方法，这种工作状态是"无知"作业，处于"糊涂"作业状态，极具危险性。这里"安全知识"不仅包含了我们通常意义上理解的应知、应会，还包含了在特殊环境和条件下安全作业的技能，以及识别安全隐患所具备的知识，尤其是能够识别不安全的"物"和不安全的"环境"的知识，同时还要具备在发现隐患时，能够及时作出正确决策的能力和采取正确措施的能力。

2.可知觉到的控制感缺失

"可知觉到的控制感"是作业者在知觉和体力上对工作的驾驭能力，在"可知觉到的控制感缺失"状态下，作业者在知觉、意识和体力上不能正常地驾驭作业。通常在喝酒、生病、吸毒、疲劳、极度饥饿以及处于极端愤怒等状态下时，作业者的"可知觉到的控制感"大大降低，反应能力大大降低，严重状态下，将失去控制感。实验表明，酒后人的各种感觉能力降低，如驾车者血液中的酒精含量达到酒驾标准时，驾车者的反应时间为正常时的2～3倍，在微醉状态时，发生事故的概率是未饮酒状态下的16倍。澳大利亚一项模拟研究显示，健康的驾车者在持续驾车超过6h后，驾车者对车的控制能力显著降低，在持续不睡眠24～26h，发生碰撞的次数达到正常情况的30倍。

3.安全态度缺失

"安全态度"是作业者对安全作业的态度和自我认知，安全态度缺失是指在具备安全知识、可知觉到的控制感的情况下，不按安全规程和要求进行作业，导致违章。通常情况下，安全态度不端正是作业者认为"我"的违章是安全的，不会产生事故。如我们很多人在过马路时，如果对面行驶的车辆离我们距离较远，在判断没有危险性存在的前提下，会闯红灯。在工业生产活动中，也有很多类似我们过马路闯红灯的违章行为。如果认为违章没有关系的话，那就错了，因为次数多了违章会成为习惯，海因里希法则显示，违章次数达到一定的次数必然会有大的事故发生。

第十节

墨菲定律

墨菲定律（Murphy's Law）是西方世界常用的俚语。它是这样定义的：事情如果有变坏的可能，不管这种可能性有多小，它总会发生。比如你衣袋里有两把钥匙，一把是你房间的，一把是汽车的，如果你现在想拿出车钥匙，会发生什么？是的，你往往是拿出了房间钥匙。

墨菲是美国爱德华兹空军基地的上尉工程师。1949年，他和他的上司斯塔普少校，在一次火箭减速超重试验中，因仪器失灵发生了事故。墨菲发现，测量仪表被一个技术人员装反了。由此，他得出的教训是：如果做某项工作有多种方法，而其中有一种方法将导致事故，那么一定有人会按这种方法去做。该定律的原话是这样说的："If there are two or more ways to do something，and one

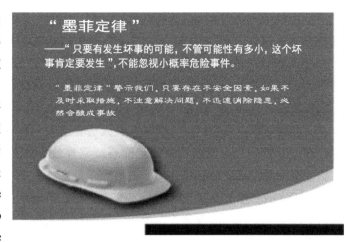

"墨菲定律"
——"只要有发生坏事的可能，不管可能性有多小，这个坏事肯定要发生"，不能忽视小概率危险事件。

"墨菲定律"警示我们，只要存在不安全因素，如果不及时采取措施，不注意解决问题，不迅速消除隐患，必然会酿成事故。

of those ways can result in a catastrophe，then someone will do it"（如果有两种或两种以上的选择，而其中一种将导致灾难，则必定有人会作出这种选择）。在事后的一次记者招待会上，斯塔普将其称为"墨菲定律"，并以极为简洁的方式作了重新表述：凡事可能出岔子，就一定会出岔子。墨菲法则在技术界不胫而走，因为它道出了一个铁的事实：技术风险能够由可能性变为突发性的事实。

一、重视小概率事件

　　墨菲定律的提出正是基于小概率事件的突然发生。平时无论在生活中还是工作中，总是会有一些小概率事件，而通常人们认为概率既然这么小，那就基本上不会发生，从而泰然若之。可是恰恰是这种小概率事件，一旦发生了，就会造成无可挽回的重大损失。现在越来越多的矿难、大桥崩塌，其实都是小概率事件引起的。在安全生产方面的细微之处没有做到尽善尽美，最终是要吃苦头的。所以请记住，小概率的概率毕竟大于0，而不是等于0！

　　只要客观上存在危险，那么危险迟早会成为不安全的现实状态。安全意识时刻不能放松，要想保证安全，必须从现在做起，从我做起，采取积极的预防方法、手段和措施，消除人们不希望有的和意外的事件。不仅要重视发生频率高、危险性大的危险事件，还要重视小概率事件；在思想上不仅要消除麻痹大意思想，还要克服侥幸心理；不仅要重视已有的危险，还要主动地去识别新的危险，变事后管理为事前预防与事后管理相结合，变被动管理为主动管理，牢牢掌握安全管理的主动权。

二、做好各种应对策略

　　既然认识到了小概率事件发生的某种"必然性"，那就一定要认真地做好事先的准备工作。所谓人无远虑必有近忧、防患于未然，在你做一件事情的时候，

第二章　安全生产十大安全定律

充分对各种危险和可能性进行评估，并作出必要的应对措施是非常必要的。当你要和下属进行一场关于薪资的对话、当你和要商业伙伴进行一次紧密合作、当你要从银行贷款融资思考还款计划，你都要充分评估事情发展的各种可能性，做好各种应对的策略。这样才能做到"兵来将挡，水来土掩"，才能做到见招拆招。

通过加强职业安全培训，解决从业人员安全生产素质和技能不高的问题。首先，在原有基础上，增强师资力量配备，完善教学体系，加强对企业主要负责人、安全管理人员、特种作业操作人员的专题安全生产培训，督促企业落实对一线生产工人的安全教育培训学习；其次，企业必须与员工依法签订劳动合同，载明双方在安全生产和职业危害防治等方面的权利义务，通过用工合同降低企业员工的流动性并规范用工管理。

通过加强监督管理，解决应急处置能力较弱的问题。安监及相关部门，应加大对企业应急救援预案编制及演练的监督管理，督促企业按照安全生产标准化建设要求，切实加强应急处置能力，结合自身实际，制订合适的应急救援预案，并切实定期开展有针对性的应急演练，并对演练效果进行评审，适时改进演练方案，不断提高应急处置能力。

三、以积极心态面对

墨菲定律暗示着，当你意识到某件事情可能会变糟的时候，它就更可能真的变糟。因此，你一定要以积极向上的态度来面对任何事情，因为这其中涉及一个心理暗示的问题。如果你遇事犹豫，总在想着会失败会失败，那最后你一定会失败，因为你的内心告诉你会失败，你的内心引导你往失败的道路上前行，然后你的行动和思维都会偏离正常的模式，产生扭曲和变形。以积极的心态制订战略，以消极的思考制订战术，才能提高你成功的概率。

四、在失败中提高

事情如果变坏了，那就让它变坏吧，重要的是如何从中吸取教训、总结经验，以便提高下一次成功的可能性。失败不可怕，可怕的是没有从失败中总结经验，反而增加了自己的不自信。从某种意义上来讲，在失败和困境中不断提高比在顺境中不断提高更加可贵，美国最有名的总统亚伯拉罕·林肯，他的整个人生既是一部成功史，更是一部失败史。在失败中倒下的人是可悲的，在失败中前进提高的人才是令人尊敬的。

很多事情往往是以小见大，一个简单的墨菲定律，其实可以让你理解生活、工作和人生的许多重大意义。

五、主要启示

根据"墨菲定律",我们可以知道:

① 任何事都没有表面看起来那么简单;

② 所有的事都会比你预计的时间长;

③ 会出错的事总会出错;

④ 如果你担心某种情况发生,那么它就更有可能发生。

怎样避免墨菲定律所预示的坏结果的出现?首先要有责任感,时刻绷紧安全这根弦,在生产效益和安全隐患发生冲突的时候,将人的生命作为第一要素加以保护;其次要勤快,将安全意识转化为一个个的具体行动,而非停留在口头上。具体地说,要做到以下三点:

① 当你所从事的工作存在安全隐患或者可能带来潜在的错误时,至少要用三种方法或者找三个人去检查、测试你的工作,确保没有问题;

② 在工作的推进中,要想到几种可能出现的意外情况,并确定制订与之对应的意外事情的处理预案;

③ 如果工作失败,相应的补救措施要具体,而且最好能有两三种方案。

你做的事情越重要,所做事情的复杂程度越高,出现错误的可能性也越大。而且所有重要的事情,一旦出现失误,后果都不堪设想。美国"哥伦比亚"号航天飞机失事、前苏联切尔诺贝利核泄漏、各式各样的矿难和空难等等,都一次次地证明了墨菲定律的正确性。人永远也不可能成为上帝!当你妄自尊大时,"墨菲定律"会叫你知道厉害;相反,如果你承认自己的无知,"墨菲定律"会帮助你做得更严密些。

墨菲定律告诉我们,容易犯错误是人类与生俱来的弱点,不论科技多发达,事故都会发生,而且我们解决问题的手段越高明,面临的问题就越严重。所以,我们在事前应该是尽可能想得周到、全面一些,如果真的发生不幸或者损失,就笑着应对吧,避免不幸的发生和降低损失的关键在于总结所犯的错误,而不是企图掩盖它。这其实是概率在起作用,人算不如天算,如老话说的"上的山多终遇虎",还有"祸不单行"。如彩票,连着几期没大奖,最后必定滚出一个千万大奖来,灾祸发生的概率虽然也很小,但累积到一定程度,也会从最薄弱环节爆发。所以关键是要平时清扫死角,消除安全隐患,降低事故概率。怕什么来什么,好的状态是只想技术要领,忘掉自己。

墨菲定律并不是一种强调人为错误的概率性定理,而是阐述了一种偶然中的必然性,我们再举个例子:你兜里装着一枚金币,生怕别人知道也生怕丢失,所以你每隔一段时间就会去用手摸兜,去查看金币是不是还在,于是你的规律性动作引起了小偷的注意,最终被小偷偷走了。即便没有被小偷偷走,那个总被你摸

安全生产十大安全定律

第一章

来摸去的兜最后终于被磨破了，金币掉了出去丢失了。

这就说明了，越害怕发生的事情就越会发生的原因，为什么？就因为害怕发生，所以会非常在意，注意力越集中，就越容易犯错误。

近半个世纪以来，"墨菲定律"曾经搅得人们心神不宁，它提醒我们：我们解决问题的手段越高明，我们将要面临的问题就越严重。事故照旧还会发生，永远会发生。"墨菲定律"忠告人们：面对人类的自身缺陷，我们最好还是想得更周到、全面一些，采取多种保险措施，防止偶然发生的人为失误导致的灾难和损失。归根到底，"错误"与我们一样，都是这个世界的一部分，狂妄自大只会使我们自讨苦吃，我们必须学会如何接受错误，并不断从中学习成功的经验。

六、应用案例分析

1.正确认识墨菲定律

对待这个定律，安全管理者存在着两种截然不同的态度：一种是消极的态度，认为既然差错是不可避免的，事故迟早会发生，那么，管理者就难有作为；另一种是积极的态度，认为差错虽不可避免，事故迟早要发生，那么安全管理者就不能有丝毫放松的思想，要时刻提高警觉，防止事故发生，保证安全。正确的思维方式是后者。根据墨菲定律可得到如下两点启示。

（1）不能忽视小概率危险事件　由于小概率事件在一次实验或活动中发生的可能性很小，因此，就给人们一种错误的理解，即在一次活动中不会发生。与事实相反，正是由于这种错觉，麻痹了人们的安全意识，加大了事故发生的可能性，其结果是事故可能频繁发生。譬如，中国运载火箭每个零件的可靠度均在0.9999以上，即发生故障的可能性均在万分之一以下，可是在1996、1997两年中却频繁地出现发射失败，虽然原因是复杂的，但这不能不说明小概率事件也会常发生的客观事实。纵观无数的大小事故原因，可以得出结论："认为小概率事件不会发生"是导致侥幸心理和麻痹大意思想的根本原因。墨菲定律正是从强调小概率事件的重要性的角度明确指出：虽然危险事件发生的概率很小，但在一次实验（或活动）中，仍有可能发生，因此，不能忽视，必须引起高度重视。

（2）墨菲定律是安全管理过程中的长鸣警钟　安全管理的目标是杜绝事故的发生，而事故是一种不经常发生和不希望有的意外事件，这些意外事件发生的概率一般比较小，就是人们所称的小概率事件。这些小概率事件由于在大多数情况下不发生，所以，往往被人们忽视，让人产生侥幸心理和麻痹大意思想，这恰恰是事故发生的主观原因。墨菲定律告诫人们，安全意识时刻不能放松。要想保证安全，必须从现在做起，从我做起，采取积极的预防方法、手段和措施，消除人们不希望有的和意外的事件。

2.发挥警示职能，提高安全管理水平

安全管理的警示职能是指在人们从事生产劳动和有关活动之前将危及安全的危险因素和发生事故的可能性找出来，告诫有关人员注意引起操作人员的重视，确保其活动处于安全状态的一种管理活动。由墨菲定律揭示的两点启示可以看出，它是安全管理的一项重要职能，对于提高安全管理水平具有重要的现实意义。在安全管理中，警示职能将发挥如下作用。

（1）警示职能是安全管理中预防控制职的先决条件 任何管理，都具有控制职能。由于不安全状态具有突发性的特点，使安全管理不得不在人们活动之前采取一定的控制措施、方法和手段，防止事故发生。这说明安全管理控制职能的实质内核是预防，坚持预防为主是安全管理的一条重要原则。墨菲定律指出：只要客观上存在危险，那么危险迟早会变成为不安全的现实状态。所以，预防和控制的前提是要预知人们活动领域里固有的或潜在的危险，并告诫人们预防什么，并如何去控制。

（2）发挥警示职能，有利于强化安全意识 安全管理的警示职能具有警示、警告之意，它要求人们不仅要重视发生频率高、危险性大的危险事件，而且要重视小概率事件；在思想上不仅要消除麻痹大意思想，而且要克服侥幸心理，使有关人员的安全意识时刻不能放松，这正是安全管理的一项重要任务。

（3）发挥警示职能，变被动管理为主动管理 传统安全管理是被动的安全管理，是在人们活动中采取安全措施或事故发生后，通过总结教训，进行"亡羊补牢"式的管理。当今，科学技术迅猛发展，市场经济导致个别人员的价值取向、行为方式不断变化，新的危险不断出现，发生事故的诱因增多，而传统安全管理模式已难以适应当前情况。为此，要求人们不仅要重视已有的危险，还要主动地去识别新的危险，变事后管理为事前与事后管理相结合，变被动管理为主动管理，牢牢掌握安全管理的主动权。

（4）发挥警示职能，提高全员参加安全管理的自觉性 安全状态如何，是各级各类人员活动行为的综合反映，个体的不安全行为往往祸及全体，即"100-1=0"。因此，安全管理不仅仅是领导者的事，更与全体人员的参与密切相关。根据心理学原理，调动全体人员参加安全管理积极性的途径通常有如下两条。

① 激励 即调动积极性的正诱因，如奖励、改善工作环境等正面刺激。

② 形成压力 即调动积极性的负诱因，如惩罚、警告等负面刺激。

对于安全问题，负面刺激比正面刺激更重要，这是因为安全是人类生存的基本需要，如果安全，则被认为是正常的；若不安全，一旦发生事故会更加引起人们的高度重视。因此，不安全比安全更能引起人们的注意。墨菲定律正是从此意义上揭示了在安全问题上要时刻提高警惕，人人都必须关注安全问题的科学道理。这对于提高全员参加安全管理的自觉性，将产生积极的影响。

安全生产十大安全定律

第一章

第三章 作业过程十大安全规定

第一节

电焊气割"十不干"

一、无特种作业操作证，不焊割

焊接与热切割作业，指运用焊接或者热切割方法对材料进行的作业。包括熔化焊接与热切割作业、压力焊作业、钎焊作业等。

焊接与热切割作业属于特种作业。对作业人员按照特种作业人员的要求对待。即必须由政府主管部门进行安全技术理论和实际操作两部分的考核，考核内容应根据国家安监总局颁布的《特种作业人员安全技术培训考核规定》和其他有关规定确定，经考核合格取得安监部门颁发的操作证后，方可上岗独立操作。

企业安全管理者对其所属特殊工种作业人员应进行经常性的安全生产和安全技术操作规程的教育、指导，督促他们在进行生产操作的同时，坚持"安全第一，预防为主，综合治理"的方针，树立不安全不干活、没有证不干活的思想，避免事故的发生。

二、雨天、露天作业无可靠安全措施，不焊割

雨天、露天进行焊接作业，一般来说是不允许的，但在特殊情况下（如生产急需、发生事故时的抢救等）进行焊接时，必须预想可能出现的紧急情况，必须制订万无一失的施工安全方案，且必须在方案中设置遇到各种紧急情况的安全处理措施，这样，在施焊中才有可能确保其工作的安全性。否则，在下雨天、露天作业施焊中，没有可靠的安全措施，就很有可能发生事故，有时甚至是较为严重的事故。

案例：1988年7月31日，河北省某场职工子弟中学校办工厂一名焊工在作业时发生触电事故，因抢救无效死亡。

1.事故经过

7月31日上午，某场职工子弟中学校办工厂在生产过程中，按照工厂的工作安排，由焊工张某某（男，24岁）对室外地沟里的一处管线进行焊接。张某某进入地沟后，在拉着电焊机二次回路线往焊管上搭接时发生触电，倒地后，将回路又压在身下。现场人员听到张某某的叫喊声，急忙将他救出，送往医院抢救，但

因抢救无效不幸身亡。

2.事故分析

　　事故发生后，在调查中发现，张某某在雨后有积水的地沟内作业，脚上穿的是塑料底布鞋，手上带的帆布手套均已湿透。当他右手拉着电焊机回路线往钢管上搭接时，裸露的线头触到戴手套的左手掌上，使电流在回线——人体——手把线（已放在地上）之间形成回路，电流通过心脏，将其击倒。触电倒下后，在积水的地沟内，人体成了良好的导体，电流使其心脏不能再起到压送血液的作用，导致血液循环停止而造成死亡。因此，不安全环境的因素和缺乏安全用电知识，以及未按规定穿绝缘鞋、戴绝缘手套，是造成这起事故的主要原因。

3.事故教训与防范措施

　　电焊机输出电源与普通照明、动力用电源，具有很大的差别，可以说有本质的不同。焊机输出电源的电压与输出电流之间存在一个陡降的外特性关系，即在焊接引弧时，输出的电压为空载电压，电压较高，而电流较小，当电弧燃烧稳定时，输出电压迅速降低，而电流急剧增大。也就是说，在焊接条件形成时，输出的电源是低电压高电流，输出电压与输出电流成反比关系，输出电压的大小是由电弧长度（即负载电阻）决定的，电弧长输出电压就高，电弧短输出电压就低，焊条与焊件相碰短路时，电压趋于零，而电流最大。日常用的照明或动力用电源输出的特性是水平外特性，即不论输出的电流大或小，输出电压基本不变。也就是说，焊机"空载电压"与照明动力用的"普通电压"虽然数值相同，但对人体的危害程度是完全不同的。在这起事故中，张某某就是受到70mA电流电击，导致血液循环停止而死亡。

　　这起事故的发生，也与张某某作业时麻痹大意、忽视安全和违章作业有直接关系。按照焊工操作规程，作业前必须穿戴好防护用品，操作时必须戴好防护眼罩和面罩，仰面焊接时应扣紧衣领，扎紧袖口，戴好防火帽，在潮湿的地方或雨天作业，要穿好胶鞋，做好防护措施。而张某某在地沟作业时，穿的是布鞋，戴的是帆布手套，很明显违反了安全操作规程的规定，安全防范措施不到位，导致了事故的发生。

三、装过易燃、易爆物品的容器，未进行彻底清洗、未进行可燃浓度检测，不焊割

　　焊接操作及配合人员对盛装过易燃、易爆及有害物品的容器进行焊接或热切割时，必须对其进行完全彻底的清洗置换，在清洗置换完之后，必须对易燃、易爆及有害物品的浓度进行化验分析，合格后才能办理《动火作业证》，待各级技术人员、各级安全管理人员、各级领导审查、签字、批准后，才能进行焊接或热

切割作业。否则，不准进行焊接或热切割作业。为什么要有这么严厉的规定？其原因是这种作业的危险性和发生多起事故的沉痛教训，迫使企业管理者作出最严格的安全规定。

案例一：焊补空汽油桶爆炸

1.事故经过

某厂汽车队一个有裂缝的空汽油桶需焊补，焊工班提出未采取措施直接焊补有危险，但汽车队说这个空桶是干的，无危险，结果在未采取任何安全措施的情况下，甚至连加油口盖子也没打开，就进行焊补。现场的情况是一位焊工蹲在地上烧气焊，另一位工人用手扶着汽油桶，刚开始焊接时汽油桶就发生爆炸，两端封头飞出，桶体被炸成一块铁板，正在操作的气焊工被炸死。

2.主要原因分析

车用汽油的爆炸极限为0.89% ～ 5.16%，爆炸下限非常低。因此，尽管空桶是干的，但油桶内壁的铁锈表面微孔吸附的少量残油，或桶内卷缝里的残油甚至油泥挥发扩散的汽油蒸气，很容易达到和超过爆炸下限，遇焊接火焰或电弧就会发生爆炸，加上能打开的孔洞盖子没有打开，导致爆炸时威力较大。

3.主要预防措施

① 严禁焊补切割未经安全处理的燃料容器和管道。
② 严禁焊补切割未开孔洞的密封容器。
③ 燃料容器的焊补需按规定采取有关安全组织措施。

案例二：气割汽油桶发生爆炸

1.事故经过

某地某部队用汽车拉来一个盛过汽油的空桶，未经任何手续，直接找到气焊工甲，要求把空油桶从中间割开。当时甲要求清理后才能切割。两名战士便把油桶拉走了。1h以后，那两名战士把油桶又拉回来了，并对甲说："用1kg碱和热水洗了两遍，又用清水洗了两遍。"甲便将油桶大、小孔盖都打开，横放在地上，站在桶底一端进行切割，刚割穿一个小洞，油桶就发生了爆炸。桶底被炸开，将甲的双腿炸成粉碎性骨折，桶底飞出近5m，桶后移了近1.5m。

2.主要原因分析

① 清洗汽油桶不彻底，桶内仍有残余汽油及其蒸气，切割火焰引燃桶内汽油而爆炸。
② 油桶经清洗后未进行气体分析，盲目切割，酿成事故。

3.主要预防措施

① 焊接、切割盛燃油的容器前必须经严格的清洗、置换等安全处理，且必须经气体分析检测合格后才可动火焊补或切割。

② 补焊或切割空油桶都应敞开孔盖，将油桶横放在地上，操作者应站在桶的侧面，避开油桶盖操作，以防万一发生爆炸，油桶端盖（此处强度较薄弱）炸开伤人。

四、在容器内工作无12V低压照明和通风不良，不焊割

在容器内进行焊接或热切割作业，是比较危险的作业。在企业生产中，每一台设备容器都在生产过程中分别起着一定的储存、反应、运送、加工等作用，而相互之间有着必然的联系，某一部位发生问题就会带来一系列的连锁反应。因此，对容器的维护保养、检查、检修是常态的工作，在这个常态的工作中，焊接和热切割占整个工作中比较大的份额。一般来说，在容器内进行焊接、切割有严密的安全规定：

① 办理进入《受限空间安全作业证》；

② 进行安全隔绝；

③ 必须切断动力电，使用安全电压灯具；

④ 进行置换通风；

⑤ 按时间要求进行分析化验；

⑥ 穿戴规定的防护用具；

⑦ 必须有人在器外监护；

⑧ 有救护措施。

在这里我们主要强调在容器内使用12V安全电压的问题。我国《特低电压（ELV）限值》（GB/T 3805—2008）标准的制定是为了防止因触电而造成的人身直接伤害。当电气设备需要采用安全电压来防止触电事故时，应根据使用环境、人员和使用方式等因素选用"安全电压"所列的不同等级的安全电压额定值。国家标准将"安全电压"额定值的等级分为42V、36V、24V、12V、6V五个等级。并明确规定，当电气设备采用了超过24V的安全电压时，必须采取直接接触带电体的保护措施。

根据国家标准，我国规定36V为普通安全电压，凡是危险及特别危险环境里的局部照明灯、危险环境里的手提灯、危险及特别危险环境里的携带式电动工具，均应采用36V安全电压。

对于潮湿而有触电危险性较大的环境，人体电阻应按650Ω考虑，通过人体的电流可按30mA考虑，则安全电压（U）为：

$$30\times10^{-3}\times650=19.5\ (\text{V})$$

凡在特别危险的环境以及在金属容器、矿井、隧道里的手提灯，均应采用12V安全电压。这就是在容器内施焊使用12V安全电压的科学道理所在。

五、设备内无断电，设备未卸压，不焊割

对于在设备内进行施焊时的作业，最基本的安全要求是：设备内必须断电，设备内必须泄压。如果作业者在设备容器内进行施焊作业，设备内没有断电，发生触电事故的可能性极大，这方面发生的事故也是不胜枚举的。如果设备未泄压，作业者就盲目进入，发生人身伤害事故的可能性也极大，这方面的事故也是时有发生的。因此，焊接切割本来就是危险性较大的特殊作业，它对安全工作的要求很高，加之带电、带压就更加危险了。这一条不准是非常有必要的，应作为一条禁令来执行。

案例：山东省某化工公司发生一起动火作业引发火灾的事故。

1.事故经过

2003年12月12日16时左右，因前工序蒸汽管道出现漏点需补焊，化工车间被迫停车。前工序蒸汽管道大约4h才能补焊完，化工车间决定利用这4h将一甲胺精馏塔塔底更换流量表，当时化工车间技术员认为该精馏塔各切断阀门都不漏气，为了赶进度，决定关死阀门泄压，再用排污阀向内冲氮气后升压、泄压，如此反复两遍后，办理动火证动火。

电焊工将原流量计割下后，已到18h的开饭时间，于是一行人都去食堂吃饭，大约0.5h后回来焊接，当焊枪接近管道用打火机点火时，突然从塔底管道处着火，并蔓延到整个地沟，监护人一看情况不妙，就开大排污阀加大氮气通入量，导致火势更加猛烈。当消防员关死排污阀后，用水枪堵住已被焊割开的漏洞，并用大量水扑救地沟中的火，直到熄灭。

2.事故原因

此动火作业严格来说是带压不置换动火，用氮气置换也是增加保险系数而已。此类动火关键在于两点：一是正压，二是流出物质不断燃烧。而本次作业却犯了两个错误：一是虽充氮气但没有控制流量，导致氮气没有完全稀释可燃气体，系统及周围空气没得到置换；二是吃饭时间内因一切断阀内漏（事后查出是气相阀）使可燃物质进入精馏塔，而又割开焊口使可燃物质顺着焊口流出，可燃物积存在周围地沟中，导致一开打火机就发生剧烈燃烧这一火灾事故。

发生着火事故后，监护人犯了一个错误，就是将向塔内充氮气的排污阀开大，误认为这样会使火势减小，但这时塔内可燃液体在氮气压力下，顺着割开的

作业过程十大安全规定

第三章

61

焊口喷出来，导致火势越来越大。

3.事故教训

（1）此类带压不置换动火时一定要先检查有无泄漏阀门，实在没有把握就加盲板安全隔绝，防止物料串入，导致动火时突然增加大量可燃物质，有可能控制不住火势导致火灾事故的发生。

（2）最重要的一点，此类动火一定要检测周围空气中可燃物的浓度，动火分析后，如可燃物浓度高，一定先要稀释周围空气，待浓度降到合格后再进行动火作业。

4.防范措施

（1）此类带压不置换动火首先要抓住根本就是正压，作业程序是先分析漏点周围空气中可燃物浓度，如果空气中可燃物浓度低于其爆炸极限则应在漏点处将可燃物点燃，如可燃物浓度高于其爆炸极限，一定注意用防爆的方法稀释。中间最好不停止作业，如停止，一定重复以上步骤方可作业。

（2）焊接之前应先测定泄漏设备的壁厚，以确定合理的焊补方案，防止壁厚过薄，焊接时烧穿设备导致火热突然猛烈增大。

（3）注意如需高处作业，要准备好安全撤离通道。

（4）注意泄漏设备内的含氧量，应控制在1%以下。

六、作业区周围有易燃易爆物品未消除干净，不焊割

在生产企业进行焊接或热切割作业是经常要遇到的工作，施焊作业中对周围的环境有非常严格的要求。

（1）焊接作业区风速当手工电弧焊超过8m/s，气体保护电弧焊及药芯焊丝电弧焊超过2m/s时，应设防风棚或采取其他防风措施。制作车间内焊接作业区有穿堂风或鼓风机时，也应按以上规定设挡风装置。

（2）焊接作业区的相对湿度不得大于90%。

（3）当焊件表面潮湿或有冰雪覆盖时，应采取加热去湿除潮措施。

（4）焊接作业区环境温度低于0℃时，应将构件焊接区各方向大于或等于2倍钢板厚度且不小于100mm范围内的母材，加热到20℃以上后方可施焊，且在焊接过程中均不应低于这一温度。实际加热温度应根据构件构造特点、钢材类别及质量等级和焊接性、焊接材料熔敷金属扩散氢含量、焊接方法和焊接热输入等因素确定，其加热温度应高于常温下的焊接预热温度，并由焊接技术人员制订出作业方案经认可后方可实施。作业方案应保证焊工操作技能不受环境低温的影响，同时对构件采取必要的保温措施。

（5）焊接作业区环境超出规定但必须焊接时，应对焊接作业区设置防护棚并

由施工企业制订出具体方案，连同低温焊接工艺参数、措施报专职工程师确认后方可实施。

（6）对作业周围场地、施焊部位的下部等地区，彻底清理易燃物、可燃物。一般要求：平地作业点周围10m之内不得存有易燃易爆物品；高处作业下方，应考虑火花、熔渣等炽热颗粒的走向和着落点与易燃易爆物品的距离。对达不到一般要求的情况，要采取对易燃易爆物品实施隔离和严密覆盖的措施，特殊情况还要有专人监护并备有必要的消防器材。

七、焊体性质不清、火星飞向不明，不焊割

一般来说焊接材料、焊接元素、焊接接头、焊接电弧、焊接坡口形式、焊接线能量、焊接工艺参数等对焊接质量都有一定的影响。焊接作业人员在施焊前一定要搞清楚焊体的性质，然后才能进行作业，盲目地施焊会造成"牛头不对马嘴"事件的发生，不但影响焊接质量，严重时还会发生事故。因此，对于焊体性质不清楚的不允许焊接。

焊接是一个热作业过程，焊接要产生焊渣，焊渣要产生火星，而火星的飞溅因风向的不同或因厂房内通风条件的不同而造成飞溅方向不明确，这时，焊接作业人员就要判断清楚火星飞溅的方向，然后采取针对性强的安全防范措施，在确保万无一失、不会发生着火的情况下，才能进行施焊。

案例：1999年5月16日，广西柳州微型汽车厂涂装车间新面漆返修线，发生一起违章焊接作业引起的特大火灾事故，过火面积278m²，直接财产损失900万元。

1. 事故经过

5月16日上午，柳州微型汽车厂涂装车间新面漆返修线的油漆线设备制造厂家——江苏省无锡市南兴涂装输送设备厂（以下简称南兴厂）副厂长奚某某、职工单某某，应柳州微型汽车厂涂装车间工程师孟某某的要求，对返修线喷漆室脱落的铁门铰链进行修理。在进行修理时，在没有得到批准动火的通知、没有安全监护人员在场监护、未采取有效防护措施、本人未持特种作业证的情况下，3人不听劝阻，违章动火作业，用电焊焊接喷漆室脱落的铰链，致使焊渣从未遮挡好的空隙溅落到喷室门内下面地沟内，引燃地沟内的积漆，从而导致这起特大火灾事故的发生。

事故发生后，工厂消防队立即出动2台消防车、7名专职消防人员赶赴现场灭火；柳州市消防支队接到报警后，调派12台消防车、40名消防队员先后赶到现场灭火。到10时15分，火势得到控制，10时20分大火基本被扑灭。

2.事故分析

事后经事故调查组确认，造成这起火灾的直接原因，是南兴厂奚某某、单某某在柳州微型汽车厂涂装车间新面漆返修线喷会属漆段手工喷漆室西北门违章动火进行电焊作业时，焊渣溅落到喷漆室门内的栅格板下面地沟的积漆上，引燃积漆造成火灾发生。造成这起事故的间接原因，是柳微厂消防安全管理责任制不落实、管理不到位，在火灾危险场所动火，未严格执行动火制度，未落实防火安全防范措施。

3.事故教训与防范措施

这起特大火灾事故，是生产制造企业中损失巨大的一次事故，事故的发生，暴露了该厂在安全生产管理和消防工作上存在严重问题。一是企业的领导安全生产意识淡薄，各级安全生产责任制不落实。二是企业各项管理制度看似健全，但监督不严，实际执行中不能坚持必要的工作程序，制度形同虚设，习惯性违章现象屡禁不绝。三是安全生产宣传教育工作不广泛、不深入，企业职工安全生产观念不强，安全素质不高。该企业在事故发生后，认真吸取事故教训，加强了安全管理工作和消防工作，加强安全检查，对检查出来的不安全因素限期整改；同时加强安全教育工作，提高领导干部和职工对安全生产的认识，提高遵章守纪的自觉性。

八、设备安全附件不全或失效，不焊割

设备在运行过程或使用过程中，为了确保安全运转或安全使用，均设置和配备了一些安全装置和安全附件。在实际施焊工作过程中，有些焊工师傅由于任务紧迫，时间紧张，有意无意间忽视了对设备的安全装置或工具的安全附件的检查、校验、核对等安全检查，造成的安全事故也是时有发生的。因此，设备安全附件不全或失效，不允许焊接或热切割。这条规定也是焊接气割"十不准"的硬性规定之一。

案例：2010年10月19日20时许，广州市增城腾丰服装工艺厂一台小型立式蒸汽锅炉刚刚启动不久就发生爆炸，造成1死1轻伤的事故。经查该锅炉未经安装监督检验和定期检验，未办理使用登记手续。现场发生爆炸的锅炉倾倒在锅炉房外，距原安装位置约4m。锅炉的炉胆、炉胆管板严重撕裂、变形，横水管、U形下脚圈有部分严重变形，炉胆与上、下炉门圈连接的角焊缝局部开裂。分汽缸与锅炉主蒸汽管连接的截止阀（也就是蒸汽出口第二个截止阀）处于关闭状态。锅炉安全阀的内部构件有明显的锈迹，阀芯与导向套的滑动套合面锈蚀卡死。

1.原因分析

锅炉爆炸时，高压力的水、汽混合物在极短时间内突降至大气压力，体积膨胀百余倍，释放出巨大能量，形成的冲击波直接伤人毁物；同时高温水、汽扩散会发生人员烫伤或窒息，破坏性极大，后果严重。导致事故的原因有两个：一是非法安装即使用锅炉。设备未办理使用登记即投入使用，锅炉作业人员无证上岗，缺乏相应岗位技术知识，违规操作。二是未定期对安全阀及其他安全附件进行校验、维护。安全阀锈蚀卡死不能正常工作，造成锅炉超压运行时，安全阀失去超压保护的功能，最终酿成爆炸事故。

2.预警提示

本次事故，究其原因，多与锅炉使用单位贪图利益，非法安装使用锅炉，未对锅炉及安全阀进行定期检验和维护保养有关。因此，作为锅炉使用单位，应严格按照《特种设备安全监察条例》及相关法规的要求进行锅炉安装、使用、检验、维护。此外，锅炉使用单位应聘请持证作业人员对锅炉进行日常操作和维护，定期对作业人员进行安全教育和技术培训，进行应急事故演练，降低因人为因素导致事故的可能性。

九、锅炉、容器等设备内无专人监护、无防护措施，不焊割

锅炉、压力容器属于特种设备。特种设备的安全管理是严格的，在特种设备内进行焊接或热切割作业更是最为小心翼翼的事情。为了做到既能完成施焊修理任务，又不会发生伤亡事故，一个有效的安全管理方法是在作业过程中，除按规定办理一切手续外，还要设置专人进行安全监护。同时，在作业的安全措施上尽量把能够想到的手段和方法全部用上。

在设备、容器内动火必须执行监护制度，监护人应当是专门的监护人，如果是特殊环境下需要动火进行焊接或热切割，需要企业消防部门派专人携带灭火器材或救护器材进行监护。监护人在动火或其他检修工作结束后及时清理现场，不留火种和其他隐患。

十、禁火区内未采取安全措施、未办理动火手续，不焊割

在禁火区内进行焊接或热切割作业是有严格的安全管理规定的。把易燃易爆的场所、设备、管道，均应列为禁火区。凡在禁火区域内动火或进行易发生火花的作业（如焊接或热切割），必须办理动火许可证。

（1）动火许可证的内容要有动火的有效时间、地点、场所、设备名称、安全措施、动火分析数据、动火项目负责人、动火审批人、动火执行人签字。

（2）动火安全措施一般由动火申请部门和所在部门共同提出，属于检修、维

作业过程十大安全规定

第三章

修方面的由申请部门和项目负责人落实解决，属于生产方面的由所在部门落实解决。

（3）动火分析人员按规定做好气体取样和分析工作，取样要有代表性，将分析结果写在动火证上并签字。

（4）动火审批人必须亲临现场，确实了解动火场所设备、容器及周边环境的实际情况，逐项检查安全措施是否落实，并补充完善安全措施。

（5）动火执行人（施焊、热切割人员）必须严格执行安全操作规程，详细核对动火时间、地点、设备、容器、范围、安全措施，才能在动火证上签字执行动火。

第二节

起重作业"十不吊"

一、起重吊装作业概论

起重吊装作业主要是指使用桥式起重机、门式起重机、塔式起重机、汽车吊、升降机等起吊设备进行的作业。在进行起重吊装作业时，应该首先考虑到起重吊装机械的吊具、索具、起重吊装设备的标准负载能力、支腿、起吊重量、作业半径。

吊具与索具是起重吊装设备的附属配置，包括钢绳、滑轮、索环、平衡仪、扣钉、吊架孔、轮箍和挂钩等。标准负载能力即制造商在设备上标明的最大吊升能力，它与吊臂的长度以及半径有着极大的关系。支腿是指起重设备上用于维持其稳定性，并且增加其负载能力的可以自由延伸的起固定作用的臂。起吊重量即为施工中单次起吊所能悬挂的最大总质量。作业半径指悬挂物的中心垂线与吊臂转动中心的水平距离。

在实际操作过程中，必须要按照规章和程序办事，遵守规定的安全规范，否则就会带来很多严重的后果，见图3-1。

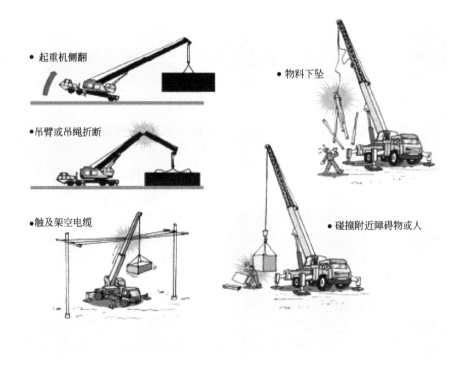

图3-1　违规操作带来的严重后果示意图

二、起重吊装作业中的安全管理要求

1.起重吊装的作业计划

计划必须在具体施工之前进行，它是确保安全生产的第一步。具体的作业计划应该包括以下内容：相近的任务描述、具体工作的实施步骤、各个环节的具体要求、负责人、作业环境和地点、所涉及的设施设备与工具、约定的指挥信号、员工防护用品等。其中员工的防护用品包括安全头盔、手套、防滑胶鞋、全身式安全带、听觉和视觉保护装置等。

在具体的实施过程中，可能会遇到一些突发的自然或者人为的情况，导致施工环境变得恶劣，从而影响正常施工。在这种情况下，会涉及关键性起吊的规程。规程中对安全性起吊的描述，主要是指出现以下情况时所涉及的起吊计划：施工过程中使用多台起重机；货物总质量高于最大负载；操作员无法目视起吊货物；毗邻电线、管线1.5m之内；遇到严重恶劣天气条件，如暴风雨、沙尘暴、雷电等。

在制订关键性起吊计划的时候，除了应该注意一般计划所涉及的内容之外，还应该包括以下内容：解释何为关键性起吊、起重机的类型和生产厂家、吊臂的长度与角度、作业半径、货物重量、支点、可能遇到的各种阻碍、吊具以及索具的类型等。

起吊计划应该有专业的起重技师和专业人员进行审核，并按照预先制订的检查表逐一检查，最后由生产单位负责人或项目负责人签字批准。

2.作业中的安全管理

① 吊装人员必须持证上岗，并且吊装质量大于10t的货物应该办理《吊装安全作业证》。

② 对于吊装质量大于40t的物体和土建工程主体结构，必须提前编制预吊装方案。

③ 必须设立安全警示牌，并且安排专门人员监护，非工作人员任何时候都不准入内。

④ 施工作业时，夜间必须有足够的照明，大风、大雾、大雨等天气应该立即停止作业。

⑤ 吊装人员必须按照规定佩戴安全帽。高处作业应遵守厂区关于高处作业的相关规定。

⑥ 起吊作业前，应该按照规定对于将会用到的所有起吊设施进行检查，必须保证安全可靠，不能存在任何侥幸心理。

⑦ 实施作业时，必须分工明确，坚守自己的岗位，按照信号灯统一工作。

⑧ 任何人不得随同吊装货物一同升降。特别情况下，必须随之升降的，应采取相应的安全措施，并且由现场的安全指挥员批准，保证不会有任何问题才能随之升降。

⑨ 吊装机械时，既要注意遵守通用标准，又要注意遵守机械的操作规程。

⑩ 吊装作业时，必须根据规定要求来合理安排被吊货物，并据此选择适合的吊具、索具。在被吊的货物高于核定吊装载荷时，应随时检查制动器，并且低空试运行之后，再平稳吊起。起重作业危险见图3-2所示。

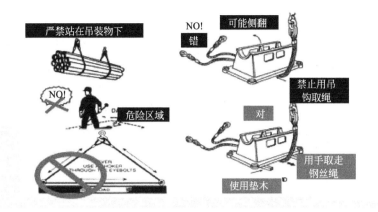

图3-2　起重作业危险示意

三、起重吊装"十不吊"规定

1.指挥信号不明或乱指挥不吊

在企业起重吊装作业中，指挥员起着至关重要的作用，在起重吊装过程中，由于指挥员的失误或错误指挥发生的事故不胜枚举。因此，在进行起重吊装作业中，一切行动听从指挥员的指挥，可以说指挥员是起重吊装作业的灵魂和大脑。如果指挥员失误或者错误指挥，那么极有可能发生事故。所以，在起重吊装作业的"十不吊"中，位于第一位的是"指挥信号不明或乱指挥不吊"，这是非常明确的安全之举。

2.超负荷不吊

起重吊装是有限度的，不是所有的物体、所有重量的物体都能够起重吊装，而是按照起重机的起重负荷、起重机的工作范围、起重机的特性来选择起重吊装的工件、起重吊装的重量、起重吊装的方式。在实际的作业过程中，由于起重作业人员的素质和安全意识的差异，发生超负荷作业的现象时有发生，这是绝对不允许的。因为，超负荷作业极有可能发生机毁人亡的恶性事故。所以，"超负荷不吊"应该作为一项铁的纪律不折不扣地贯穿于作业的全过程。

3.工件紧固不牢不吊

起重吊装作业必须将被起重吊装的工件、设备、管道、物体等紧固在吊装平台、卡具或绳索上，不能发生松弛、歪斜、偏重等现象。如果发生松弛就有可能带来吊件滑落下来的危险；如果发生歪斜吊件就有可能掉下来砸坏设备设施甚至是人员；如果发生偏重就有可能使吊件翻落，造成重大设备损坏或人员伤亡。因此，"工件紧固不牢不吊"是起重作业的至理名言，每一位作业人员必须牢记在心。

作业过程十大安全规定 第三章

4.吊物上面有人不吊

起重吊装作业过程中，主要是将重量大于人所能搬动的工件吊装、转运、安放在需要的地方。在作业过程中切忌在吊物上站人，而在实际工作中，由于司索人员要在吊物上面紧固物件，随后就随吊物起吊了，这是不允许的，吊车起重司机一定要记住不管在什么情况下，吊物上有人是不起吊的。因为这样的事故发生的太多了，事故教训太沉重了，事故教训使我们变得聪明起来了，所以就规定了"吊物上面有人不吊"的禁令。

5.安全装置不灵不吊

起重吊装作业不管是使用的桥式起重机、门式起重机、电动葫芦、轮式起重机、卷扬机等起重机械，他们均有各自的安全装置，如制动器、夹轨器、缓冲器、上升位置限制器、下降位置限制器、防偏斜装置、止挡、钢丝绳、吊钩、滑轮组、卷筒组、减速器、防风抗滑装置、调整装置、超载保护与报警装置等。这些装置或附件均是为了保护起重机的安全和起重作业人员的安全而设置的。起重吊装作业人员在工作前，要仔细检查自己所使用的起重机械对应的安全附件或安全装置是否齐全、完好，如若发现有缺陷、不灵敏或缺件，是不允许进行起重吊装的。

6.工件埋在地下不吊

一般来说，在进行起重吊装作业中，所起重吊装的工件是放置在地平面上的，特殊情况下有放置在低洼地带的，有放置在高处的，也有放置在地面土埋的。这里特别强调的是，埋在地下面的工件，我们不知道它的具体情况，也不知道地面以下的状况，更不知道所吊装的工件的重量和特性，是不能进行起重吊装的。起重工一定要坚持一条原则，那就是无论谁让你起吊地面下埋的物件，坚决不干，等把地面下的物件挖出来，检查出它的形状、重量、尺寸等情况后，再决定能否起吊。

7.光线隐暗看不清不吊

在常规情况下，起重吊装作业最好是选择在白天进行，但是，在有些特殊的情况下，如化工装置因为某台气体压缩机转子故障，需要将转子吊下来更换新的，这种情况下就不能分白天还是夜晚，为了稳定生产晚间也要更换。这时，起重吊装作业人员就要提出来光线暗淡的问题，为了保证作业的安全，就需要增强车间内或起重吊装现场的亮度，切记在没有充分亮度的情况下，看不清起重吊装的物件和绳索，是不能进行作业的。

8.斜拉工件不吊

起重吊装的工件或物体是垂直吊装的，这是一般的常识。斜拉工件是不能起吊的，因为① 斜拉不符合起重的安全规范；② 斜拉不知道工件的实际重量；③ 斜拉需要的空间很大，会影响整个车间或作业空间的安全。因此，"斜拉工件不吊"是天经地义的，任何人、任何情况下都要坚守这条红线。

9.棱角物件没有措施不吊

起重吊装常规情况下是起吊那些平稳的、没有异常的、一眼看上去能够完成起吊任务的工件。但是，有时候有些特殊的工件是有棱有角的，有时甚至棱角还是比较尖锐的，这时作业人员就要提醒有关人员注意采取防止棱角割断钢丝绳、划破有关工具的安全防范措施，如在挂钢丝绳处垫上一定的垫子等。没有采取安全措施，是绝对不能进行起吊作业的。

10.钢水包过满不吊

钢厂的钢水出炉时是用钢水包通过设置在车间的桥式起重机吊运出来的，在这样高温的作业环境中，除了认真执行以上九个不干外，还要求钢厂出钢车间的工人不能把钢水包装得过满，这是因为钢水包过满，在吊运过程中难免有不稳的情况发生，一旦起重机有所晃动，就有可能使过满的钢水包溢出或掉下钢水，在高温下，发生烧坏设施和烫伤人员的事故也就不可避免了。

四、吊装和运输过程中的安全预防措施

一般情况下都是不允许直接用起重机来运输吊起的货物。除非特殊情况下必须这么做，建议选择特殊型号的起重机或者履带式起重机，并且应该采取严格的预防措施。

① 严格按照负荷标牌来安排吊装。

② 注意行进路线的路面状况。

③ 货物必须绑定结实。

④ 必须将速度控制在一定范围以内，保证能够合理控制货物。

⑤ 必须使用引绳来保证稳定性。

⑥ 随时鸣笛保证安全。

具体人员的安全职责如下：

（1）绳索工的职责

① 核定载重并通知操作员。

② 检查器具是否正确使用。

③ 保证被吊物体是否稳定。

④ 防止被吊物体滑下。

⑤ 避免绳结损坏，提前更换。

⑥ 发现异样立即报告操作员。

⑦检查绳结方法是否正确。

（2）信号工的职责

①必须保证被吊物体固定好，才能发信号。

②必须向操作员发正确而又清晰的信号。

（3）起重机操作工的职责

①必须可靠地操作机器。

②保证外伸部分安全配置。

③发现任何问题向信号指挥员告知。

④必须提前确定被吊物体重量。

⑤必须做到持证上岗。

⑥必须看到清晰的信号之后才能操作。

⑦在旋转路径上有任何障碍物时不能起吊任何物体。

第三节

电气安全"十不准"

一、无证电工不准安装电气设备

电工是特殊工种，特殊工种必须取得特殊工种作业证才能上岗操作。电工特种作业证，又称电工操作证，或称电工IC卡，由安全生产监督管理部门所发，证书可上省安监局网站查询，每两年一次年检，每六年换一证，未年检过期作废，可跨区域年检，即可以不在发证单位年检，证书号是T+身份证号码；证书全国通用，终身有效，必须参加年检，否则无效；该特种作业证书每月组织一次考试；办证所需资料是身份证复印件1份、1寸彩色照片4张以及最高学历复印件，学历需要高中及高中以上；该证书和第二代新身份证一样，里面含磁卡。因此，电工作业必须取得特殊工种作业证，没有取得这个证书去从事电工工作是违规的。

二、任何人不准玩弄电气设备和开关

对于安装好电气设施、线路必须保护好；对于不用或使用完毕的线路要彻底拆除，消除隐患。对电气线路设备要经常或定期检查，接地线、接零线、开关、绝缘、插头、插座、电线是否完好，接线是否正确。对重要设备要制订维修计划，对不安全的设备、线路要及时修理更换保证完好。必须声明：任何人、任何情况下不准去玩弄电气设备和开关。因为玩弄者不懂电气设备的性能和电气安全技术，有发生自己触电的可能性，随便开或关电气开关，极有可能发生有人工作而送上电使人触电的事故。因此，"任何人不准玩弄电气设备和开关"是一项铁的纪律。

案例一：刀闸误合出事故

1.事故经过

1996年1月31日上午，在某热电厂高压配电室检修508号油开关过程中，电工曲某下蹲时，臀部无意中碰到了508号油开关上面编号为5081的隔离刀闸的传力拐臂杆，导致5081隔离刀闸动、静触头接触，刀闸被误合，使该工厂电力系统502、500油开关由于"过流保护"装置动作而跳闸，6kV高压二段母线和部分380V母线均失电，2号、3号锅炉停止工作40多分钟，1号发电机停止工作1h。

2.原因分析

油开关检修时断路器必须是断开的，油开关上面的隔离刀闸是拉开的，还必须在油开关与隔离刀闸之间的部件上可靠连接接地保护短路线，要求隔离刀闸的传力拐臂杆上插入插销，而且要加锁（防止被误动）。

造成这起事故的原因是工作人员违反规定没有装入插销，更不用说上锁，所以曲某臀部无意之中碰上了5081隔离刀闸的传力拐臂杆，导致5081隔离刀闸动、静触头接触，静触头与母线连接带电，于是，强大的电流通过隔离刀闸动、静触头，再流经接地保护短路线，输入大地，形成短路放电，导致该电气系列的

作业过程十大安全规定

第三章

502、500油开关由于"过流保护"装置动作而跳闸。

好在由于接地保护短路线质量好，所以，误合刀闸后没有造成人身伤害，但是造成的经济损失巨大。

案例二："阴差阳错"带负荷拉刀闸

1.事故经过

1995年6月17日上午8时40分，四川某厂空气压缩机值班员何某接分厂调度员指令，启动4#机组，停运1#机组或5#机组中的一组。何某到电气值班室，与电气值班员王某（副班长）和吴某商定，启动4#机组后停运1#或5#中的一组。王某就随何某去现场操作，吴某留守监盘。9时，4#机组被现场启动，然后5#机组现场停运。这时，配电室发出油开关跳闸的声音。

电气值班室的吴某判断5#机组已经停运，于是，独自去高压配电室打算拉开5#油开关上方的隔离刀闸。但是，她错误地拉开了正在运行的1#机组的隔离刀闸，"嘭"的一声巨响，隔离刀闸处弧光短路，使得314线路全线停电。

2.原因分析

造成这起误操作事故的原因是违反"监护制"。电气值班室的吴某在无人批准的情况下，擅自离开监盘岗位，违反"一人操作、一人监护"的规定，独自一人去高压配电室操作，没有看清楚动力柜编号，没有查看动力柜现场指示信号，也没有按照规程进行检查，就错误地拉开了正在运行的1#机组的隔离刀闸，是事故的直接原因。间接原因是副班长王某的组织工作有疏漏。

（1）商定"启动4#机组后停运1#或5#中的一组"，其实没有定。应该明确，到底是1#还是5#，使得在场人员都心中有数。

（2）负责人王某离开监盘岗位去现场，没有把吴某的工作职责作出明确交代，在现场操作后又没有及时通知吴某，负有领导责任。

（3）事故发生是平时管理不严、劳动纪律松弛、执行安全操作规程不严格、值班人员素质差等原因的必然结果。

三、不准使用绝缘损坏的电气设备

绝缘是电气工作的安全保障。就是将带电体隔离开来，防止短路、接地，阻挡带电体对外界的电击危险的介质。比如电线外面有一层塑料皮，这就是绝缘，可以防止导线短路、接地、电击人。裸母线在空气中有一定的间距，空气就起到绝缘的作用。由此可知，在电气工作中绝对不能使用绝缘损坏的电气设备，如果绝缘损坏了，极有可能发生触电事故，在实际工作中发生的这样的事故是很多的。

案例：电焊机接地线绝缘的损坏造成触电伤亡事故

××年×月，陈某上班后清理场地，由于电焊机接地线绝缘损坏，使外壳带电从而使与电气联成一体的工作台带电。当陈某将焊好的钢模板卸下来时，手与工作台接触，随即发生事故，陈某随后被送往医院，经抢救无效死亡。

1.原因分析

（1）接地线过长，致使其绝缘被损坏，外壳带电，所以造成单相触电事故。

（2）电气安全设施管理不严，缺乏对电焊机的定期检查。

2.事故教训

在使用电气设施、设备的时候一定要严格遵守安全制度和本电气设备、设施的安全操作规程。

3.防范措施

（1）接地、接零线要完好，并经常进行检查。

（2）损坏时要及时进行维修。

四、不准利用电热设备和灯泡取暖

在企业的各个施工或检、维修工地或场所，工人们有时在冬季工作遇到难适应气候的问题，使用一些就地的、方便的取暖设施或设备，以此来达到取暖的目的。但是，利用电热设备或电灯泡来取暖是不允许的，因为电热设备或电灯泡全部用电来加热或用电亮灯，使用不当就有可能发生触电事故，在工人们作业过程中或作业场所中，因使用电热设备取暖或使用大电灯泡取暖发生的事故时有发生，有时有人触电工友们为抢救触电人员扩大事故的伤亡也是不胜枚举的。因此，不准利用电热设备和灯泡取暖是电气安全的重要一环，必须认真地执行。

另外，家庭电器用电安全也是很重要的。下面介绍几种常用电器的防火措施。家用电器种类繁多，但从其工作原理来看，大致可分为电热式（如电热炉、电烤箱、热水器、电饭锅等）和非电热式（如收音机、电视机、录像机、录音机、电冰箱、洗衣机、空调机等）两大类，电热式家用电器发生火灾的频率较高，原因之一是用户使用不当。

1.电冰箱的防火措施

（1）火灾危险性

① 压缩机、冷凝器与易燃物质或电源线接触。电冰箱工作时，压缩机和冷凝器表面温度很高，易使与之接触的物品受热熔化而起火。

② 电冰箱内存放的易燃易挥发性液体，当易燃气体浓度达到爆炸极限时，控制触点的电火花可能引燃。

③ 温控电气开关受潮，产生漏电打火引燃内胆等塑料材料。

④ 短时间内持续地开、停会使压缩机温升过高被烧毁而起火。

（2）防火措施

① 保证电冰箱后部干燥通风，新买的冰箱的可燃性包装材料应及时拆走。

② 防止电冰箱的电源线与压缩机、冷凝器接触。切勿在电冰箱后面塞放可燃物。

③ 勿在电冰箱中储存乙醚等低沸点易燃液体，若需存放时，一定要把温度控制器改装到外面。

④ 勿用水冲洗电冰箱，防止温控电气开关受潮失灵。

⑤ 勿频繁开、关电冰箱，每次停机 5min 后方可再开机启动。

⑥ 电源线插头与插座间连接要紧密，接地线的安装符合要求，切勿将接地线接在煤气管道上。电源接地线勿与煤气管道相连，否则发生火灾时，损失惨重。

2.洗衣机的防火措施

不要将刚使用汽油等易燃液体擦洗过的衣服，立即放入洗衣机去洗。而是应该先拿到空气流通的室外去吹干，待衣服纤维中所吸收的易燃液体挥发殆尽后，再用洗衣机洗涤。此外，若洗衣机一次投放衣物过多，或波轮被绳、带、发卡等小物件卡住，甚至停止转动，也会导致线热，发生短路而起火，使用时也应注意。

3.空调器的防火措施

（1）火灾危险性

① 空调器中油浸电容器被击穿起火　空调器油浸电容器质量太差或超负荷使用都会导致电容器击穿，工作温度迅速上升，使空调的分隔板和衬垫受高温火花引燃。

② 电热型空调器的风扇停转起火　风扇停转会使电热部分热量积聚引燃电热管附近的可燃物而起火。

③ 空调器停、开过于频繁　由于空调器中的电热部分电热惯性很大，过于频繁地停、开操作易增加压缩机负荷，电流剧增导致电动机烧毁。

（2）防火措施

① 勿使可燃窗帘靠近窗式空调器，以免窗帘受热起火。

② 电热型空调器关机时牢记切断电热部分电源。需冷却的，应坚持冷却 2min。

③ 勿在短时间内连续停、开空调器。停电时勿忘将开关置于"停"的位置，等接通电源后，重新按启动步骤操作。

④ 一般家用空调器的耗电功率在1～3kW，空调器电源线路的安装和连接应符合额定电流不小于5～15A的要求。并应设单独的过载保护装置。

4.吸尘器的防火措施

使用吸尘器在消防安全上需要注意的事项如下：

① 电源插座要有足够的容量，不宜与其他用电功率较大的家用电器如电熨斗、电取暖器等同时使用，以免电气线种过载发热。

② 使用时间不宜过长，如手摸桶身塑料外壳明显发热，应停止一段时间再继续使用，以防止电动机因过热而烧毁。

③ 不应在潮湿场所使用吸尘器，以免电机受潮发生短路起火。

④ 每次使用后要随即清理过滤袋（器）上的积尘，防止进风嘴和排气出口被较大的物体阻塞，引起功率降低和电动机过热发生火灾。

⑤ 不要把火柴、壁炉灰尘、烟蒂等冒烟的东西吸入吸尘器，也不要用吸尘器去吸烟灰缸和废纸篓内的杂物，以免发生火灾。

⑥ 严禁在易燃易爆的危险场所使用吸尘器。也不要在刚使用过易燃液体或喷涂过油漆的房间、舱室内使用吸尘器，以免引起火灾爆炸事故。

⑦ 在吸尘器使用中，发现电动机冒烟时，切莫惊慌，应立即拔去电源线，拆下进风嘴的软管，将吸尘器移到过道、阳台等周围没有可燃物的地方即可，如电动机已经起火并烧着机身塑料外壳，可用棉被、毯子等将吸尘器盖上，以隔绝空气，窒息灭火。有各类手提灭火器的，在已经断电的情况下均可扑救。吸尘器每次使用完毕，一定要将电源线从插座上拔下并收藏好，以防儿童玩弄造成事故。

5.电视机的防火措施

（1）火灾危险性

① 电视机若在过电压下长时间工作会使其功耗猛增，温升过高烧坏电压调整管，使变压器失去电压保护，在高压下发生剧烈升温而起火。

② 电视机内部电极间电压极高，若机内积灰、受潮等容易引起高压包放电打火，引燃周围的可燃零件而起火。这一问题一般在老式电视机中出现的可能性较大。

③ 电视机长期工作在通风条件不良的环境中，机内热量的积聚加速零件老化，进而引起故障而起火。

④ 电视机遭受雷击而起火。

（2）防火措施

① 不宜长时间连续收看，以免机内热量积聚。高温季节尤应如此。一般连续收看4～5h后应关机一段时间，等机内热量散发后继续收看。高温季节尤其不宜长时间收看。

②关闭电视时，关闭机身开关的同时应关闭电源开关，切断电源。

③保证电视机周围通风良好，以利散热。有些用户给电视机做个罩，虽然能起到防尘的作用，但要注意通风散热问题。

④防止电视机受潮，防止因潮湿损坏内部零件或造成短路。室外天线或共用天花板线的避雷器要有良好的接地。

⑤雷雨天尽量不用室外天线以免遭受雷击。看完电视勿忘切断电源。

6.电热毯的防火措施

不买粗制滥造、无安全措施、未经检查合格的产品，以防止因质量低劣，特别是接头连接不当而造成事故。电热毯第一次使用或长期搁置后再使用，应在有人监视的情况下先通电1h左右，检查是否安全。使用前应仔细阅读说明书，特别要注意使用电压，千万不要把36V的低压电热毯接到220V的电压线口上。进口电热毯也有100V或者110V的，使用时不可疏忽大意。

电热毯不要固定位置。不要在沙发、席梦思和钢丝床上使用直线型电热线电热毯，这种电热毯只宜在木板床上使用。电热毯要注意防潮，不能在电热毯上只铺一层床单，以防人体的揉搓，使电热毯堆集打褶，导致局部过热或电线损坏，发生事故。电热毯脏了，只能用刷子刷洗，不能用手揉搓，以防电热毯线折断。电热毯不用时一定要切断电源。更换保险丝时，要选用与电热毯相匹配的规格。

五、任何人不准启动挂有警告牌和拔掉熔断器的电气设备

在电气作业中，在设备中或线路上或电气柜子里工作，都要在其工作的地点、设备、线路或柜子上挂有安全警告牌，如"有人工作，禁止合闸"等，有些重要的设备或线路或电气柜子上工作，除了挂有警示标志外，最好设专人进行安全监护。但是，在电气作业的实际工作中，因为盲目、无知、好奇等原因，将挂有"有人工作，不准合闸"的警告置之度外，进行了通电合闸，使正在工作的人员触电，造成身亡或重伤，有的电气设备为了安全起见，专门设置了薄弱环节，即装设熔断器，最常用的就是保险丝，其作用是一旦电压超压、电流过流，首先自己熔断，既保护设备又保护人员。在电气作业中，有的工人由于无知，随随便便就拔掉设备的熔断器，因而发生的事故也较多。

六、不准用水冲洗和揩擦电气设备

在电气作业场所，要求电气设备干干净净，作业场所没有灰尘，其目的是消除电器放电的火花。在电气作业场所不准用水冲洗和擦洗设备的规定是非常正确的。因为水是导电的，当用水冲洗设备时容易造成漏电而危及操作人员的安全，同样用湿布擦拭电气设备时如果触及带电部分也会造成触电事故的发生。

七、熔丝熔断时不准调换容量不符的熔丝

熔丝在电工作业中即我们常说的"保险丝"，熔丝所起的作用其实就是断电保安全的作用。熔丝因为电压超压或电流过流熔断了，电气切断电路了，虽然影响了继续工作，但保障了安全，再启动时就要先把熔丝接上，检查没有什么问题了，即可启动电气设备。在实际的工作过程中，有的电工嫌麻烦，往往在再接熔丝时，选用容量较大的熔丝，这样，就不易熔断，殊不知这是极其错误的，虽然不熔断了但起不到保护安全的作用了，等于没有熔丝一样。因此，"熔丝熔断时不准调换容量不符的熔丝"这一规定是为了安全而设定的，是保护生命安全的，非常有用。

案例：电容器保险损坏事故

1.事故经过

2001年12月7日14时15分，某集团公司电气厂水汽电工班值班人员在MCC02B段PF-02B电容器柜更换控制回路的螺旋保险，因无合适的保险，自行用保险丝搭接，送电时，该柜发生短路，造成MCC02B段失电，使动力厂锅炉车间B台225t/h高压蒸汽锅炉跳车，迫使合成氨厂退出生产，损失巨大。

2.原因分析

（1）更换保险丝后，电容器投运，即电容器进行充电，由于电容器在退出运行时，放电力装置可能未进行有效的放电（国外设备以电感线圈放电，国内设备以信号灯方式放电），此时，电容器储存的电荷能量很大，电容器的两极上残留一定电压，残留电压的初始值为电容器组的额定电压。电容器组在带电荷的情况下，如再次合闸投入运行，就会产生很大的冲击合闸涌流和很高的过电压，使电气设备的局部绝缘损坏，造成三相短路。

（2）当更换保险后，电容器柜投入运行时，由于更换的自制保险接触不良，导致接触器频繁的分合动作。从电容器的运行特性来看，每次从电源断开时，为防止电容器带负荷，必须进行充分的放电，使电容器的残留电压在容器组切断30s内下降到初始值的10%以下。但是，接触器处于分合频繁动作，放电时间短，当接触器再次吸合时，电容器产生很高的过电压，造成设备的局部绝缘损坏，发生短路。

3.采取措施

（1）电容器发生短路跳闸、熔丝熔断等现象后，应立即进行检查，在未查出原因之前不得再次合闸。

（2）各接触点应接触良好，外壳及构架接地的电容器组，与接地网的连接要

牢固可靠。

（3）放电电阻的阻值和容量应符合规程要求，并经试验检查合格，严禁随意更换。

（4）电容器组每次拉闸之后，必须通过放电装置随即进行放电，待电荷消失后再合闸，电容器组再次合闸时，必须在断开3min之后进行。

4.运行规范

（1）正常情况下，电容器的投入或退出应根据系统无负荷涌流或负荷功率因数以及电压情况而定，原则上，按供电局对功率因数给定的指标决定是否投入并联电容器。但是，一般情况下，当功率因数低于0.85时，投入电容器组；功率因数超过0.95有超前趋势时，应退出电容器组。当电压偏低时，可投入电容器组。

（2）当电容器组发生下列情况时，考虑安全，应立即退出运行。

① 电容器爆炸；

② 电容器喷火或起火；

③ 瓷套管发生严重放电、闪烁；

④ 接点严重过热或熔化；

⑤ 电容器外壳有异形膨胀；

⑥ 电容器内部放电或设备有异常响声。

（3）电容器母线电压超过电容器额定电压的1.1倍，或者电流超过额定电流的1.3倍，以及电容器室环境温度超过40℃时，均应将电容器退出运行。

八、不准在埋有电缆的地方未办任何手续打桩动土

电缆在很多地方是埋在地下的。现在的大型化工厂所使用的动力电缆和控制电缆大多数是敷设在电缆桥架上的，这样做的好处是：架设方便、检修方便、发现问题也容易。但一些老的企业，很多电缆还是埋在地下面的。在埋有电缆的地方进行施工，特别是化工厂，必须办理《动土安全作业证》，在办理这个证的过程中，要经过动土所在地的车间，管理电气的机动管理部门，管理企业总图的技术管理部门以及主管动土作业的企业领导批准后，才能进行动土作业，在办理《动土安全作业证》的过程中，这些管理部门不是随便签个字就可以了，而是对照图纸，沿着管线和电缆进行审查，在确保了安全的基础上，才能批准动土作业。

九、有人触电时应立即切断电源，在未脱离电源前不准接触触电者

电气作业最常见的事故是触电事故。当在作业过程中发现有人触电时，必须立即切断电源，这是事故应急的第一要务，在未脱离电源以前，不准施救人员接

触触电者,这是触电事故施救的基本常识。在实际工作中,有的员工发现工友触电,在慌忙中不断电就去施救,或没有确定触电者脱离了电源就去施救,致使施救者也发生触电,使事故扩大造成了更为严重的伤害。因此,在触电事故应急救援的现场处置方案中,必须明确:发现有人触电时,应立即切断电源,在未脱离电源前不准接触触电者。对于这条规定,每个电气作业者必须牢记在心,必须掌握在心。

十、雷电时不准接触避雷器和避雷针

雷电是一种自然现象,是不以人的意志为转移的客观存在。我们无法控制雷电现象,但是,根据电气作业的安全规律,在雷电时不准接触避雷器和避雷针是完全可以做到的。本来设置避雷器和避雷针是为了保护设备、设施和装置的安全的,它能起到很好的放电作用,在雷电现象发生时,保护了人员、设施的安全。如果我们的工人,特别是电气作业人员在雷电时接触避雷器或避雷针,就有可能发生雷击事故,轻者烧伤或击伤,重者有可能发生死亡事故。这样的教训非常沉痛。因此,切忌在雷电时接触避雷器和避雷针。

案例:某石化企业定量装车控制系统雷击事故

1.事故简介

该企业罐区定量装车控制系统多次发生雷击事故:1996年有3次,1997年有2次。其中损失最严重的是1996年8月的一次,控制系统的多处部位被雷击损坏。

(1)控制室 主机CONIEL:IPL-80主板1块、I/O板1只,以及保险丝、安全栅等。

(2)装车台 定量装车仪(BDQC-Ⅱ)主板14块。

2.现场概况

该定量装车控制系统涉及的主要结构单元包括以下内容。

(1)控制室 为12m×7m×7m混凝土结构房,控制部分主要设防在二楼,包括主机、操作台、仪表柜、住处终端等。

(2)装车台 在控制室北侧20m左右,有金属结构顶棚,台上设5套控制单元,可以给40个鹤位计量装油。装车台与控制室间的信号电缆沿金属线槽布置,约50m。执行机构电源电缆由地沟穿管进入(一端接地)。

(3)变配电室 在控制室西侧200m左右,钢筋混凝土结构屋上设有避雷线,内有变压器、高压柜(6kV)、低压柜等。变配电室与控制室间电源电缆沿地沟敷设。变配电室西侧6m处有60m高消雷塔。

3.雷击原因分析

（1）防雷情况　从防雷设施看，该系统比较重视直击雷保护，包括专用消雷塔、屋上避雷线、信号电缆槽屏蔽和铠装电源电缆等。但在防止雷电流电磁耦合或侵入上，漏洞较多。主要表现在以下方面：

① 控制室进出线由北墙和西墙各分两路穿入，屋内只设几个接地端子，各进出线保护管没有等电位连接。

② 装车台信号线进控制室线槽侧，没有接地；罐区信号线进控制室，采用塑料保护管，也没有接地保护。

③ 电源电缆进控制室虽然穿管，但没有接地；电缆经消雷塔侧没有采取屏蔽保护措施。

④ 除电源系统高压侧（6kV）设避雷器外，在电源低压侧、设备侧，以及信号系统等均没有防浪涌避雷保护，系统自我保护能力弱。

（2）侵入途径分析　从防雷保护来看，该系统虽然有较多漏洞，但查清与这次雷击直接有关的原因和侵入路径，提出相应的保护措施，对提高系统今后的抗雷冲击能力，无疑是有益的。事故后由于忙于恢复生产，没有保留有关证据或资料，以下仅就现场调查情况，提出几点分析意见。

① 从现场保护设施看，基本可以排除直击雷侵入损害。现场设备均在 LPZ1或 LPZ0B 保护区内，且进出线（包括电源电缆和信号电缆）均沿线槽或地沟敷设，没有直击可能，闪击能量只能是通过电磁感应或其他耦合形式侵入系统。

② 从损坏设备的方位和元器件来看，以电源系统侵入的可能性最大；从线路方位看，损坏部位既有仪表室部分也有站台部分；从损坏元器件看，既有弱电部分（主机、主板）也有强电部分（保险丝、安全栅）。通常只有电源系统出现过流过压现象，才会产生上述损坏。

③ 电源系统自我保护能力弱，且存在雷电流耦合漏洞。如前所述，电源系统除高压侧有过电压保护器外，低压侧和设备侧均无避雷保护器，而且整个电缆在敷设和连接时，基本没有考虑雷电流耦合的屏蔽，以及设备端边界区的等电位连接和去耦保护。传输电缆一旦有雷电流侵入，将直接进入设备并引起过压过流破坏。

从现场布置来看，最容易引起雷电流侵入的部位，是最接近消雷塔的电源电缆，该段电缆距消雷塔地电极只有 5m 左右，一旦有雷电流流散，通过土壤电阻耦合或感应，就会接受部分雷电能量。

（3）地电位计算　为分析消雷塔接地后对附近电缆的影响，对可能产生的地电位进行计算。为简化计算，可将消雷塔四周接地极的分布作用，简化成塔基中心电极形式，该中心距电缆沟约 5m。

由地电极引起的不同距离的地电位，可按下式计算：

$$U_{d_s}=\rho I_d/（2\pi S）$$

式中　U_{d_s}——不同距离的地电位；

　　　I_d——接地极雷电流；

　　　S——计算点与地电极的距离；

　　　ρ——土壤电阻率。

沙土土壤电阻率通常为300～500Ω·m，下雨时可按100Ω·m考虑。雷电流1%概率的典型值为200kA，90%概率的典型值为10kA（滚球半径约30m）。将以上典型值代入，分别为：

当I_d=200kA时，U_{d_s}=100×200/（2π×5）=637（kV）

当I_d=10kA时，U_{d_s}=100×10/（2π×5）=32（kV）

4.结论

计算表明，当消雷塔接引200kA雷电流时（概率为1%），电源电缆可以受到637kV地电位的影响；当消雷塔接引10kA雷电流闪击时（概率为90%），亦可感受到32kV地电位的影响。由于传输过程没有去耦和限幅保护，因而会引起破坏性能量冲击。

5.整改建议

根据该系统存在的问题，并结合已发生事故的情况，建议作如下整改。

（1）变配电室已有的屋上避雷线（针高0.6m），可拆掉消雷塔或按滚球法原理适当降低现有高度。

（2）在电缆沟的消雷塔一侧增设屏蔽地网。

（3）控制室进户前的电缆保护管不低于15m，并可靠接地。

第四节
登高作业"十不准"

一、患有高血压、心脏病、贫血、癫痫、深度近视眼等疾病不准登高

登高作业属于特殊作业。高处作业对其人员的身体素质有严格的要求，因为

身体有缺陷的人员在高处作业极有可能出现一些疾病的发作，以至于导致事故的发生。我国对高处作业有严格的规定：GB/T 3608—2008《高处作业标准》规定高处作业分级如下：

高处作业分四级：① 2 ~ 5m为一级；② 5 ~ 15m为二级；③ 15 ~ 30m为三级；④ 30m以上为四级。

高处作业人员患有高血压、心脏病、贫血、癫痫、深度近视眼等疾病者，是绝对不能从事高处作业的。因为患有这些疾病的人员从事高处作业发生伤亡事故的概率较大，将这些人员排除在高处作业以外，就能降低发生伤亡事故的可能性。

二、无人监护不准登高

登高作业必须有专人进行安全监护，如果无人监护，只是作业者一个人进行作业，这是不允许的。因为作业者一人进行登高作业，一旦有闪失无人监护，就有可能发生摔伤、碰伤、甚至死亡。因此，在企业的登高作业过程中，一定要在安排工作时，首先安排一名专职的安全监护人员，专门进行安全监护工作，其主要任务是监护作业者的行为是否安全、监督作业环境是否安全、监管作业联系是否周全，如果发现有违于安全规定的行为，立即制止，绝不姑息。

三、没有戴安全帽、系安全带、不扎紧裤管时不准登高作业

安全帽、安全带、安全网，这三件东西在高处作业中，工人们亲切地称之为"三宝"，可见其作用之巨大，是其他防护不可比拟的。

1.安全帽的正确使用方法

（1）首先检查安全帽的外壳是否破损（如有破损，其分解和削弱外来冲击力

的性能就已减弱或丧失，不可再用），有无合格帽衬（帽衬的作用是吸收和缓解冲击力，若无帽衬，则丧失了保护头部的功能），帽带是否完好，是否在有效期内。

（2）调整好帽衬顶端与帽壳内顶的间距（4～5cm），调整好帽箍。

（3）安全帽必须戴正。如果戴歪了，一旦受到打击，就起不到减轻头部冲击的作用。

（4）必须系紧下颌带，戴好安全帽。如果不系紧下颌带，一旦发生构件坠落打击事故，安全帽就容易掉下来，导致严重后果。

现场作业中，切记不得将安全帽脱下搁置一旁，或当坐垫使用。

2.安全带的正确使用方法

（1）应当检查安全带是否经质检部门检验合格，在使用前应检查各部分构件有无破损。

（2）安全带上的任何部件都不得私自拆换。

（3）在使用过程中，安全带应高挂低用，并防止摆动、碰撞，避免尖刺，不得接触明火，不能将钩直接挂在安全绳上，应挂在连接环上。

（4）严禁使用打结和续接的安全绳，以防坠落时腰部受到较大冲力伤害。

（5）作业时应将安全带的钩、环挂在系留点上，各卡接扣紧，以防脱落。

（6）在温度较低的环境中使用安全带时，要注意防止安全绳的硬化割裂。

（7）使用后，将安全带、绳卷成盘放在无化学药剂、避光处，切不可折叠。在金属配件上涂些机油，以防生锈。

当登高作业者熟练使用安全帽和安全带之后，还要注意在登高作业时扎紧裤管，使裤管不至于太宽而影响登高作业。这些规定完全是考虑作业者的安全而设定的。

四、作业现场有六级以上大风及暴雨、大雪、大雾不准登高

在进行登高作业中，如果遇到6级以上的大风以及暴雨、大雪、大雾等极端天气的情况，切忌进行登高作业。针对强降雪、大风、降温等恶劣天气，结合施工安全生产的特点，对易发生安全事故的环节、部位应做好如下防范工作。

（1）所有工地暴雪和大风降温天气严禁各种施工作业。

（2）施工现场大风天气和降雪期间，安排专人随时巡查，严密监控，发现问题立即处理。

（3）加强职工宿舍安全管理，彩板房材料必须符合B2级以上防火阻燃标准，要重点加强宿舍内用电管理，定期对电器和线路进行检查、维修，严禁乱拉乱设用电线路，严禁使用劣质电热毯、电炉子等大功率电器，要专门设置生活配电箱

作业过程十大安全规定 第三章

85

和生活用电回路，确保漏电保护器齐全、有效。严禁在宿舍内使用明火，防止职工宿舍发生失火、中毒事故。

（4）对施工现场彩板房、加工棚、围挡等临时设施进行加固，确保能承受雪压风吹；降雪时和雪后及时清理顶部积雪，因降雪强度大无法及时清理积雪的，要立即将存在危险宿舍内的工人，转移至安全场所，避免造成人员伤亡；做好工人的保暖及日常生活保障工作。

（5）强化防高处坠落管理。恶劣天气严禁登高作业，施工现场洞口及周边区域要严格按照相关规定，使用钢管、钢筋等金属材料架设安全防护栏杆，并使用合格的安全密目网进行全封闭；作业层脚手板要满铺、固定，雪后及时清理脚手板上积雪，减轻脚手板、脚手架载荷。

（6）强化施工现场易燃、易爆物品及防中毒管理。施工现场的易燃、易爆及有毒物品要建立严格的管理制度，定点分类存放，设置醒目标志，并指定专人负责；宿舍与存放易燃、易爆以及有毒物品的仓库不得在同一建筑物内；教育施工人员正确使用取暖设施，并采取有效措施保持作业场所和室内通风良好，施工现场内严禁使用木柴、炭火取暖，防止发生烟气中毒以及火灾等安全事故；应对从事有毒材料的作业人员配备安全可靠的防护用具，严防中毒事故发生。

（7）强化施工现场防冻、防滑管理。及时清除施工现场的积雪、积水；作业要穿防滑鞋、戴手套，采取可靠的防滑、防坠落措施。

当严格落实了以上的安全措施之后，在登高作业过程中，遇到极端气候也就心中有数，能够做到万无一失。

五、脚手架、跳板不牢不准登高

脚手架、跳板是登高作业必须具备的首要条件，它的牢固程度与否，对高处作业安全起着重要作用，若不牢固，发生断裂、倒塌等，就会造成高处坠落事故的发生或击伤下方人员。

因此，这一条规定是非常重要的。本来脚手架、跳板都是安全装置，都是为了保障作业者的安全而设置的，如果脚手架不牢固、跳板未固定好，那么，作业人员登上脚手架和跳板就会产生失稳现象，极有可能使人失稳摔下来，轻者受伤，重者死亡。

案例：脚手架搭设中坠落事故案例分析

1.事故经过及概况

某大学住宅楼为6层混合结构，建筑面积1800m²。1998年5月4日下午，瓦工梁××分工搭设三楼脚手，当工作到16时45分左右，梁××在未系安全带的情况下，站在自放且没有任何固定、长约1.4m、宽约0.25m的钢模板上操作，钢模板搭在脚手架两根小横杆上，中间又放一根活动的短钢管未加以固定，当竖起一根6m长、约24kg重的钢管立杆与扣件吻合时，由于钢管部分向外倾斜，梁××虽用力吻合数次，试图使其准确到位，但未能如愿，终因外斜重量过大使其在脚手板上失去重心随钢管从8.4m高处一同坠落，坠落时头面部先着地，跌落于地面施工的跳板上，安全帽跌落2m以外的地方，工程项目经理等急用车将梁××送医院抢救，终因失血过多，抢救无效于当日17时30分死亡。

2. 事故原因分析

死者梁××因未经脚手架搭设技能培训，无操作证上岗，安全意识淡薄，对工程处的一些规章制度遵守不严，虽戴安全帽，但未系安全带，不按操作规程施工，在搭设过程中对关键部位操作要领不清，是造成这起事故的直接原因。

架子工负责人宰××安全意识差，严重违章指挥。宰与梁是亲戚关系，明知梁从事的是瓦工工作，未接受过架子工专业技能培训，在不具有架子工操作证、不系安全带和无安全防护的情况下，置安全操作规程于不顾，安排无证人员进行高处脚手架搭设。项目部在与宰××签订脚手架承包协议时，只强调必须持证上岗，而未认真核验特殊工种操作证，同时工地负责人发现违反操作规程施工，虽口头指出，但未能严厉制止、及时消除隐患、堵塞漏洞、杜绝违章施工，违章指挥和盲目冒险蛮干，忽视对特种作业人员的管理是造成这起事故的间接原因。

3. 事故教训

① 必须杜绝违章指挥。
② 严格执行特种作业人员管理的有关规定。
③ 安全防护设施不符合规定者，不得施工。
④ 高处作业人员必须熟悉《建筑安装工人安全技术规程》中的有关规定，并认真执行。
⑤ 加强工种工程承包协议的管理工作。

4. 预防措施与对策

（1）要认真贯彻执行安全生产法规体系，做到有法必依、违法必究，用法律手段规范企业安全生产行为。

（2）企业必须有切实可行的安全生产管理制度和安全管理网络体系。明确各级管理人员的安全生产责任，提高企业及管理人员的素质，夯实安全工作基础，杜绝盲目指挥，违章操作现象。

（3）加强职工安全教育和特种作业人员培训工作，使职工有识别和排除危险作业的能力，提高职工安全意识，加强对特种作业人员的专业培训考核制度，经考核合格后方能上岗，并与之签订安全生产合同，保证安全生产。

（4）施工现场的安全防护要按规定、规程和标准制订出切实可行的措施，各种安全防护要到位，以确保操作人员的安全，高处作业人员必须系安全带。

六、梯子无防滑措施、未穿防滑鞋不准登高

在梯子上进行登高作业本身就是比较危险的。对于梯子的安全使用和作业人员的安全要求，有关部门和企业也制订了一些强制性的规定，这些规定非常有助于在梯子上进行作业的人员的安全防护，下面简要介绍。

1.便携式梯子的一般要求

① 禁止使用超过6m便携式人字梯；

② 不能使用超过9m的单阶爬梯与超过18m的加长爬梯；

③ 梯子不能有利边、变形、横栏或扶手断裂等情况，一旦发现立即撤离使用场所；

④ 梯子横栏、扶手应防止滑落；

⑤ 人字梯使用时应充分展开中间横梁，放置在平坦地面，防止侧翻；

⑥ 梯子应保持干净无油污，无打滑危害存在；

⑦ 木梯不能刷油漆，金属梯脚必须有橡胶护套。

2.梯子安全使用规则

① 着地稳固，无滑动、摇晃危险；

② 面对梯子攀登与作业，不能背对着梯子；

③ 单个直梯需要有人扶，防止滑动与摇晃；

④ 单梯与地面夹角在60°～75°，太陡时可能发生翻倒，太平时脚可能滑动；

⑤ 单梯与地面接触必须稳固防止滑动，应高出顶部表面至少0.1m；

⑥ 上下梯子时使用两手抓扶手或横栏；

⑦ 梯子放在门口或门后作业时必须锁门或被保护；

⑧ 用绳子挂小桶协助从地上运送物体、工具等；

⑨ 禁止将短梯接起来当长梯使用；

⑩ 禁止将梯子作脚手架或工作平台使用；

⑪ 金属梯不要靠近电气设备；

⑫ 每个便携式梯子每次只能站1人；

⑬ 身体重心不可脱离梯子中心，否则需要提供防跌落设施；

⑭ 梯子必须被安全放置或固定，防止意外翻倒。

3.固定式梯子的安全要求

① 固定爬梯高度超过1.5m应在两边设扶手式护栏，超过2.5m应设笼式（直径至少0.6m）护栏，应设至少高出顶端平面1.1m扶手，距离地面最低的一级横栏距离地面高度不能高于0.3m，为了保证安全，不用时应上锁保护；

② 在距离地面最多不超过0.9m处应进行固定；

③ 超过10m时，每隔最多6m设置一个中转平台；

④ 每梯每次只让一个人攀爬，尽可能防止小物件或垃圾坠落发生；

⑤ 禁止在护栏或护笼上攀爬；

⑥ 使用绳子挂小桶的方法协助运送物体、工具等。

七、不准攀爬井架、龙门架、脚手架，不能乘坐非载人的垂直运输设备登高

在施工的工地或作业的场所，为了提升、吊运一些工件、材料，设置了井架、龙门架、脚手架，这是施工所必需的。但是，这些提升设备和设施一般是不能载人的，因为这些非载人垂直运输设备与设施是专门提升设备、工件、材料的。人员要上到高处工作，有专用的载人电梯或载人提升机械。若工地规模较小，没有专用提升人员的机械，作业人员登高时走专用的人行道或专门的楼梯台阶。在实际工作中，有些员工为了图省事、怕麻烦，在登高时攀爬井架、龙门架或脚手架，导致的事故时有发生。因此，这条规定是必须不折不扣认真执行的。

八、携带笨重物件不准登高

登高作业本身就是危险性作业。作业者自身的重量已经增加了很多不安全因素了，如果这时作业者还要携带笨重的物件登高，那是绝对不允许的。因为，带上笨重的物件登高增加了身体的重量，也带来了登高的不灵活性，使登高者容易因负担的增加发生意外，这就是规定在登高过程中，登高者不准携带笨重的物件登高的道理所在。在实际工作中，有些作业人员为了减少烦琐的作业程序，自己在登高时携带了笨重的物件，其结果造成了事故的发生。正确的做法是：人员轻身登高后，笨重的物件专门起吊或专门用其他手段运至工作面。

九、高压线旁无遮栏不准登高

企业是一个人、机、料、法、环组成的整体生产或经营单位，均有高压供电系统、低压供电系统、弱电供电系统。在高压线旁工作必须做好安全防护工作，否则，一旦触碰了带电的高压线路，后果不堪设想。一般来说，尽量避免在高压线旁进行登高工作，因工程需要必须在高压线旁进行登高作业时，必须办理"高

第三章 作业过程十大安全规定

处作业安全许可证"，必须经过有关部门和领导的批准，必须清理高压线旁的各种安全隐患，最好是断电，必须采取可靠的安全措施来确保登高作业的安全，否则，高压线旁无遮拦不准登高作业。

十、光线不足不准登高

　　登高作业是需要有一个良好的作业环境和条件的。如作业现场的照明必须符合作业者视线的要求。一般来说，高处作业尽量安排在白天进行，因为白天视野开阔，光照度好，能满足其作业的要求。但企业有时候因为故障或事故，需要在晚上进行登高作业，进行抢修和抢救工作，这时候，作业者必须要采取一定的措施，增加作业现场照明，使其光线充足，满足登高作业的要求，以确保登高作业人员的人身安全。"光线不足不准登高"这条规定，完全是出于安全的考虑而制订的，是作为登高作业安全工作的重要保障之一。

第五节

施工现场的"十不准"

进入施工现场
必须戴安全帽

一、不戴安全帽，不准进现场

　　安全帽是施工作业现场人员的"三宝"之一。它是用来保护头顶而戴的钢制或类似原料制的浅圆顶帽子，防止冲击物伤害头部的防护用品，由帽壳、帽衬、下颊带和后箍组成。帽壳呈半球形，坚固、光滑并有一定弹性，打击物的冲击和穿刺动能主要由帽壳承受。帽壳和帽衬之间留有一定空间，可缓冲、分散瞬时冲击力，从而避免或减轻对头部的直接伤害。冲击吸收性能、耐穿刺性能、侧向刚性、绝缘性、阻燃性是对安全帽的基本技术性能的要求。

当作业人员头部受到坠落物的冲击时，利用安全帽帽壳、帽衬在瞬间先将冲击力分解到头盖骨的整个面积上，然后利用安全帽各部位缓冲结构的弹性变形、塑性变形和允许的结构破坏将大部分冲击力吸收，使最后作用到人员头部的冲击力降低到4900N以下，从而起到保护作业人员头部的作用。安全帽的帽壳材料对安全帽整体抗击性能起重要的作用。但是，有的工人错误地认为戴安全帽没有必要，因此不经常戴安全帽，有的图凉快和挡太阳戴草帽，有的因为感觉不舒服戴帽不扣带。在工地不戴安全帽非常危险，这不是危言耸听，某工地的一个工人走出施工区刚摘下头上的安全帽时，突然被从高处坠落的一颗铁钉击中脑门，直达头颅颅骨内，经抢救无效死亡。虽然铁钉是很小的物体，但从几十米高处坠落时，在重力加速度的作用下，碰到人体要害部位，也会成为致命伤害。因此，"不戴安全帽不准进入现场"是最好的安全防护手段之一。

二、酒后和带小孩不准进现场

为了保障施工的安全，工地一般均有不准喝酒后进入工地的规定。

① 严禁酒后上班。

② 班组长、班组安全员应对每个职工进行安全教育，发现酒后上班的职工责令停工同时对其处以50元罚款，罚金上交项目部财务科。

③ 项目部管理人员发现职工酒后上班现象及时制止，对违反规定者责令其停工教育，并对当事职工所在的班组组长，班组安全员处以100元罚款，罚金从工资款中扣除。

④ 对管理人员、班组长、班级安全员在酒后上班现象，班组职工有权进行举报督促，对违反本规定者处以10～100元罚款，举报有功者奖励20元。

⑤ 规定自公布起严格执行，对违反规定并不服从管理无理闹事者处以500～1000元罚款，情节严重者交治安机关处理。

另外，施工工地也规定不准带小孩进入现场。① 小孩（未成年人）带入施工现场，使其家长和周围的作业人员分散注意力，不能集中操作，易出现操作失误而导致事故发生。② 未成年人有好动和好奇心等生理特点，进入施工现场后，感觉什么都新鲜。势必到处乱跑、各处玩耍，而且用手去触、摸、弄运转中的设备，这样极有可能造成挤、压、扎、撞和砸伤的危害。③ 施工现场存在着粉尘、噪声、气味、辐射等危害或污染因素，而未成年人耐力差，抵抗力低，容易发生身体受到伤害的事件。因此，"施工现场不准带小孩进入"是保障安全生产的重要措施。

作业过程十大安全规定

第三章

三、井架等垂直运输不准乘人

井架是施工工地垂直运输工件、物料的重要工具或设备，不是运输人员的设备和设施。井架不准运输乘人是施工工地最为重要的安全规定，因为有的员工乘坐井架垂直上下作业面和地面，时间久了形成了习惯性违章，领导也司空见惯不当回事了，其结果发生的事故不胜枚举。在事故的教训和教育下，施工工地规定的这条铁律是适用和正确的。

案例：井架吊篮切下工人头颅事故分析

1. 事故经过及概况

某市公安局综合办公楼，由某公司第二工程处承建。该企业为一级资质，工程建筑面积 14600m²，结构类型为框架 8 层，开程开、竣工时间为 1998 年 10 月 16 日至 1999 年 8 月 18 日。

1999 年 4 月 3 日下午，朱某（男，49 岁）在该工地三楼工作面协助瓦工砌隔墙。下午 5 时，朱某到高速井架下料台口，左手扶住井架，头伸在井架内，向在地面搅拌砂浆的工人喊，还要两车砂浆。此时，井架吊篮正从八楼快速往下降落，将朱某的头颅切下，造成朱某当场死亡。

2. 事故原因分析

事故发生后，经现场勘查，造成这起事故的直接原因是现场施工人员朱某，思想麻痹，缺少应有的安全基本知识。当井架吊篮上升后，仍然将头伸进井架内，严重违反了操作规程，致使快速下降的井架吊篮将朱某的头颅切下，当场死亡。另外，该工程项目部对现场安全管理存有疏漏，安全生产责任制未某真正落实，对职工的安全教育不够，针对性不强，职工自身的安全防范意识不足；对发现的安全隐患整改不及时；机器操作工无证上岗；使用的卷扬机为齐齐哈尔产 3t 卷扬机，井架虽经验收合格，但井架用密目网封闭后，造成了机操人员视线不清，同时无专人指挥；井架下料台口无防护措施等，这些都是造成这起事故的间接原因。

3. 事故教训

该事故的发生，主要是现场防护不到位，料台口无安全门，上下联络无必备的措施。现场施工人员思想麻痹，缺少安全知识，违章作业所致，同时反映了该项目管理上存在疏漏。

4. 防范措施

①要加强料台口的防护及安全门的设置；
②要配备联络信号及专人指挥；

③ 要加强对工人安全意识和安全专业知识教育，杜绝无证上岗现象；

④ 项目部要切实落实各项安全生产责任制，加强对重点部位的监督检查。

四、不准穿拖鞋、高跟鞋及硬底鞋上班

施工现场登高、爬低、摸爬滚打是一种常态现象。劳动保护用品是其保障安全的辅助用品，上岗就要穿戴好与工作相适应的工作服、工作鞋、工作手套、工作帽。在登高作业过程中，不准穿拖鞋、高跟鞋和硬底鞋，因为，这些鞋都不利于登高作业，拖鞋松弛易脱脚，高跟鞋踏地不稳易滑倒，硬底鞋柔和性差易打滑。因此，在登高作业时，切忌穿这些鞋去工作，安全监护人发现员工登高作业穿这些鞋子应坚决制止，切不可掉以轻心。

五、模板及易腐材料不准作脚手板使用，作业时不准打闹

1.模板安装的安全要求

（1）模板工程安装高度超过3.0m，必须搭设脚手架，除操作人员外，脚手架下不得站其他人。

（2）模板安装高度在2m及以上时，应符合国家现行标准《建筑施工高处作业安全技术规范》（JGJ 80—2016）的有关规定。

（3）施工人员上下通行必须借助马道、施工电梯或上人扶梯等设施，不允许攀登模板、斜撑杆、拉条或绳索等上下，不允许在高处的墙顶、独立梁或在其模板上行走。

（4）作业时，模板和配件不得随意堆放，模板应放平放稳，严防滑落。脚手架或操作平台上临时堆放的模板不宜超过3层，脚手架或操作平台上的施工总荷载不得超过其设计值。

（5）高处支模作业人员所用工具和连接件应放在箱盒或工具袋中，不得散放在脚手板上，以免坠落伤人。

（6）模板安装时，上下应有人接应，随装随运，严禁抛掷。且不得将模板支搭在门窗框上，也不得将脚手板支搭在模板上，并严禁将模板与上料井架及有车辆运行的脚手架或操作平台支成一体。

（7）当钢模板高度超过15m，应安设避雷设施，避雷设施的接地电阻不得大于4Ω。大风地区或大风季节施工，模板应有抗风的临时加固措施。

（8）遇大雨、大雾、沙尘、大雪或6级以上大风等恶劣天气时，应暂停露天高处作业。5级及以上风力时，应停止高空吊运作业。雨、雪停止后，应及时清除模板和地面上的积水及积雪。

（9）在架空输电线路下方进行模板施工，如果不能停电作业，应采取隔离防

护措施。

（10）模板施工中应设专人负责安全检查，发现问题应报告有关人员处理。当遇险情时，应立即停工和采取应急措施；待修复或排除险情后，方可继续施工。

2. 模板拆除的安全要求

（1）侧模，在混凝土强度能保证其表面及棱角不因拆除模板而受损坏后，方可拆除。

（2）底模，应在同一部位同条件养护的混凝土试块强度达到要求时方可拆除（见表3-1）。

表3-1　现浇结构拆模时所需混凝土强度

结构类型	结构跨度/m	按设计的混凝土强度标准值的百分率计/%
板	≤2	50
	>2，≤8	75
	>8	100
梁、拱、壳	≤8	75
	>8	100
悬臂构件	≤2	75
	>2	100

注：本表中"设计的混凝土强度标准值"系指与设计混凝土强度等级相应的混凝土立方体抗压强度标准值。

（3）拆除高度在5m以上的模板时，应搭脚手架，并设防护栏杆，防止上下在同一垂直面操作。

（4）模板支撑拆除前，混凝土强度必须达到设计要求，并经申报批准后，才能进行。拆除模板一般用长撬棒，人不许站在正在拆除的模板上。在拆除楼板模板时，要注意整块模板掉下，尤其是用定型模板做平台模板时，更要注意，防止模板突然全部掉落伤人。

（5）拆模时必须设置警戒区域，并派人监护。拆模必须拆除干净彻底，不得保留有悬空模板。拆下的模板要及时清理，堆放整齐。高处拆下的模板及支撑应用垂直升降设备运至地面，不得乱抛乱扔。

（6）拆摸时、临时脚手架必须牢固，不得用拆下的模板作脚手板。

（7）脚手板搁置必须牢固平整，不得有空头板，以防踏空坠落。

（8）拆除的钢模作平台底模时，不得一次将顶撑全部拆除，应分批拆下顶撑，然后按顺序拆下搁栅、底模，以免发生钢模在自重荷载下一次性大面积脱落。

（9）预应力混凝土结构构件模板的拆除，除应符合规范《混凝土结构工程施工质量验收规范》（GB 50204—2015）的规定外，侧模应在预应力张拉前拆除，底模应在结构构件建立预应力后拆除。

（10）已拆除模板及其支架的结构，在混凝土强度符合设计混凝土强度等级的要求后，方可承受全部使用荷载，当施工荷载所产生的效应比使用荷载的效应更为不利时，必须经过核算，加设临时支撑。

（11）预制构件模板拆除时的混凝土强度，应符合设计要求；当设计无具体要求时，应符合下列规定：

① 侧模，在混凝土强度能保证构件不变形、棱角完整时，方可拆除；

② 芯模或预留孔洞的内模，在混凝土强度能保证构件和孔洞表面不发生坍陷和裂缝后，方可拆除；

③ 底模，当构件跨度不大于4m时，在混凝土强度符合设计的混凝土标准值50%的要求后，方可拆除；当构件跨度大于4m时，在混凝土强度符合设计的混凝土强度标准值的75%的要求后，方可拆除。

对于易腐蚀的材料绝对不能作为模板的材料来使用。因为易腐蚀的材料承重不够且容易发生断裂现象。因此，对易腐蚀的材料作模板是不允许的。

另外，在作业过程中，作业者登在模板上是不允许打闹、玩耍、开玩笑的，本来模板上作业就比较危险，加之作业者打闹等使注意力不集中，很有可能发生坠落事故。因此，要求作业者集中精力干好工作，不能在模板上打闹和干与工作无关的事。

六、电源开关不能一闸多用，未经训练的职工不准操作机械

施工现场使用的电源开关必须是一闸一机，不能一闸多用。因为一闸多用时，如果一个机器发生故障，就会把其他的机器也断开了，会造成其他机器非预期的故障，甚至事故发生。从节能的角度来看，也提倡一机一闸。只需一台设备工作时，其他的就可关闭。

在施工现场使用电气设备的员工，必须是经过培训合格取得电工操作证的员工，如果不是专业的电工，是不允许操作电气设备的。在实际的工作中，因为非电工进行操作造成的触电事故或其他机械伤害事故是很多的。因此，在施工现场"电源开关不能一闸多用，未经训练的职工不准操作机械"的规定必须严格执行。

七、无防护措施不准高空作业

登高是危险性较大的作业。危险性作业必须做好安全防护，必须规定一些必要的安全要求。

① 凡参加高处作业人员必须经医生体检合格，方可进行高处作业。对患有精神病、癫痫病、高血压、视力和听力严重障碍的人员，一律不准从事高处作业。

② 登高架设作业（如架子工、塔式起重机安装拆除工等）人员必须进行专门培训，经考试合格后，持安全监察部门核发的《特种作业安全操作证》，方准上岗作业。

③ 凡参加高处作业人员，应在开工前进行安全教育，并经考试合格。

④ 参加高处作业人员应按规定要求戴好安全帽、扎好安全带，衣着符合高处作业要求，穿软底鞋，不穿带钉易滑鞋。

⑤ 高处作业人员随身携带的工具应装袋精心保管，较大的工具应放好、放牢，施工区域的物料要放在安全不影响通行的地方，必要时要捆好。

⑥ 施工人员要坚持每天下班前清扫制度，做到工完料净场地清。

⑦ 吊装施工危险区域，应设围栏和警告标志，禁止行人通过和在起吊物件下逗留。

⑧ 夜间高处作业必须配备充足的照明。

⑨ 必须认真执行国家有关安全设施标准化的规定，并要与施工进度保持同步。如果不能与进度同步，再好的安全设施也无济于事。

⑩ 尽量避免立体交叉作业，立体交叉作业要有相应的安全防护隔离措施，无措施严禁同时进行施工。

⑪ 高处作业前应进行安全技术交底，作业中发现安全设施有缺陷和隐患必须及时解决，危及人身安全时必须停止作业。

⑫ 在高处吊装施工时，密切注意、掌握季节气候变化，遇有暴雨、6级及以上大风、大雾等恶劣气候，应停止露天作业，并做好吊装构件、机械等稳固工作。

⑬ 盛夏做好防暑降温，冬季做好防冻、防寒、防滑工作。

⑭ 高处作业必须有可靠的防护措施。如悬空高处作业所用的索具、吊笼、吊篮、平台等设备设施均需经过技术鉴定或检验后方可使用。无可靠的防护措施绝不能施工。特别在特定的、较难采取防护措施的施工项目，更要创造条件保证安全防护措施的可靠性。在特殊施工环境安全带没有地方挂，这时更需要想办法使防护用品有处挂，并要安全可靠。

⑮ 高处作业中所用的物料必须堆放平稳，不可置放在临边或洞口附近，对作业中的走道、通道板和登高用具等，必须随时清扫干净。拆卸下的物料、剩余材料和废料等都要加以清理及时运走，不得任意乱置或向下丢弃。各施工作业场所内凡有可能坠落的任何物料，都要一律先行撤除或者加以固定，以防跌落伤人。

⑯ 实现现场交接班制度，前班工作人员要向后班工作人员交代清楚有关事项，防止盲目作业发生事故。

如果我们在高处作业中能够遵循以上规定，那么，这种作业的安全是有保障的。

八、吊装设备未经检查（或试吊）不准吊装，下面不准站人

设备吊装是施工现场经常要干的工作。设备必须先进行如下安全检查：① 检查被吊装的设备的安全状况情况；② 检查吊装的设备或工具的安全状况；③ 要进行试吊；④ 对起吊重大的设备还要编制起吊方案，经过有关技术人员和领导审批后，才能起吊；⑤ 起重吊装操作人员必须取得特种作业人员操作证。这些硬性的条件说明了吊装设备的严格性。一般来说，吊装设备前肯定要进行检查，不检查不能盲目吊装，吊装前要进行试吊，不试吊不能进行起吊。这是安全管理的主要措施。另外，在吊装过程中，吊件下面不准站人，如果发现有人站在吊件下面，赶快劝离，不然的话，有可能吊件坠落造成重大事故。

九、木工场地和防火禁区不准吸烟

吸烟是某些员工的个人嗜好，本来无可厚非。但是，在施工现场，要看具体情况，如木工房间、木工场地就不能吸烟。还有一些施工现场也是防火禁区，如危险化学品库、油库、易燃品库等。烟头的危害是十分巨大的，据有关资料介绍，香烟在燃烧时，卷纸边缘表面温度高达200 ～ 300℃，中心高达800 ～ 1000℃，一般可燃物质的燃点在200℃左右。一支香烟可以燃烧4min左右，当风速在1.5m/s的情况下，遇到木屑等可燃物质时，非常容易引燃可燃物质，酿成火灾，甚至是重大火灾。

根据国外对25000起工业失火案例的统计分析，失火原因最突出的是电气设备、吸烟、摩擦和过热物质造成的。其中，吸烟位居第二，占18%，也就是4500起。因随手乱扔一个烟头，就有可能烧毁一座宾馆、一座厂房，毁了数代人的千秋家业。如1987年造成将近70亿元损失的大兴安岭森林火灾，起火也是由烟头引起的。再如2002年吉林市"2·15"中百商厦特大火灾事故，造成53人丧生，30人受伤。其直接原因就是有人丢落烟头引燃3号简易仓库内的易燃物品从而导致火灾事故的发生。

因此，在施工现场"木工场地和防火禁区不准吸烟"的规定是切合实际的，是防火工作的重要措施之一。

十、施工现场各种材料应分类堆放整齐，做到文明施工

施工现场是存放有各种各样的设备、材料、工件、工具和一些常用的物料的。对于施工现场的这些物质，因为它是施工必需的，为了保障安全、清洁、文

明，就需要分门别类地加以堆放整齐，写明规格、型号、用途，做到有条不紊，随手可用。这样对施工现场的安全、卫生、环保、消防等的管理也是有利的。因此，要求每一个施工现场各种材料应堆放整齐，做到文明施工，这是最基本的要求，也是最实际有用的要求。

作者认为可以通过以下途径抓好安全文明施工。

① 做到领导重视、责任落实　这是搞好安全文明施工的关键。无论任何一项工作，如果没有领导的重视，没有明确的责任，都不可能做好，安全文明施工更是如此。公司领导班子始终如一地把安全文明施工工作纳入抓好安全工作的头等大事，对各项目部实行经济收入与安全文明施工挂钩的考核评分制，这个考核不是到年底单纯考核其是否发生了事故，而是以日常的安全文明施工检查评分为基本依据，从而激发和调动各项目部各层人员的积极性。

② 要求注重提高安全管理人员的本身素质　这也是做好安全文明施工工作的前提。对安全管理员作系统组织的培训，并取得上岗证书和管理人员安全资格证书。同时，公司每年度还对工地管理人员进行培训考核，从而使安全管理队伍得到进一步加强，素质有了较大提高。

③ 能够确保资金投入到位　这是抓好安全文明施工的基础。要达到合格或优良的标准，就必须有一定的资金投入，而且还必须是有效投入，否则，抓好安全文明施工就是空谈。

④ 要抓好安全保证资料的标准化、规范化　这是抓好安全文明施工的基础。一方面组织人员积极参加上岗培训，另一方面坚持深入到工地，仔细检查安全资料，面对面地讲、手把手地教，使安全资料水平不断提高。

⑤ 要不断健全和完善规章制度，严格执行和落实规章制度　这是抓好安全文明施工的保证。企业的任何一项工作都要有相应的规章制度来保证，安全文明施工也不例外。不断充实和完善《安全管理条例》，同时还建立、健全安全责任制度、安全教育制度、安全交底制度、安全例会制度、安全检查制度等一系列安全文明施工的管理制度。并对这些制度的实施落实制订奖罚办法，从而使安全文明施工有可靠的保证。

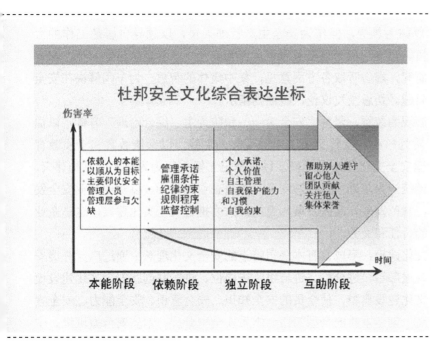

杜邦安全文化综合表达坐标

伤害率

· 依赖人的本能
· 以顺从为目标
· 主要仰仗安全
  管理人员
· 管理层参与欠
  缺

· 管理承诺
· 雇佣条件
· 纪律约束
· 规则程序
· 监督控制

· 个人承诺,
  个人价值
· 自主管理
· 自我保护能力
  和习惯
· 自我约束

· 帮助别人遵守
· 留心他人
· 团队贡献
· 关注他人
· 集体荣誉

时间

本能阶段　　依赖阶段　　独立阶段　　互助阶段

第一节

安全文化建设的"十个误区"

一、以领导自居

在企业安全文化建设中，安全生产管理人员到生产作业现场往往被车间干部、工人同志尊称为领导，但作为安全生产管理人员，以领导自居是工作的大敌。要经常醒悟、时刻注意增强服务意识，作为安全生产管理队伍的一员，深入作业现场调查研究，虚心听取各方面意见，集中集体的智慧，为车间解决在安全管理中遇到的问题。切忌空发议论，做原则指示。

以科学发展观为统领，坚持"安全第一、预防为主、综合治理"方针，以提高员工综合素质为核心，以转变员工思想观念为主线，以亲情教育和素质教育为依托，以创建安全文化体系为手段，以规范员工操作行为为抓手，以构建人、机、环境的和谐统一为基础，以打造安全高效型企业为目标，以实现企业安全发展、和谐发展、规范发展、高效发展为目的，大力推进安全文化建设，这是企业安全管理干部的责任和义务。

通过安全文化建设，形成富有本公司特点的安全文化理念；通过广泛开展安全文化进项目、进部室、进分厂、进班组、进岗位、进家庭创新安全文化建设模式，树立安全文化建设典型，使全员的安全知识、安全意识、安全能力、安全素质得到普遍提高；创建本质安全型部门、本质安全型分厂、本质安全型班组、本质安全型员工；通过学习和借鉴国际国内先进的安全管理思想和安全文化理论，结合本公司安全管理实际，经过提炼总结，逐步形成安全文化的价值体系，做到内涵丰富、系统完善、个性鲜明，逐步形成上下齐心、知行合一的安全文化，推动企业安全、健康、和谐、永续发展。

① 提高全员的安全意识和安全技能，让人人都能"懂安全、要安全、会安全、能安全、保安全"。

② 总结提炼形成本公司的安全文化理念，得到广大员工普遍认同并自觉执行。

③ 通过宣传、教育、奖惩、形象、标识、文化活动与安全管理理念的有机结合，创建群体氛围，形成适应于本企业的安全文化属性，规范改进员工安全行为，弥补安全管理手段的不足，促进安全理念文化、安全制度文化、安全行为文

化、安全评价体系的完善和提高。

④ 使职工从不得不服从管理制度的被动执行状态，转变成主动自觉地按安全要求采取行动，实现由"他律"到"自律"的自觉管理。

⑤ 实现"以遵章守纪为荣，以违章违纪为耻"的安全文化环境，为实现本质安全提供精神动力和文化支撑，确保企业的长治久安。

⑥ 协调好人、机、环境三者之间的关系，实现规范行为＋和谐环境＋精细管理＝安全高效型企业。

围绕以上指导思想和总体目标，企业各级领导不以领导者自居，要深入基层、深入实际、深入员工，安全文化建设要找准切入点，把握着力点，在开展安全文化活动过程中认真坚持五项原则。

（1）坚持以人为本的原则 安全文化建设要正确把握人的本性特征，遵循安全管理的基本规律，推行人情化、人性化理念，做到尊重职工、理解职工、关心职工、爱护职工，最大限度调动职工参与安全管理、履行安全职责、排查安全隐患、维护安全大局的积极性和创造性，形成人人讲安全、全员保安全的良性局面。

（2）坚持预防为主的原则 掌握安全生产主动权的关键所在，就是要千方百计搞好预防工作。安全文化建设的根本出发点，就是为了提高员工的安全意识，增强员工的安全素质，促使每个员工都能积极主动、坚决果断地排查安全隐患、抵制"三违"行为，从而把隐患和事故消除在萌芽状态，做到防患于未然。

（3）坚持齐抓共管的原则 安全文化建设是一项牵涉面广、影响深远的系统工程，需要公司从上到下、方方面面共同发挥作用，才能够迅速推开、持续推进、取得实效。要建立党委、董事会统一领导、班子成员各负其责、基层单位全面实施、职能部室协调配合、全体职工广泛参与的安全文化建设工作体系，齐抓共管，形成合力。

（4）坚持管教结合的原则 安全文化建设的执行者和参与者都是职工群众这一主体，必须按照人的本质特征和精神需求，既要通过监督检查、激励制约手段，加强安全基础管理；又要通过灌输、引导、警示等手段，做好思想教育工作。倡导安全文化理念，就是要管理、教育双管齐下，坚决克服以罚代管、以罚代教等简单粗放的工作模式，形成依法科学管理、以德感化教育的良好机制。

（5）坚持与时俱进的原则 随着国家安全生产形势和企业安全生产实际的不断好转和持续发展变化，安全文化建设的指导思想、总体目标也要随之不断更新和充实，要在继承优良传统、借鉴先进经验的基础上，逐步总结和提炼富有本公司特色的安全文化建设工作理念，不断创新安全文化建设的工作方法，实现共性与个性、形式与内容的协调统一、完美结合。

第四章 安全文化建设十大定律

二、"一揽子"方法

"一揽子"方法是安全生产人员的"克星",安全生产管理人员走出这一误区的关键,一是要改变工作方法,改"一揽子"方法为抓关键路线、关键人员的分层监督方法。要改变安全生产管理人员到现场就是抓不戴安全帽、不穿工作服这种浅层次问题。作为安全生产管理人员要时刻把握每个部门、每个现场不同时期、不同阶段影响安全生产的关键问题,监督关键人员的职责落实情况,协助各部门安全第一责任者把握安全生产大局,及时向领导反馈信息。二是要监督车间安全生产第一责任者给其安全员合理授权、放权,这样既是安全第一责任者落实各级安全责任的检验尺度,也是各部门安全员开展工作的必要条件。

企业安全文化建设一直受着各种因素的影响而进展缓慢。近年来,在政府的大力倡导、媒体的广泛传播和一些机构持之以恒的推动下,人们对安全文化的态度已经由一开始的不承认不支持,到现在的能理解可接受。一些先行的企业还打破成规,他们以自己过去的实践为基础,通过借鉴与创新去进行有效的探索,创出各有特色的企业安全文化模式,为我国企业安全文化建设的全面展开提供了经验。

但是,有一点依然不可忽视。即在学界和企业界仍有许多人在企业安全文化建设的"一揽子"误区中徘徊不前。其一是认为安全文化是无所不包的空泛概念。依据是"文化是人类所创造的精神财富与物质财富的总和""安全文化也是人类安全方面所有精神财富与物质财富的总和"。既然安全文化自古就有,那么我们在安全方面做过的事情都跳不出安全文化的范畴,只是过去没有明确这个概念而已。这种认识误区,致使企业在推进安全文化建设时感到困惑与迷惘,不知如何下手是好。其二是认为安全文化就是搞一些安全宣教活动而已,把安全宣传教育活动搞得丰富多彩、喜闻乐见就是在搞安全文化。这种认识会促使企业仅仅在宣传教育的形式上下功夫,不断"创新"形式。当然或许也要兼顾内容和效果,但无论如何也不能不引发人们的疑虑:"宣传教育"几十年来从未间歇过,为什么又要提出"企业安全文化建设"的概念呢?

"一揽子"认识误区,一种是"空泛化",一种是"平庸化",异曲同工,都使企业安全文化建设有"新瓶装旧酒"之嫌。当然,有这种"一揽子"误区也并不奇怪,翻翻有关安全文化的论著,看看有关媒体报道或网上帖子,能将"企业安全文化建设"的理论与模式,简要清楚地叙述出来,甚至还能为企业作出实质性指导的专家与专业机构又有多少呢?只有当我们切实感受到所谓"企业安全文化建设"无外乎是针对企业和企业中的每个成员的安全意识、安全态度和安全行为的一种有效管理模式时,才会认识到它的必要性、可行性和有效性。

三、无是非情感

安全生产管理人员在工作中面对各种各样的人，时时受到来自各方利益、感情的困扰，如果在工作中处事无原则，不敢大胆管理，不能开展批评，甚至出现对领导媚上的现象，处罚上放宽尺度，广施恩泽，拉"小圈子"对"铁哥们"高看一眼，向领导反映情况夹杂个人感情。上述这些无原则的做法不但将使安全文化建设和安全生产管理工作流于形式，也会断送安全生产管理人员自己的前程。

安全文化建设是近年来安全科学领域提出的一项企业安全生产保障对策，是安全系统工程和现代安全管理的新思路、新策略，也是企业事故预防的重要基础工程。企业的事故预防不仅要充分依靠安全技术、安全工程设施等安全"硬手段"，更需要安全管理、安全法制、安全教育等安全"软技术"。安全文化建设不仅要关注安全装置、技术工艺、生产设施和设备、工具材料、环境等外在因素，更要关注人的知识、技能、意识、观念、态度、道德、伦理、情感等内在素质。通过安全文化建设促使人们形成良好的安全习惯，企业安全工作往往能收到事半功倍的效果。但随着经济和社会的发展，企业安全文化建设在逐渐受到重视的同时，也出现了一些认识和实践上的误区，给企业安全工作带来了不好的影响，主要表现在以下几个方面。

（1）安全管理与生产脱节 安全管理是安全文化的重要体现，抓安全管理重在抓基础管理。然而目前，一些单位在抓安全工作时仍是粗放型的，不是为了确保安全而抓安全，而是为了应付检查而抓安全，并没有真正做到以制度管人、以制度管事，这种粗放型的管理其实是安全的重大隐患。

在安全管理中实行安全贯标，是安全管理的新要求，但在贯标工作中，一些单位做得还不够扎实，具体表现为：只把安全体系文件摆在桌上、写在纸上，而实际运行起来仍按照传统的管理模式。譬如，有时认识不到安全体系对安全工作的重要性，为了应付检查，找人简单地做些安全记录；有时虽然是按安全体系运行，但是各种安全记录跟不上，出现了检查时匆忙补安全记录的现象，这些"回忆录"式的做法都会导致安全管理与生产脱节。

（2）安全教育工作不到位 在安全教育方面，一些单位流于形式，把有关安全工作的文件念一念，提几点要求便草草了事，并没有结合本单位的实际引导员工深刻认识安全工作的重要性。有的人认为安全工作是上级领导的事，领导怎么说就怎么干；有的人认为安全工作是安全管理部门的事，与其他部门关系不对等。这就导致企业员工安全责任意识不强，安全规章制度落实不到位。在一些单位，有关安全的规章制度落实起来走了样，开展安全工作时凭老经验办事，沿用老模式等，没有创新，跟不上飞速发展的安全形势，这些都是安全教育工作的弊病。

第四章 安全文化建设十大定律

103

（3）安全工作错位　有的企业在生产任务繁重，特别是市场竞争压力增大时，很容易放松"安全弦"。有的企业领导更注重的是经济效益，安全工作常常被摆在靠后的位置。出现了安全工作"讲起来重要、干起来次要、忙起来不要"的尴尬局面。安全工作的错位，是企业不能很好地去研究安全文化、制订安全制度、推进安全管理的最大障碍，这种被动的安全观势必难以确保安全工作持续稳定地开展。

（4）安全文化氛围尚未全面形成　细节决定企业安全工作的成败。2003年2月1日，美国"哥伦比亚"号航天飞机发生爆炸，7名宇航员遇难，令世界震惊。事后，由专家组成的调查委员会经过长达半年多的详细调查，花费了2000万美元，发表了长达248页的最终调查报告。这个报告披露了美国航天局在安全生产方面存在的问题：缺乏有效的安全管理，缺乏有效的制衡机制，没有独立的安全程序，不善于学习和总结安全工作的经验。为此，该调查委员会还发出了警告："如不进行彻底改革，类似的事件还会再次发生"。从这个报告中我们不难看出，虽然美国是个经济发达、技术设备先进的国家，但由于不注意安全生产的细节，同样会发生重大的安全事故。但在总结和反思类似事故时，他们不是局限于技术和物质层面的剖析，而是着重于从组织结构、管理体制、行为模式上吸取教训，这是非常值得我们学习的。同时，这一事例也从反面说明了企业安全文化氛围对企业安全生产的重要性。其实，很多安全事故的发生都是由一些看似微不足道的事引起的，而这些细节往往被人们忽略。这样一来，便形成了对安全工作的低标准、宽要求，放松了警惕。因此，只有充分认识到安全生产细节的重要性，才能有的放矢地搞好安全管理工作。

俗话说："千里之堤，溃于蚁穴。"对于安全工作，各行各业都有细致的规章制度，但最关键的还是要不折不扣地执行好现有的各项规定。大到企业，小到员工，都应增强安全责任意识，把安全工作做到位，确保生产中不留安全隐患。同时，要严抓安全细节、安全小节、安全死角，从根本上杜绝安全事故的发生，把事故消灭在萌芽状态，最终实现企业"安全第一、预防为主、综合治理"的安全生产目标。

四、作风浮漂忙于事务

安全生产管理人员负有管理与监督的双重职责，一部分安全生产管理人员认为走上这个岗位是离开了现场当管理人员，工作的主要内容是整天在办公室转，满足于应付日常的事务性工作。到现场是走马观花，不认真研究规程、制度的条文与具体情况怎样贯彻落实与执行，更不去研究新技术、新工艺带来的新问题。只会空喊两句口号，讲话既无针对性又无可操作性，管理上只做表面文章，专业技术上落后于时代，成为一只浮萍。

"不做葫芦水上漂，要像秤砣沉到底。"我们党和政府一贯力戒作风浮漂，要求作风务实。当前，企业在安全管理工作中，正努力建设企业安全文化的关键时期，绝大多数干部能够自觉践行党的宗旨，为党和人民的事业兢兢业业，埋头苦干。但是，作风浮漂、哗众取宠的现象依然在个别干部身上不同程度地存在着。"浮"则浅薄，"漂"则摇摆，作风浮漂，停在表面，高高在上，其结果必然是安全政策难落实，安全事业难成功。为此，必须强化"三种意识"，力戒作风浮漂。

　　（1）密切与人民群众的血肉联系，强化宗旨意识　由于长期在"众星捧月"的环境中工作，个别安全干部忘记了党的宗旨，职工观点比较淡薄，对职工居高临下、颐指气使，甚至出现漠视职工的现象。有的走马上任后，既想出政绩，又不愿意持之以恒地付出努力，办事虎头蛇尾，做表面文章，结果往往劳民伤财；有的两眼向上，只看领导眼色，不顾职工脸色，一遇到职工生产生活中的实际问题就绕道走；等等。为此，必须进一步密切与人民群众的血肉联系，强化宗旨意识，以满足职工期待为己责，踏踏实实为职工办实事、解难事，真正造福一方百姓。尤其要树立正确的政绩观，正确处理好个人政绩与职工利益的关系，既要紧紧依靠职工创造政绩，又要让政绩经得起历史、实践和职工的检验，使广大职工在经济社会发展中长期得到实惠。

　　（2）深入基层"接地气"，强化务实意识　工作作风浮漂，是不愿脚踏实地者的通病。个别安全干部工作上喜欢随风飘，赶浪头，出风头，豪言一串串，大话一套套，当面拍胸脯，事后拍屁股，可就是不干实事。有的做事像水上葫芦，不肯沉到底，下基层不愿多接触职工；有的"蜻蜓点水""走马观花"浅尝辄止，对基层的工作不掌握，对职工的意见不了解，既不"身入"，更不"心入"。从严治"漂"，必须大力崇"实"。对那些浮在面上、飘飘荡荡、不干实事、不求实效、不抓落实的安全干部，要敢亮剑、动真格。要坚持重用那些潜心事业、埋头苦干、不尚空谈、求真务实的安全管理干部；重用那些善打基础、会抓根本、能出实绩的安全管理干部，积极营造崇实、重实、务实的良好氛围。

　　（3）全面提升领导能力与素质，强化继续学习意识　当前，面对改革发展过程中出现的新情况、新问题，个别安全干部没有缺乏本领和能力的恐慌感，满足于"吃老本"，耳目"屏蔽"、大脑"闲置"、行动"死机"。有的做事不力，工作底数不清，基层情况不明，唱功好、做功差，光说不练假把式；有的长期不在状态，工作跟不上趟、踩不对点，不知道干什么，不知道怎么干，不懂不知道学，不会不知道问。为此，必须树立终身学习理念，强化继续学习意识，既注重理论知识的学习，又注重业务知识、法律知识的提高，围绕企业的中心工作，不断完善知识结构，增强自身分析判断复杂问题的能力。要在科学研判的基础上理性决策，按经济规律、自然规律办事，真抓实干，开拓进取，耐心细致地做好打基础、管长远的工作，求得实实在在的发展，不提不切实际的目标口号，不搞哗众

取宠的政绩工程，以实实在在的工作业绩赢得企业和员工的信赖。

"实干是成就事业的必由之路。千条万条，实干第一条。"面对企业安全文化建设和发展的艰巨任务，面对基层员工需要在安全工作中解决的众多实际问题，安全管理干部必须力戒浮漂，注重实干，大力培育舍得下苦功夫的干劲，一点一滴向前掘进的韧劲，为实现安全发展提供坚强的作风保证。

五、报喜不报忧

眼下，一些部门明明在安全管理上存在各种各样的问题，可在向领导汇报工作时，专捡顺耳的话讲，讲优点多，谈缺点少；讲成绩多，讲问题少，使上级领导认为形势一片大好，形成决策偏颇，使早该解决的安全问题得不到及时重视和解决，掩盖了矛盾与真相。

戒报喜不报忧，光摘花不摘刺。比如，在安全文化建设中，向上级汇报工作，或年度安全工作报告，满篇都是优点，至于缺点，仅是蜻蜓点水，即使这样，还在抠文字，尽力往脸上搽脂抹粉。如果我们的安全文化建设工程都这样做，那就等于自欺欺人。安全文化建设工程，不是报喜工程，应实事求是。比如，明明有安全隐患，却说安全形势大好，还比如，职工安全意识差，却说成安全素质高，到头来是不会有好结果的，事故会蹬鼻子上脸的，甚至会造成重大伤亡事故。这里有这样几个问题：一是上报数字，加水分。这种欺上瞒下的作风，是安全的死穴，万万要不得。二是存在瞒报谎报现象。出现事故不如实上报，甚至是统一口径，人人说谎，这种想法或做法，都是错误的。如果发生在安全文化建设过程中，应彻查，严肃处理，不能让这种风气污染企业或社会。三是上报内容作假，以骗取上级领导信任。这是很恶劣的作风，既是党八股，又是很坏的文风，如果不加以制止或加以批评，怎么会搞好安全生产。换句话说，发生事故，大事化小，小事化了，受害的还是有关员工。四是好大喜功。有的领导为赚取业绩，喜欢听赞歌，吹牛，对存在的问题置若罔闻，甚至胡来，在安全管理上实行人治，不是依法治安，影响极坏。所以说，报喜不报忧，并非个别现象，应彻底加以整治。

六、管理上缩手缩脚，欺上瞒下

安全主管部门对一些违反规章制度的行为或人和事，不敢碰硬、纠正和大胆管理，而是搞平衡，甚至和稀泥，在某些具体工作上，采取欺上瞒下、弄虚作假的手段，使"三违"现象愈演愈烈，乃至发生重大事故。安全工作是一门综合性、科学性、实干性很强的技术工作，要把安全生产落到实处，不仅仅是发几个文件、开几次会、凑几个数字就能解决问题的，而必须下大气力真抓实干，应坚决杜绝口号多、实事少，喊的多、干的少，想法多、落实少的务虚行为。

（1）争当"落实型"安全干部，必须具有担当精神　担当，就是承担并负起责任。这既是对岗位的承诺，又是对工作的尊重。能否担当、敢不敢担当，事关一个单位、一个企业的发展。面对不断涌现的新情况、新问题、新矛盾、新挑战，是安于现状还是迎难而上，是缩手缩脚还是锐意进取，考量着我们的责任意识和担当精神。抓工作落实就是把思想化为行动、将目标变为现实的实践过程，其行动力度强弱、投入精力大小、倾注心血多少，完全取决于本人的政治责任感是否强烈。历史经验教训告诉我们，落实体现着政治责任，落实关系着成败兴衰，无论什么时候、无论什么目标，只有向着前方为之不懈奋斗，切实付诸有效管用的办法，才是获取胜利的唯一途径。

（2）争当"落实型"安全干部，必须昂扬精神状态　昂扬向上的精神状态，是与时俱进、开拓创新的时代要求，是抓好工作落实的思想基础和根本保证。一个始终保持昂扬向上的精神状态的人，就会把工作看成是追求和奉献，就会满腔热情地投入工作，就会干出一番成绩、成就一番事业。抓落实是一个用心、用情、用劲对待工作的过程，其深度和力度不仅体现执行力，更体现先进性，直接反映党员干部的精神状态。因此，我们要始终牢记"至诚至真、善始善终"的基本要求，保持"等不起、慢不得、坐不住"的紧迫感和危机感，永葆"克难奋进、锲而不舍、水滴石穿"的意志品质，用实功、使实劲、求实效，在抓落实中展现安全管理干部的高度觉悟。

（3）争当"落实型"安全干部，必须摒弃形式主义　抓落实来不得半点虚伪、一丝敷衍，任何一项工作的完成，都要经历从部署到落实的过程。再宏伟的蓝图，只有真抓实干才能变为现实；再周密的决策部署，只有落到实处才能取得成效。难题在落实中破解，机遇在落实中把握，愿景在落实中实现。如何落实、怎样落实？不同的人可能会有不同的选择。有的一心一意做事，也有的出名挂号作秀；有的盯着末端踩到底，也有的文山会海走过场；有的着眼长远打基础，也有的跟着风向"打游击"。从短时间来看，大家都没什么差别，甚至那些投机取巧的还会占上风，但历史和实践终究会给出答案，抓落实有功者受人敬仰，弄虚作假者遭人唾弃。因此，要从实际出发，扎扎实实、认认真真抓落实，决不可重形式轻内容、重口号轻行动、重眼前轻长远，绝不能搞"文山会海""欺上瞒下""形象工程"，要埋头苦干，真抓实干，只有心无旁骛干事业，聚精会神做工作，全力以赴抓落实，才能使各项工作取得新进展、新突破、新成效。

七、外行参与安全管理

安全管理是严肃的科学，既含技术成分又有管理艺术，需要不断学习、提高、出新，这样开会、讲话、办事才能敲在点子上，才会有人听，指挥才不致失

安全文化建设十大定律

灵，安全管理不能纸上谈兵，要真正做到懂工艺、懂设备、知环境、了解人。只有做到知己知彼，方能掌握安全管理的主动权。

企业长期、健康、持续、稳定地发展，与其安全生产有着直接的关系。企业实现良好经济效益的主要途径是减少生产伤亡事故。劳动生产条件的改善，有利于调动和提高企业员工劳动的积极性和主动性。外行通过学习和实践，是会逐步变成内行的，内行是学习和实践的结果，不是先天的，而是后天产生的。企业搞好安全生产管理，有利于树立良好的企业形象。也有利于企业安全管理者的成长。

八、忌种别人的田，荒安全的地

安全管理工作横到边、纵到底、错综复杂。怎样去抓去管都不为过，在自己的范围内有干不完的事，工作中也必须紧紧围绕安全两个字做文章。那种所谓为提高知名度，干与安全无关的事，其结果是别人的田绿了，自己安全管理的地荒了。殊不知有为才有威，有为才有位。

在正常的工作时间里，安全管理者们放着自己手头上正常的安全生产工作不去做，反而是开着单位的车，去干别的事，去种别人的地。他们的这种行为，说白了是不务正业为作秀，这是广大员工不为过的客观评价。

难道企业的安全管理者们，真的是在工作时间里闲得无聊，不得不利用正常的工作时间去别人"地头种地"，来打发百无聊赖的工作时间。每个行业都有一个相同的行业规则，这就是要求每个行业的从业者，都要各司其职、各尽其责。安全管理干部在工作时间里不务正业，就必然会给在工作日里找你办事的员工制造出许多不应有的麻烦来。

因此，在企业安全生产、安全文化建设中，要切忌种了别人的地，荒了自己的田，管理者和有关负责人要集中精力干好自己的事，看好自家的门，管好自己的人。

九、不检查不整改

安全管理是一项长期而艰巨的工作，不能有一时一刻的松懈，这就要求管理部门常检查、抓落实、促整改。因为不检查就不知道隐患在那儿，也谈不上整改，而光检查不整改，等于没有检查。最后只是走过场，搞形式。

在安全管理工作中、安全文化建设工作中对隐患的排查和治理一直都是重点。"隐患不除，危机四伏""小洞不补，大洞难堵""隐患潜伏，事故难除"就是对存在安全隐患的深刻总结。随着人们安全意识的提高和对本质安全的要求，消缺和控制隐患，防止隐患扩大造成事故的发生就越显得重要。所以我们必须把对安全隐患的被动无视转变为主动防范，从以下几个方面做好安全隐患的检查与整改工作。

1.充分认识安全检查与整改的重要性

安全检查是企业安全生产中的重要安全文化活动，安全检查的目的就是通过安全检查，对生产过程及安全管理中可能存在的隐患、有害与危险因素、缺陷等进行查找，及时发现生产薄弱环节和安全隐患，查找不安全因素，寻求治理和消除隐患的方法、措施，并且真正落到实处，使安全隐患得到有效的治理和控制，保证生产安全。

安全检查的范围和内容涉及每一个层面，从安全生产管理制度及法律法规到实际执行落实，从重点工作和主要问题到潜在危险因素，从生产设备、工艺到安全实施及现场环境，从人员思想意识到人员作业安全，每一个环节都要做好安全检查与整改。

安全检查是安全管理的重要手段，在安全生产管理中起着举足轻重的作用，而在日常工作中往往暴露出许多检查与整改上存在的问题。

① 班组管理松懈，制度落后，要求不严，员工对检查与整改的积极性不强；

② 检查执行不认真、不仔细，员工不巡检，少巡检，敷衍应付；

③ 发现隐患问题的分析判断能力不足，水平不够，不会检查；

④ 对检查与整改不重视，认识不足，对隐患见多不怪，对整改无心过问；

⑤ 对隐患不及时整改，或弄虚作假；

⑥ 整改不力、不全、不到位、不彻底，整改后留有隐患或形成新的隐患；

⑦ 检查与整改考核不严，责任人、完成期限要求落实不够。

没有检查就不会发现和寻找出隐患，当然也就没有整改；不去认真落实整改，让隐患继续存在于身边，就会造成事故，产生危害。所以，必须充分认识到检查与整改的重要性，认真做好安全检查与整改。

2.如何做好安全检查与整改

① 检查要有目的性，要求和计划要明确；要经常检查，抓落实、促整改；不走过场，不搞形式。

② 在日常工作中认真执行班组巡回检查制度，坚持做好巡检工作；重视交接班的检查，认真对待隐患问题的交接。

③ 管理人员要强化对员工检查与整改的监督、考核职能，严格要求，合理奖惩；同时加强对员工检查整改的引导教育，提高意识，注重检查、重视隐患、积极整改。

④ 做到"四个及时"：及时查找发现安全隐患，及时进行汇报协调，及时组织整改解决，及时做好登记台账。

⑤ 定期组织检查和不定期的抽查相结合。如查岗或结合活动、工作需求随时安排检查。每月至少一次综合性全面性检查。按要求做好专项检查，如设备、电气、仪表、起重、压力容器、防火、防汛等，专项检查还包括对关键装置、重点部位的检查，如每天一次的对重大危险源的检查。

⑥ 结合季节性气候变化因素有针对性地开展检查，如夏季"四防"（防火、防雷、防汛、防中暑）的检查、冬季"四防"（防火、防冻、防滑、防中毒）的检查以及防风的检查。在节假日要升级管理，加强检查。

⑦ 检查要充分利用感官，如视觉、听觉、嗅觉、触觉以及经验感觉来执行检查，对压力、温度、震动、声音等进行检查分析判断，及时发现隐患。

⑧ 必须落实安全隐患整改责任制，落实责任和期限。不检查就不知道隐患在哪儿，也谈不上整改，而光检查不整改，等于没检查。对检查中发现的一般安全隐患要立即整改，对不能处理的隐患实施跟踪监督，实施临时应急措施，挂牌限期整改。

⑨ 对隐患整改采用调整革新、改变方法、更换、带压堵漏、加固等措施，同时对隐患检查及整改做认真的记录。

⑩ 安全工作要大家管，要调动全员参与安全检查与整改的意识和责任，每一个人都要尽职尽责，才能防微杜渐。

3.检查与整改注意的原则

坚持早发现、早汇报、早整改的原则。安全检查要坚持领导与群众相结合、综合检查与专业检查相结合、检查与整改相结合的原则，并做到经常化、制度化、规范化的原则。

对检查出的隐患，要进行原因分析，及时实施整改解决措施。对事故隐患，按照隐患整改"四定"（定措施、定负责人、定期限、定资金来源）原则落实。

对检查中发现的一般安全隐患要立即整改，对一时不能处理的隐患实施跟踪监督，实施临时应急措施，挂牌限期整改。对不具备整改条件的隐患，要采取一定的应急防范措施，或临时解决措施，按要求限期整改或停车停产整改，在条件具备的情况下彻底整改掉，确保安全生产。对危险性及危害性较大的隐患必须立即停车整改。

4.通过安全文化活动促进安全检查与整改

通过各类型活动的组织，营造良好的安全文化氛围，带动全员积极投入到安全隐患的检查与整改中，促进安全管理工作的稳步提升。

（1）"四面镜子照安全"活动　本着用"望远镜"统揽全局，用"显微镜"排查隐患，用"放大镜"安全检查，用"透视镜"透过现象看清本质的活动思想，从安全工作的宏观上整体规划，从细微处作安全检查，对检查的问题充分重视，对不安全、不稳定、不协调的各种现象加以汇总分析，看清内在的本质问题，进而加以调整改进，从而达到安全生产的目的。企业通过活动细抓安全检查整改，深抓隐患排查治理，对生产现场各类隐患进行及时查处治理，纠正违规违章行为，堵塞管理上存在的漏洞，促进安全生产。

（2）"检查能手"、"整改标兵"安全检查与整改评比活动 企业开展以自查互查、专项检查、班组检查、岗位巡查等多种形式，按照"四个及时"（及时查找发现安全隐患，及时进行汇报协调，及时组织整改解决，及时做好记录台账）的原则，对安全隐患必须认真地加以消缺治理。

各班组将自己班组内检查发现的安全隐患项及整改完成项按要求填写登记。分厂活动小组进行汇总考核及审核评议，根据班组内发现安全问题隐患项的多少，同时考虑发现隐患的数量、质量及隐患危险性大小，在检查中对检查人员发现的"检查能手"及"检查优秀班组"进行评选；根据对检查出的隐患问题进行整改解决的数量、质量、有效性，评选出整改较好、较多的"隐患整改标兵"及"隐患整改优秀班组"，对获得"检查能手""隐患整改标兵""检查优秀班组""隐患整改优秀班组"的个人及班组给予表扬和奖励。

通过此项活动细抓安全检查整改，深抓隐患排查治理，对生产现场各类隐患进行及时查处治理，纠正违规违章行为，堵塞管理上存在的漏洞，促进分厂各班组的安全生产。

（3）深入开展以"五个一"为主题的班组安全活动 "五个一"即"查一次违章行为、改一个安全隐患、搞一次安全培训、提一条安全建议、做一次危险因素分析"。各班组认真落实完成，每班每周执行填写，动员班组成员积极参与，分厂汇总检查并进行考核分析和解决。

同时，企业也积极组织开展其他活动，如"管理人员现场巡检蹲点负责制""安全检查型班组建设""大兵小将抓安全"等活动。

检查和整改是互动互补的关系，在检查中发现问题加以整改，在整改中继续排查隐患，不断优化和完善，最终达到安全生产的目的。所以企业必须重视安全检查与整改，认真做好安全检查与整改。

十、"捡芝麻丢西瓜"

安全管理必须抓重点、抓大事，抓与职工切身利益相关的事，抓易造成事故的事，切记不可乱抓一气，"头疼治头，脚疼治脚""眉毛胡子一把抓"，这样结果是什么也没抓好，小事故不断，大事故出现。

所谓的芝麻，也就是很多细节上的安全事情。例如：在职业健康的领域，企业为了节约成本，不为劳动者配备防尘用具，久而久之，工人很大程度上会患上肺尘埃沉着病，一旦被医疗机构鉴定属实，那么企业就会补偿工人巨额费用；在

安全文化建设十大定律

切割作业领域，企业不为工人配备护目用品，一旦工人的眼睛被伤到，很容易造成工伤事故，企业还是要自己掏腰包；在高处作业领域，企业不为工人配备安全带、安全绳，一旦发生高坠，就会造成工亡事故，亏的还是企业。所以，企业要全面考虑各种安全因素，并且加以安全投入，防患于未然，这样才能保障自己的经济利益，更能保障工人的健康和安全。

安全工作既要抓大事也要抓小事。这里主要强调：在企业安全文化建设过程中，企业负责人或安全管理者要分清"大事"和"小事"的界限。一般来说，重要的重大的活动或作业是"大事"，但有的时候小的事情也能引发出大的结果。这就要求管理者能够掌握好一个"度"的问题。"大事"和"小事"是互为转化的，不是一成不变的，这要看安全管理者自己的认识水平和认知高度以及管理艺术。

第二节

安全文化的十个不等式

一、安全文化不等于企业文化

在搞好安全文化建设的同时，必须抓好企业文化建设。要通过抓安全文化建设，以有形或无形的渠道，以正式或非正式的传播方式，在企业干部职工中树立一种全新的"安全生产、以人为本"的企业安全文化理念，以此推进企业安全文化建设向深层次发展。

常常有人提这样的问题：安全文化与企业文化是什么关系？是安全文化包含企业文化，还是企业文化包括安全文化？其实二者具有兼容性和交叉性，要看从什么层次上讲，从企业的安全文化层次上讲，企业安全文化显然是企业文化组成部分；但对于整个社会的安全文化，甚至从人类安全文化层次上讲，企业文化的范畴显然小于安全文化的范畴。要理解这一点，首先我们要认识什么是企业文化。

对于企业文化的表述有许多种，有的专家说："企业文化是企业在经营活动中形成的经营理念、经营目的、经营方针、价值观念、经营行为、社会责任、经营形象等的总和，是企业个性化的根本体现，它是企业生存、竞争、发展的灵魂"。还有这样的表述："企业文化是企业成员的思想观念、思维方式、行为方式以及企业规范、企业生存氛围的总和，既是一种客观存在，又是对客观条件的反映。作为企业实践的结果，又影响未来的实践。企业文化形成于企业的内部环境和外部环境，所以随着企业内部与外部环境的变化，企业文化也会发展变化。"不管哪种定义，重要的是要抓住企业文化的核心与精髓，要真正理解和认识企业文化的作用及意义。

企业文化的核心是企业成员的思想观念，即企业的观念文化，它决定着企业成员的思维方式和行为方式。企业文化对于一个企业的成长、生存和发展来说，看起来不是最直接的因素，但却是最持久的决定因素。企业文化的作用和意义可以从世界成功企业的经验中得到总结。有专家通过对美国通用电气公司、日本松下电器公司成长经历的研究，发现其长盛不衰的原因主要有三个，第一是有优质的产品，第二是有精明的销售系统，第三就是有深厚的文化底蕴。而且优质的产品、精明的服务往往产生于深厚的文化底蕴。中国著名企业家张瑞敏在"99财富论坛"前夕对媒体记者分析海尔经验时这样说过："海尔过去的成功是观念和思维方式的成功。企业发展的灵魂是企业文化，而企业文化最核心的内容应该是价值观。"由此，可以得到这样的认识：建设企业文化，最重要、最核心的是要建立好企业的观念文化——企业精神和价值观，即首先要冲开旧有观念、习惯以及制度的束缚。

企业是一个组织、一个法人实体，因此，它的文化就是这个组织和实体的文化。所以，企业文化具有归属性和针对性。安全是一种社会（个人、家庭、企业、场所等）状态，是一种社会现象的抽象，如果泛泛地讲安全文化，显然它是广义性和抽象性，但如果有针对地讲安全文化，如企业的安全文化，或行业（民航、交通、矿山、化工等）安全文化，则这时的安全文化也具有了针对性和局部性。作为理论的研究和一般规律的探讨，常常从一般安全文化角度出发，但作为实践的探讨，则可以从具体的对象和领域出发。因此，安全文化和企业文化的区别，主要是"安全"和"企业"概念导致的区别，而对于文化本身，则是相通和一致的，即文化是人类活动创造的精神、物质的总和。

安全文化既包括企业安全文化（生产安全文化），也包括公共安全文化、生活安全文化、家庭安全文化等。因此，从这一角度，安全文化的概念要大，企业安全文化的概念要小。但是，如果站在企业的角度，显然，企业安全文化是企业文化的一部分，这时，企业文化大，企业安全文化小。所以，作者认为，安全文化与企业文化是一种交叉、关联的关系。

在企业文化与企业安全文化建设的过程中，要有三个结合，即安全文化建设与建立现代企业制度有机结合，与企业管理创新有机结合，与实现企业可持续发展有机结合。这些结合，可以通过建设与国际接轨的安全管理模式，实施职业安全卫生管理体系，推行现代企业安全方法等来实现。

二、安全文化不等于安全管理

安全文化与安全管理是互相不可取代的。它们都是为了安全生产，但各自的目标值、广度及深度大不相同。安全文化与安全管理是有机的统一，安全文化来源于安全管理，安全管理又提炼了安全文化，丰富了安全文化的内容和理念。

1.企业安全文化和企业安全管理相互融合

安全文化是指导和约束企业整体行为以及员工行为的价值理念，同时也指导着安全管理制度的制订和执行。安全文化和安全管理制度虽然形式上不同，但目的是相同的，都是为了激发员工安全生产、人人参与的积极性，从而推动安全管理向深层发展。在过去的安全管理实践中，人们往往注重制度的建立，一系列的管理制度、法规以及细则纷纷出台，员工受到制度的严格约束，整个安全管理缺乏创新，直接影响到其稳定健康的发展。于是企业倡导走"安全管理，以人为本"的道路，即坚持安全管理制度与安全文化相结合。近年来，人们越来越清楚地认识到制度和文化是紧密融合的，从而产生了"制度文化"。企业的发展不仅需要有一系列的安全管理制度约束员工的行为，而且还要有安全文化在潜移默化中影响员工的行为。安全文化和安全管理制度是激励员工的两种有力工具，是紧密融合的，缺一不可。

2.安全文化和安全管理相互促进

安全管理制度促进安全文化的不断强化。如何让员工认同企业安全文化，并转化为自己的工作行为，是安全文化建设中的关键。体现企业安全核心理念的安全管理制度，可以强化安全文化，经过长期反复的实践与完善，最终使安全文化扎根于企业，扎根于班组，成为员工共同认可的思想。相反，不适宜的安全管理制度则会使安全管理偏离其核心，与安全文化建设方向背道而驰。安全文化促进安全管理制度的有效实施和不断创新。安全文化形成之前，制度的执行只能靠外在的监督进行约束，一旦监督不力，员工就极有可能不按要求执行；安全文化一旦形成，员工的行动就会变成一种自愿的行为。可见，安全文化可以激发员工的"自律意识"，从而提高安全工作执行率和制度有效率。

3.安全文化和安全管理相互交替

随着企业的重组转型以及管理制度体系的建设和完善，安全管理制度在企业控制体系中的作用越来越突出，份额比重越来越大。同时，符合安全文化内涵的安全管理制度也在不断促进安全文化的创建和创新。随着企业的竞争追求和对管理的优化，对企业综合水平的要求越来越高，安全文化理应发挥其重要作用，成为主导力量。当然，这并不意味着安全管理制度的作用比以前弱了，而是说虽然安全管理制度的力量在不断上升，但相对于安全文化作用的提高来说，两者处于并驾齐驱的地位。在今后企业管理的进程中，安全文化的作用和功效将领先于安全管理制度，最终实现安全文化与安全管理制度的协同发展，推动企业整体实力的不断提高。

三、安全理念不等于安全生产

在企业生产过程中，安全理念的确立是第一位的，而安全生产活动则是第二位的。也就是说，安全理念形成才能确保企业安全生产；反之，安全生产就会大打折扣。如何严格认真执行《安全生产法》，保证和促进安全生产，是每一个企业尤其是危险性较大的企业必须认真回答和解决的一个严峻课题。

以人为本首先要以人的生命健康为本，人的第一需求是生存的需求，是人生命的需求。经济的发展应该建立在人力资源充分发挥的基础之上。党中央指出，要走科技含量高、经济效益好、资源消耗低、环境污染少、人力资源得到充分发挥的新型工业化道路。而以人为本是注重人的全面发展，如果连生命健康都没有保障，一切都无从谈起。我们建设社会主义物质文明，要转变经济的增长方式，要转变为依靠科技进步和人的素质的提高，变粗放发展为集约发展。因此，要不断改善劳动条件，尊重劳动者权益，而不是一味增加人力资源消耗和增加劳动强度，更是不像资本主义原始积累那样以人的生命为代价来换取经济的发展。所以说，不重视、不抓好安全生产，就是没有贯彻以人为本的科学发展观。

从构建和谐社会来讲，社会是由家庭、企业、法人单位、社区等基本细胞构成的。从企业来说，一个企业如果不能实现安全生产，一切无从谈起。一个合格的经理、厂长，一个合格的企业主，要首先重视安全生产，重视职工的生命健康。同样，职工的生命安全是职工的企盼，出了事故，受伤害最大最直接的是企业职工。一个企业的领导人不重视安全，他就是无视职工生命，就不是称职、清醒、明智的企业家。从家庭来说，如果哪个家庭成员出了严重的生产安全事故，对家庭就是灭顶之灾。事故中遇难的职工，多是年轻人，对家庭来说，是一个顶梁柱，一旦出事故，家庭就像塌了一样。所以，没有安全生产，怎么能谈到家庭的幸福安康呢？从政府来讲，政府管理经济和社会，抓好安全生产是政府履行自己职责的重要方面。许多国家都设立了很多安全评价指标，并从这些安全评价指标来看这个社会经济发展和社会进步的程度，来看政府治理和管理社会的能力。对社会来说，人民的生命健康如果没有保障，人民就不能安居乐业，社会就不能安定和谐。所以，安全生产是构建和谐社会的重要方面。

因为安全生产事关以人为本的执政理念，事关构建社会主义和谐社会，所以安全生产非常重要，安全生产大如天，再大的事也大不过安全生产。认识安全生产的重要性很重要，抓好和实现安全生产更重要。从以下两方面抓好和实现安全生产。

（1）充分认识安全文化对安全生产的推动作用　安全文化诞生于20世纪80年代末。1986年前苏联切尔诺贝利核电站发生了核危害事故。国际核安全组织在全面分析了事故原因后认为，"安全文化"的欠缺是导致事故的基本原因。"安全文化"这一概念在这里首次被提出。

"安全文化"不仅是文化的一部分，同时也是"组织（单位）文化"的一部分。"安全文化"是指一个组织或企业的安全意识、安全目标、安全责任、安全素养、安全习惯、安全价值观、安全科技、安全设施、安全监察和各种法律法规以及规章制度的总和，是在现代市场经济发展的基础上形成的一种新的管理思想和理论，其核心就是坚持以人为本，保护人的健康，珍惜人的生命，实现人的价值的文化。简而言之，是指在生产过程中指导和约束企业整体安全行为及员工安全行为的价值理念。它由两大部分组成：一是机制，二是在新机制下的响应。现在国际的趋向是要将看似抽象的"安全文化"概念转化为有实用价值的"指标"。

"安全文化"与企业文化的管理性、企业文化和体制性企业文化有着密切的联系，其核心是员工的安全观，它决定着人们对于安全生产和安全生活的思维方式，用安全文化建构企业管理系统似乎不是最直接的安全保障，但却是最持久的决定要素。安全文化对安全生产主要有五个方面的推动作用。

① 安全文化是预防事故的"软"对策，它具有"硬"对策不可替代的作用，是对"硬"对策的心理和价值观念的补充。

② 安全文化是预防事故的"人因工程"，也是最具基础意义的控制模式。

③ 安全文化重在系统化管理及制度建设，本质上创造着一种"人员-机器-环境"相协调的反危机控制思想，通过对人的观念、意识、态度、行为等有形与无形的影响，从而达到对人不安全行为的有效控制。

④ 安全文化更强调安全的准则、理念及策略，更重视与人的行为相关的一系列物态条件的安全环节的构成。

⑤ 安全文化在生产过程中，旨在从规划、设计、建设、运行、维护等全寿命周期各环节实施以文化为中心的安全策略。

（2）加强安全文化建设，促进安全生产发展　正因为安全文化对安全生产具有上述五方面的推动作用，所以，安全文化很重要，要把安全文化建设提高到贯彻"三个代表"重要思想，树立和落实科学发展观，构建社会主义和谐社会，实现"中国梦"的全过程和保证职工生命财产安全的高度来认识，切实加强安全文化建设。根据安全文化内容的构成和企业的安全生产现状，应从以下五方面狠抓安全文化建设。

① 明确安全文化建设的目标　建设企业安全文化的最终目的，是有效控制和最大化降低安全事故，确保企业安全生产，所以，建设企业安全文化的目标应定位于"使人们牢固树立安全观"。

②明确安全文化建设的原则　根据国外进行安全文化建设的实践和经验，我们认为应把加强企业安全文化的原则确定为："将安全文化这一看似抽象的概念转化为有实用价值的指标"。

③明确企业安全文化建设的重点　企业安全文化建设应明确两个重点：一是构建安全文化的运行机制，二是构建在此机制下的响应和落实措施。

④明确构建安全文化建设的方针　安全文化建设的方针应定位为：安全文化是保证企业安全生产最持久的决定因素。

⑤明确安全文化建设的方法和措施

a.要采取多种形式加大安全文化建设的宣传力度，使人们对安全文化的内容、目标、重点、原则、方针及其推进安全文化建设的作用和意义有系统的了解。这是加强安全文化建设的先行工作和基础工作。因为就人们的心理习惯而言，了解是理解的前提，理解是作为的前提，作为是效果的前提。不了解就不理解，不理解就不作为，不作为就无效果，就不可能形成企业安全文化。

b.制订安全文化建设规划。一种文化的积淀和形成是一个长期的过程，也是一个比较缓慢的过程，尤其是安全文化建设这种新文化的形成更需要一个较长的过程。推进安全文化建设并使人们逐步形成安全文化的价值观念不可能立竿见影。所以，建设安全文化要作长期安排，制订长期规划，不断总结，逐步形成有企业特色的安全准则、安全理念和安全管理模式。

c.把安全文化建设与企业文化建设有机结合起来。为什么要抓安全文化与企业文化建设的有机结合？因为企业文化中的管理性是协调管理过程中各种矛盾和关系时必须遵循的价值准则和价值理念；企业文化中的体制性是维系企业体制存在并保证企业体制良好运转的价值观念。这两种企业文化都包含着安全文化的内容，其中让人们牢固确立"安全观"，既是安全文化的核心内容，也是管理性企业文化和体制性企业文化的主要内容。从这种意义上讲，安全文化与企业文化互相包容、互相渗透、互相促进，殊途同归，目标是一致的。所以，把安全文化建设与企业文化建设有机结合起来，在形成企业精神的同时，真正形成"安全事关发展，发展事关和谐，和谐事关幸福"的企业安全精神和安全价值理念，并通过对人的观念、意识、态度、行为等有形与无形的影响，进而达到对人的不安全行为的有效控制，具有"一石二鸟"的作用。

d.积极探索构建安全文化的运行机制。安全文化作为一种文化，它既是企业文化的一部分，也是企业现代化管理的一部分。前面我们已提到，安全文化主要由两大部分构成：一是机制，二是在此机制下的响应。根据安全文化的这种构成，我们认为构建安全文化机制，应抓好"五硬五做到"。

i.思想认识上要硬，充分认识到，抓好经济建设是政绩，抓好安全生产也是政绩，做到两种建设一起抓，即对抓安全文化建设的思想认识不但要高而且要

117

硬，做到一手抓安全文化建设，一手抓生产发展建设。

ⅱ.领导体制上要硬，做到两副担子一起挑，即要建立抓安全文化建设的领导体制，尤其要按照《安全生产法》的要求，明确各级党政一把手是安全文化建设的第一责任人，做到安全文化建设和生产建设两副担子一起挑，党委牵头抓，行政突出抓，工会支持抓，团委配合抓，形成纵向到底，横向到边的安全文化建设的工作网络。

ⅲ.目标上要硬，做到两个指标一起下，即根据年、季、月生产计划，同时下达安全文化建设指标，使安全文化建设与生产建设形影不离，相得益彰。

ⅳ.具体活动上要硬，做到两种建设一起搞，即在安排生产会战、劳动竞赛等活动时，要同时安排安全文化建设的内容和形式，使安全文化建设紧贴生产，并以安全文化建设促进生产建设，以生产建设带动安全文化建设。

ⅴ.检查考核上要硬，要把安全指标作为考核领导干部政绩的一项重要内容，严格考核，促使其做到两个成果一起要，即要像抓生产建设一样，制订安全文化建设的量化指标、检查标准、考核办法和评价体系，并把安全文化建设与职工的收入直接挂钩，同步严格检查、同步严格考核、同步严格奖罚，做到安全文化建设和生产建设两个成果一起要。

四、建设安全文化不等于创建学习型组织

搞好安全文化建设工作，首先要组织编写《安全文化手册》，这是基础性的工作。同时，学习型组织创建工作能够与安全文化建设相辅相成、相得益彰，共同取得成果。以安全文化建设为突破口，全面带动企业文化建设向前发展，以企业文化建设为纽带，促进学习型组织创建工作的不断深入。

创建学习型组织对塑造企业良好形象、实现企业可持续发展，具有深远的现实与历史意义。因此，必须从企业长远发展战略角度出发，把创建学习型组织作为一项系统工程常抓不懈，不断提高经营管理水平，提高企业群体智商，增强员工群体创新能力，为企业的企业文化建设和安全文化建设而努力，进而夯实企业安全生产管理基础，达到企业文化建设的目的。

在创建学习型组织过程中，企业文化建设已经被提升到了一个相当重要的位置。企业的管理层已经充分认识到企业文化建设是构筑现代企业制度必不可少的一部分。特别是作为企业文化建设重要分支之一的安全文化建设更是发挥着越来越重要的作用，渗透于安全生产的各个方面，已成为提高企业安全生产能力和水平的关键所在。安全工作是企业生产的最根本、最重要的工作。没有安全就没有一切，没有安全，就没有企业的地位。保证安全是企业的责任，安全作为企业一切工作的最高目标，成为企业和全体成员的行动的准则，成为企业管理制度建设的最为重要的原则和标准。一切从安全出发，以安全来规范企业和员工的一切活

动，从安全出发制订一系列管理制度和规范。

（1）新形势下加强学习的必要性　企业作为直接面向社会、面向公众服务的"窗口"行业，在社会主义市场经济条件下，其学习风气的浓淡，文明程度的高低，既关系到企业自身的生存与发展，更影响到全社会的文明与进步。因此，无论从企业自身发展，还是从社会需要出发，都肩负着创建学习型组织的重要责任。

（2）影响创建学习型组织的主要因素　近几年来，企业为提高整体素质，组织开展了一系列技术比武、业务培训、知识竞赛、理论学习等活动，这对于提高行业文明素质发挥了积极作用，职工学习活动势头强劲，出现了积极、健康、向上的发展态势，但同时也面临着新的问题。

① 认识不到位，影响学习的实效性　思想是行动的先导，在创建学习型组织的实践中，第一个要解决的问题就是思想认识问题，只有认识到位了，工作才有可能到位。但实事求是地看，对开展学习缺乏认识，认识不到学习对于推动生产经营工作的巨大作用，认识不到学习对于实现企业管理全面升级的重大意义，认识不到学习对安全生产的重要意义，把学习视为软任务，列入务虚的行列，尤其值得注意的是，这种片面的认识在一些科室和班组中还大有存在。导致创建学习型组织工作，陷入了"说起来重要，干起来不要"的困境，即便开展了活动，也是流于形式，疏于管理，起不到实质性的效果，甚至挫伤干部员工的积极性。

② 机制不完善，影响学习的自觉性　机制是管全面的，机制本身的全面和灵活与否，直接影响到机制管理下的各项工作的成败和直接效果。开展创建学习型组织活动，势必涉及我们的机制建设。一方面创建学习型组织要求我们着重开发干部员工的思维能力和创新才能，充分运用社会化大教育的优势，发挥自我教育的特点，把重点放在创造力和实际运用上；另一方面，在用人标准上依然存在重学历、轻能力的问题，特别是在任用安全管理人员方面，"一次性充电、一辈子放电"的旧机制尚未彻底改观。没有充分运用好竞争上岗、择优录用的政策。在相当数量的岗位上没有给干部员工形成紧迫感，干好干坏一个样，能力高下一个样。员工对学习没有压力，缺乏动力，主动性和自觉性提不上来。

③ 方法不创新，影响学习的积极性　方法是具有导向性的，采用什么样的方式方法，就可能会产生什么样的结果。一些员工一说到组织安全学习，便情不自禁地和形式主义联系起来，场面上搞得轰轰烈烈，一阵敲打后能够收获些什么就不闻不问了，这种形式主义所带来的危害是长期的和严重的，不仅脱离员工的思想实际，而且容易在员工中产生对学习的逆反心理。同时，传统的组织安全学习在方法和内容上已显然落后于形势的发展和需要，那种我讲你听、我打你通、我说你做的学习形式，已经到了非改不可的地步，需要被更加灵活的形式所代替。不如此，我们的创建活动就不可能为广大职工所接受，就不可能会得到实质

性的安全生产回报。

（3）创建学习型组织的几点建议　创建学习型组织是一项复杂的系统工程，必须从稳步推进，以思想动员为先导，团体学习为基础，造气氛、建机制、求实效，形成"以学习求生存，以学习求发展"的大气候，促使学习型组织"应运而生"。

① 从宣传动员抓起，营造全员学习氛围　深入宣传，全面动员，对企业创建学习型组织具有十分重大的意义，是创建工作的基础。只有把广大干部员工的思想调动起来了，气氛营造出来了，积极性与主动性才能提高。在宣传动员过程中，必须抓住三个层面，达到三个目的。一是抓住政策层面，达到提高认识的目的。必须通过宣传动员，将开展创建学习型组织的现实和历史意义，向干部员工说清说透，统一思想，取得他们的理解与支持，明确自身的责任和使命，进而端正学风，夯实创建学习型组织的思想基石。二是抓住利益层面，达到主动学习的目的。必须通过宣传动员，使干部员工意识到，加强安全知识学习与自身的利益休戚相关。在当前形势下，唯有通过不断学习，提高自身素质，才有可能更好地维护自身利益，才不至于被时代前进的步伐所淘汰，真正使"要我学"变成"我要学"。三是抓住创新层面，达到关注安全学习的目的。一方面，要在传统宣传手段上实现创新，宣传方法和方式要以更为人们所喜闻乐见的形式来加以改进；另一方面，要改变过去掐头重尾的习惯做法，在重视前期动员、后期总结的基础上，必须将宣传动员工作贯穿于创建学习型组织的全过程，要分阶段地进行跟踪宣传与报道，要对安全学习过程中涌现出来的先进集体和个人予以充分的宣传，使广大干部员工始终感受到浓烈的安全知识学习氛围。

② 从完善机制入手，增强学习的主动性　机制是管根本、管长远的，只有建立了一个好的学习机制，才能真正创建一个学习型组织。一是安全教育机制。以增强干部员工安全学习意识和业务技术水平，以革新原有的企业安全学习制度和员工安全培训制度为保障，充分利用网络教学、MIS系统等现代化教育手段，形成现代企业安全学习教育格局，不断把学习活动推向一个更高的层次。二是运行机制。进一步加强对企业安全知识和安全业务培训工作的领导，充实人员，改善条件，形成以宣传教育部门为主体，生产班组、管理人员为骨干，党政工团齐抓共管，员工群众广泛参与的创建网络，促进学习型组织创建工作常创常新。三是激励机制。改革和完善现行的企业用人机制，充分发挥竞争上岗的激励效力，真正实现岗位优胜劣汰、职务能上能下，使干部员工切身体会到学有所值，学有所用。四是考核机制。必须制订学习型组织建设规划、目标和制度，要将学习活动视为企业发展战略来看待，防止短期行为，提倡、鼓励终身学习、经常学习，要设立专门机构来组织和管理。

③ 从载体设置突破，形成安全学习活力　企业创建学习型组织要取得实际

成效，必须根据行业特点，按照创新发展的原则，精心设计载体，开展多层面、全方位的创建活动，以此吸引群众广泛参与，形成全员创建格局。把安全知识学习、培训、教育工作持久地进行下去。

五、继承不等于创新

在安全文化建设中，一方面要继承和发扬过去在安全文化建设中创造和总结的好经验、好做法。另一方面，要与时俱进，不断创新，虚心学习和借鉴兄弟单位的先进做法，使安全文化在安全生产管理中发挥应有的作用。

安全文化是企业文化不可或缺的有机组成部分，是企业安全生产的基础和根基。建设安全文化，有利于增强职工的安全意识，培育"我要安全"的行为理念，从思想深处和行为习惯上铸筑起坚固的安全盾牌。安全生产系统的科学性、复杂多变性，决定了安全管理不仅需要基础设施投入等硬件建设作支撑，也需要安全文化等软环境建设来维护，只有物质投入与精神建设双管齐下、"软硬兼施"，才能实现安全管理效果的最大化。

但是，我们时常发现这样的情况，有的企业在建设安全文化时没有自己的历史积淀和自己的主打品质，随波逐流，人云亦云；跟风造势有余，自主创新不足，思路转换频繁，深化巩固不足；别人喊什么口号，自己也跟着高呼同样的口号；别人提出一个新的思想，自己也模仿着拼凑出一个雷同的理念，今年确定这个主题，明年又出台一个新的举措，纵向上无连贯，横向上无关联，搞了多少年的安全文化建设，就是不能形成一个清晰的脉络和健全的体系，难以形成广大职工群众共同遵守的安全价值导向。建设安全文化，不能割断根脉、"喜新厌旧"，必须注重历史的传承，坚持在继续中发展，在发展中创新，在融合中兼收并蓄，从企业的"母系文化"中汲取营养，架设起传统文化与现代文化的桥梁，不断完善，不断改进，从而形成内容健全、特色鲜明、一以贯之的文化体系，不断增强安全文化的持久力、生命力和影响力。

安全文化对安全工作潜移默化的影响与规约作用是不言而喻的。哪个企业的安全文化根基厚实、氛围浓郁、主题鲜明、职工认同，哪个企业就能在安全生产中占据主动。企业要实现长治久安，赢得科学有效和谐发展，就必须牢固占有安全文化阵地，以历久不衰、与时俱进的安全文化，滋润安全管理的各个层面和环节，熏陶职工队伍的思想与心灵，以此使安全管理更加顺畅、更加规范、更加有效。

企业生产规模的不同，工艺流程的差异，人员队伍结构的区别，地域环境的特殊，对安全工作的要求是不尽一致的，各企业的安全文化内涵也不完全相同。但是，无论企业的特点多么鲜明，个性差异多么巨大，"以人为本、关爱生命、维护和谐、保持稳定"的安全文化本质是一致的，"敬畏制度、尊重科学、恪守

第四章 安全文化建设十大定律

121

纪律、谨守规程"的安全行为要求是相通的，"弘扬先进、鞭策后进、培养技能、提升素质"的管理举措是相似的，"科学发展、提高效益、造福职工、奉献社会"的目标是相同的。这是企业在长期的生产经营、队伍建设和安全管理中形成的价值理念、行为习惯、思维定势等管理者和职工智慧的结晶，这是企业在安全工作中的向心力、凝聚力和统一意志所在，也是大家的共同行为准则。

职工群众是企业安全文化的主体，职工群众创造了安全文化，同时又在改变着安全文化、沐浴着安全文化。每个企业根据自身的特点，形成了不同特质的安全文化。化工企业有化工企业的安全文化，油田企业有油田企业的安全文化，医药企业有医药企业的安全文化，机械企业有机械企业的安全文化。企业核心竞争力的增强，企业的持久发展，离不开安全文化的传承与发展。譬如，石油企业历经几十年的风雨，历经多少次的重组改革，但是，以铁人精神为代表的"为国争光、为民族争气的爱国主义精神；独立自主、自力更生的艰苦创业精神；讲求科学、'三老四严'的科学求实精神；胸怀全局、为国分忧的奉献精神"一直没有改变，这里面既包含着企业文化的传承，也涵盖着严谨的安全文化理念。任何一个企业，经过多年的发展，总会建设起自己的一套完整的安全文化体系，形成大家共同遵守的、约定俗成的安全行为观念，孕育出深厚的安全文化根基，对此，必须加以珍视、弘扬与发展。这样做，既承前启后，尊重了过去、尊重了历史、尊重了老职工的感情，又传承了历史的"接力棒"，不断推陈出新，有利于赢得企业的向心力、凝聚力、创造力和发展力。

建设安全文化，必须贯彻以人为本的原则，就是要让企业的每一个员工担当安全文化的创造主体。通过职工群众的不断创造、不断积累、不断总结，赋予安全文化更强的生命力。通过广大职工的言行举止、工作精神、奉献精神、职业道德等内化于心，外显于形，实现安全文化与企业安全管理的无缝对接，与企业文化的相融相促，与职工行为的同频共振，确保安全文化扎根沃土，开花结果。

六、经济处罚不等于思想教育

要把思想教育与经济处罚有机地结合起来，做到经济处罚与思想教育同步进行，在经济处罚中深入做好思想教育工作，在思想教育中合理利用经济处罚手段。

（1）提出本质安全的思想　企业在认真总结20世纪90年代末安全文化管理经验的同时，提出"用文化力提升企业核心竞争力，用安全特色文化打造本质安全型企业"的管理新思想，着眼提升管理境界、创新管理模式，升华凝练出"强化超前防范，严格过程管理"的安全理念，并以其统领安全生产全局。这是新时期安全发展的本质安全思想。

要针对安全生产出现的新情况、新问题，将价值思维理念引入安全文化建设，健全代表企业安全追求的价值体系，形成"安全优先，生命无价"的安全价值观。集全员智慧构建的"安全教育培训有新意，安全检查活动有新招，安全防范措施有更新，安全激励手段有创新，确保安全纪录再刷新"的"四新保一新"的安全工作方法，夯实安全生产长周期的根基。

（2）提前筑牢安全思想　从安全理念的倡导与渗透、行为的规范与养成、环境氛围的优化与营造、安全技能的强化与提升着手，提前筑牢员工安全思想和技能的防线。

以主题鲜明的安全文化活动为依托，着力提高员工安全意识。以引导人、熏陶人为切入口，将员工引入到以"我要安全、我懂安全、人人尽责、确保安全"为主题的安全文化活动中，明确总体要求、活动目标，进行效果评价。结合安全生产年、安全活动季、安全生产月三项行动等工作，创新安全思想教育载体，通过举办全员安全图片展、安全漫画赛、安全签名承诺、安全短信互发等寓教于乐的安全文化活动，对全员进行安全熏陶和思想上的安全评价。

在强化安全生产制度执行刚性的同时，注重人性化管理，将安全思想教育向员工家庭延伸，突出家庭亲情对员工安全意识的督促作用。各种标语、园地，化刚为柔，将生硬说教改为善意的安全提醒，有效地化解少数员工的"逆反"心理。

注重"用身边的事教育身边的人，用自己创造的文化规范员工的行为"，努力增强安全思想教育的贴近性、针对性、有效性。以目标明确的安全超前培训为要求，全面提升员工安全技能，以打造安全技能过硬的队伍为目标，以"创建学习型企业"为载体，积极完善各类培训制度，努力为员工创造安全技能提高的"提前量"，使员工安全技能始终能够适应安全发展的要求。

七、安全文化建设不等于思想政治工作

安全文化建设和思想政治工作既有区别，又有联系。安全文化属于管理方法范畴，思想政治工作属于政治思想教育范畴。企业开展的形式多样的安全思想教育工作，全部都是安全文化建设的内容。

安全是企业跨越式发展的生命线。如何坚持正向引导教育，增强广大职工对安全生产的自愿、自需、自求意识，唱响安全生产主旋律，是企业管理者面临的一项新课题。以安全文化为切入点，在营造安全文化氛围、树立企业形象、锤炼企业精神之中贯穿思想政治工作，应是"树文化大旗、筑安全大堤"的有效途径之一。

1.安全文化和思想教育的辩证关系

作为企业文化的重要组成部分——以人为本的安全文化，在企业安全生产工

作中有着十分重要的地位和作用，它紧密结合生产经营工作，与思想政治工作一道，通过文化活动方式，把思想政治工作的一些内容以更易被职工群众接受、更易被企业行政部门实施的方式，融入到企业发展的各项工作中，使职工把自己对生活目标的追求和企业的发展紧密结合起来，以崭新的时代风貌和高度的主人翁精神，为企业发展作贡献。

安全文化建设是加强和改进企业思想政治工作的重要措施。安全文化与思想政治工作在调动职工积极性、增强企业凝聚力、实现企业发展目标起着相辅相成的作用，但两者性质又有所区别。企业思想政治工作是以企业内部员工为对象，以解决思想问题为目的的一种活动；安全文化则是一种社会文化现象，是与企业经营活动有机融合在一起的一种活动。这种活动包含着极丰富的文化内容，不仅对内有黏合作用，对外也具备一种争取公众对企业认同的社会功能。安全文化可以在更大的领域里为思想政治工作提供观念、价值、精神表现的形式与载体；思想政治工作借助安全文化方式，不断丰富内容、深化工作效果。安全文化通过科学文化和人文文化手段的综合运用，把思想政治工作所要达到的教育效果转化为企业的安全价值观，使"我要安全"成为自觉的行动。

2.安全文化和思想教育相互融合

安全文化和企业思想政治工作都是以人为本的科学。它们都是以尊重人、理解人、关心人、激励人为共同的出发点，力求最大限度地调动职工的积极性和主动性。安全文化从研究人的共同的价值取向出发，注重焕发人的精神，塑造人的灵魂，强调自我激励、自我约束的作用，在企业现代化管理中实行人性化管理。思想政治工作则侧重于解决人的思想认识、观点、立场问题，以育人为业，以转变人的世界观为本，旨在用共产主义精神培养有理想、有道德、有文化、有纪律的社会主义建设人才。

安全文化和思想政治工作都属于意识形态范畴，都要为经济基础服务。安全文化注重人的观念、道德、态度、情感等深层次的人文因素，旨在通过教育、宣传、奖惩、创建群体氛围等手段，不断提高企业职工的安全修养，增强职工的安全意识，改进职工的安全行为，从而使职工从不得不服从管理制度的被动执行状态，转变成主动自觉地按安全要求采取行动，比传统的说教方式更易增强凝聚力，也更能切实解决好内在动力问题。

建设有中国企业特色的安全文化，与思想政治工作的政治方向是完全一致的，而且坚持思想政治工作优势还能为企业文化建设提供思想动力，确保其沿着正确的方向发展。

3.以安全文化筑牢安全大堤

安全文化所倡导的科学精神、主人翁精神、奉献精神、服务精神等，不仅丰富了思想政治工作的内涵和外延，而且给思想政治工作增添了新的活力。同时，在增强团队意识、倡导企业道德、规范职工行为、开展各种活动中，安全文化建设也为思想政治工作提供了更广泛的活动舞台。

安全文化是经济与文化的产物，是企业安全管理从经济层面向文化层面拓展的结果，它的主体虽属观念形态，但它更贴近生产经营管理，更容易为各层次职工所认同和接受，为改变以往思想政治工作单向灌输和"一个方子包治百病"的僵化模式提供了一种新的工作形式。它与企业思想政治工作相结合，将企业思想政治工作纳入企业管理轨道，较好地解决了思想政治工作与经济工作"两张皮"的问题。企业一切活动的最终目的，都是向社会提供优质产品的服务，因此，企业的安全文化建设和思想政治工作都应围绕生产优质产品而开展，用产品服务社会是企业安全文化建设和思想政治工作的最终落脚点。

八、政工部门不等于生产部门

安全生产涉及方方面面，安全文化同样如此。搞好安全文化建设，既需要政工部门，又需要生产部门。政工部门和生产部门要通力合作，密切配合，全力以赴搞好安全文化建设，以此确保安全生产工作的健康、有序、稳定发展。

早在20世纪50年代，毛泽东同志就提出"思想政治工作是一切工作的生命线"，足以说明任何工作都离不开思想政治工作。在工业发展迅猛，安全生产形势严峻的今天，如何学习实践科学发展观，让思想政治工作在安全生产中发挥作用，把安全生产掌握在可控范围之内，是企业政工人员值得深入研究和探讨的新课题。政工人员如何在安全生产中发挥作用，笔者结合工作实践，谈点管窥之见。

政工部门在安全生产中的作用如下。

（1）认真学习安全生产法规，做安全法规的讲解员　国家制定的安全生产法规、条例、条令和企业内部出台的规章制度等等，都要在具体工作中贯彻实施，要想把法规制度转换成职工的自觉行为不是一件容易的事。仅靠把制度挂在墙上或组织职工学习一下是不能解决问题的。再者，职工的文化水平、安全意识，思想素质和工作环境千差万别，不在同一条水平线上，同样的学习环境下，有的人能心领神会、触类旁通，有的人能结合实际、科学运用，有的人则懵懵懂懂、不知所云。如何把职工的思想统一起来，让职工正确理解法规的精神实质，并转换成遵章守纪、规范操作的自觉行动而达到事半功倍的理想效果？一是政工人员要带头学习安全生产法规，提高法制思想意识。只有强烈的法制观念，丰富的法律知识，在制订企业生产章程、管理方案、安全制度等工作中才能得心应手，所订立的规章制度才能符合国家法规要求。因此，政工人员必须掌握一定的法律知识，用丰富的法律知识、强烈的法制思想充实头脑、提高认识、领会精神实质，

只有这样才能有的放矢，制订出的规章制度才能被职工理解和接受。二是当好安全法规的解说员。面对素质不一的职工队伍，政工人员要耐心细致、不厌其烦地在学习活动中深入浅出地向职工讲道理摆事实，切忌照本宣科，引用事例最好用身边鲜活的人和职工所知的事，以增强说教的说服力和感染力。三是身体力行，做安全生产的带头人。政工人员不能坐在办公室里闭门造车，要和职工打成一片，要经常深入车间和生产一线，和工人交朋友，进入生产现场要按照劳保规定自觉穿戴防护用品，不该摸的不摸，不该碰的不碰，自觉遵守劳动纪律和生产操作规程，用实际行动给职工树立榜样。

（2）开展好安全文化活动，做安全法规的宣传员　安全法规如何能深入人心，为广大职工自觉遵守，开展安全文化活动不失为一种有效途径。一是加大安全文化设施投入。在职工密集处设立阅报栏，制作黑板报，并经常更换内容，以新的面貌吸引职工。二是建立文化长廊。在厂区主要道路两侧悬挂安全警示标语，张贴安全文化信息，展览文化活动成果，用诗配画的形式宣传生产法规、劳动制度、好人好事让职工在潜移默化中受到安全思想教育。三是寓教于乐。充分利用法定节假日开展文化体育活动，把发生在身边的故事编排成文艺节目，让职工在笑声中接受安全思想教育。

（3）为安全管理出谋划策，当好领导参谋　一个企业管理制度的制订、生产方案的编制、操作规程的实施、管理理念的确立都离不开政工人员的参与。在这种情况下，政工人员不能自作主张，要以一个参谋的身份，在起草规章制度之前要广泛征求意见，征得领导同意后再动笔不迟，只有这样才能发挥好参谋、好干事的作用。一是吃透法律精神，为规章制度提供法律支持。政工工作看似清闲，其实是一项苦差事。坐不住不行，坐着不动也不行，别人不学习可以，政工人员不学习不行，政工人员不学习就不能正确领会和理解法律精神，不学习思想就会落伍，行为就会落后，判断问题就会出现失误，因此，政工人员要牺牲掉打牌、喝酒、聊天的大部分时间，要坐得住冷板凳，要静下心来，去专心致志地钻研法律知识、钻研政治理论，政治、法律知识丰富了，工作起来才能得心应手，写出的东西才能符合实际、才能被领导认可、才能被职工接受。二是把生产现场当作工作的第二场所，养成调查研究的好习惯，根据工作需要沉下身去，经常到生产一线调查摸底了解情况，看一看生产过程中存在哪些问题，听一听职工对规章制度有什么意见和建议，问一问操作规程是否需要修改和完善，把所掌握的第一手资料分门别类，整理成文拿出自己的见解和意见，然后请领导批示定夺，这样逐步完善起来的规章制度和操作规程才易于被职工掌握和理解，最终变成职工的自觉行动，从而保障安全生产。三是以教代罚，从根本上树立职工安全意识。经济处罚作为一种安全管理手段被广大企业广泛运用，被处罚的职工是否从此不再违章，罚款严厉的企业是否就远离事故的侵害，我看结果未必。运用罚款的手段永远达不到实现安全生产的目的，要想从根本上解决问题，让职工不再违章，远离"四不伤害"，切实保障职工人身安全和家庭幸福，就是要彻底改变以罚代教的管理模式，以安全思想教育为主，对违章职工进行安全法规、安全制度、安全思想、安全意识、安全行为教育，俗话说"授人以鱼，不如授人以渔"就是这个道理。只有从根本上解决了问题，才能有效避免不必要的事故的发生，才能远离事故的伤害，才能让职工在安全的环境里努力工作。

生产部门在安全生产中的作用如下：

① 组织做好安全生产标准化文件工作。

② 负责本部门安全生产工作。

③ 在生产技术部主管的领导下，协助法定代表人编制公司中长期发展规划及年度生产经营计划、年度安全技术和改善劳动条件措施计划。

④ 协助生产技术部主管编制修订符合安全生产要求的工艺规程和岗位安全操作规程，严禁违章指挥、违章操作，并有责任对各生产车间的执行情况进行检查、监督和考核。

⑤ 贯彻执行安全生产责任制，做到安全生产计划、布置、检查、总结、评比"五同时"，随时掌握安全生产动态。

⑥ 负责生产操作工人的安全技术培训和考核计划，制订培训考核内容。

⑦ 组织工艺技术安全检查，发现问题及时提出改进解决方案，并在方案通过后，负责组织实施改进，积极推广先进技术和安全的工艺技术和设备。

⑧ 每天都要对生产车间进行不定期检查，发现生产过程的不安全因素、险情、事故苗头应及时果断处理，防止事态扩大并及时汇报。

⑨ 参与安全事件调查分析，负责工艺事故和设备事故的调查并提出处理意见，建立工艺事故及设备事故档案。

九、领导带头不等于群众参与

企业各级领导干部要把加强安全文化建设作为强化安全管理的一项重要举措，主动、积极、自觉地学习、宣传和实施安全文化，把安全行为规范落实到日常工作中，切实发挥模范作用。同时，搞好安全文化建设也离不开全体员工的积极参与。只有广大职工在共同参与中互相学习、互相促进，安全文化建设才能不断引向深入，才能有深厚的群众基础。

领导带头、层层示范，是做好各项工作的重要方法。领导干部的一言一行，对广大干部和职工具有强烈的示范和导向作用。

（1）打铁还需自身硬　企业领导干部既是安全文化教育实践活动的组织者、推进者、监督者，更是参与者，必须以普通职工身份把自己摆进去，力争认识高一层、学习深一步、实践先一着、剖析解决突出问题好一筹。己不正焉能正人？

一些企业干部把眼睛盯在下属单位，把注意力放到基层职工头上，只对别人提要求，自己反倒成了局外人，"手电筒只照别人，不照自己"，这是极其错误的。要使改进作风持续下去，企业干部必须长期坚持带头改、带头抓，要以"踏石留印、抓铁有痕"的劲头坚持下去，防止"新风"变"季风"，风过一切照旧。

（2）上行下效，上率下行　上面偏一寸，下面偏一丈。企业干部在安全生产中高标准、严要求，用更严的尺子衡量自己，用更高的标准要求自己，用无私无畏的勇气对照、检查、改进、提高自己，才能得到职工的信任并效仿。企业干部要在安全文化建设中放下架子，以树立标杆、向我看齐的姿态带头学习理论、带头听取意见、带头查摆问题、带头批评与自我批评、带头整改落实、带头推进安全制度建设、带头执行安全制度，安全文化建设才能落在实处。

领导"带头"不等于领导"包办"，在企业安全文化建设中，必须形成上级带下级、一层抓一层、层层抓落实的生动局面。有些职工以为，作风建设从上头抓起，就是企业主要领导和领导班子的事，与己无关，这种认识是错误的。在安全文化活动中，总体要求就是要一级做给一级看，一级带着一级干，每一级都要参与，每一级都有责任。这样一来，不正之风才能转得快、改得彻底。

十、健全机制不等于监督考核

安全文化作为一项先进的管理方法，要使其在安全生产过程中发挥应有的作用，必须建立健全安全文化建设检查监督考核机制。企业应设立安全文化建设专项资金，用于安全文化建设奖励，做到专款专用。企业要制订安全文化建设考核办法，检查考核结果要严格按照安全文化建设奖罚考核办法落实兑现。企业要从制度上保证安全文化建设能够深入、持久开展，并且取得明显成效，促进安全生产工作的可持续发展。

（1）建立健全对"一把手"适度分解权力的制衡监督机制　党政正职在各级权力结构中处于核心地位，监督"一把手"用权行为是确保权力规范运行的重点和难点。要通过合理分权，改变主要领导一把抓的状况，使"一把手"把更多的精力放在谋发展、管班子、带队伍、抓大事、强监督上。一是坚持集体领导下的分工负责制，优化权力结构，建立权力运行新机制。按照科学设置、合理分权、各负其责、有效制约、相互配合的原则，科学划分领导班子成员的权责。二是坚持依法、科学、民主决策，不断提高领导水平。要求各级领导班子按照民主集中制的原则，制订议事决策规则并报上级备案；在讨论决定重要事项时，严格按照议事决策规则进行。三是坚持"三重一大"（重大决策、重要人事任免、重大项目安排和大额度资金使用）事项集体讨论，实行党政正职末位发言和票决制度。要求凡涉及"三重一大"事项都按民主集中制原则集体讨论研究决定，由分管领导提出，班子成员充分发表意见，党政正职末位表态，不对议题事先定调或作引导性发言，严格按票决制进行表决。四是坚持正确用人导向，严格遵守干部选拔任用工作纪律和有关规定。主要负责人不能违反干部任免程序和规定指定提拔、调整人选。

（2）建立健全对管理人员的行政问责监督机制　行政问责是监督的核心，是构建行政监督体系的基础。为解决一些干部和管理人员不作为、乱作为、慢作为问题，必须大力推进行政问责，切实加强对行政工作人员的管理和监督，促使广大管理人员依法履职尽责，不断提高行政效能，提高公信力和执行力。一是明确问责对象和问责重点。将领导干部和一般工作人员纳入行政问责范围，既注重有错问责，也注重无为问责，并将决策违规、执行不力、管理不善、行为失范作为行政问责的重点。二是切实抓好责任预防。大力宣传行政问责制度、重点案例、先进典型和重要理论研究成果，调动职工群众参与问责的积极性、主动性，增强职工群众的权利意识、民主意识和监督意识，形成推动行政问责的良好社会氛围。加强对管理人员的问责教育培训，使其牢固树立自律意识和责任意识，明确权力的性质、来源以及权力使用的范围、内容和可能出现的责任种类、性质，自觉正确履职尽责，更加积极地面对社会的诉求并快速回应职工群众的需要，真正对行政行为负责，有效防止相关责任问题的发生。三是积极推进管理业务运转的规范化建设。逐项确认管理权力行使依据、程序、时限以及相应责任，严格流程，并将管理权力事项的执行主体、执行依据、办事条件、办事程序向企业公布，接受职工监督，确保企业各个管理部门的权力在阳光下运行。

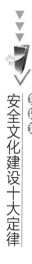

安全文化建设十大定律

第四章

第五章 安全工作十到位定律

安全的要素

领导力

管理层应该怎么做领导员工走向优秀的安全业绩?

* 管理层承诺
* 政策和原则
* 目的,目标和计划
* 程序和作业标准

什么样的组织结构是支持对优秀安全业绩的追求?

结构

* 直线职责和责任
* 专业安全人员
* 整合的组织架构
* 鼓励和奖励机制
* 承包商安全管理

组织应该采取什么样有规律的行动来提高安全业绩?

工艺&行动

* 有效的沟通
* 培训和发展
* 事故调查
* 观察和审核

思想是行动的先导。各部门、各单位、各企业对安全生产工作重要性的认识是否到位，是"治本"的中心环节，要牢固树立科学发展观，正确处理好科学发展与安全生产的关系，真正把安全生产放在一个突出位置，摆到议事日程上来，从思想上重视安全生产，有强烈的安全意识，认真学习和贯彻《安全生产法》等文件及其与各自的岗位职责相关的安全生产规范，牢固树立"安全第一、预防为主、综合治理"的思想意识，做到安全警钟长鸣，营造人人关心安全、事事注意安全的良好氛围。

加强安全生产管理，建立以人为本的安全生产管理制度、确立细致入微落实安全生产的措施和目标、及时进行安全生产大检查、大排查、大整改，是当前的重要任务。为此，一定要统一思想，提高认识，切实加强安全生产管理，确保生产过程的绝对安全。

坚持警钟长鸣，时刻绷紧安全生产这根弦，以更严的措施、更高的标准抓好安全生产。要认识到位，在思想上要高度重视安全生产，把安全生产作为不能触碰、不可逾越的红线，决不要带血的GDP，决不能以牺牲人的生命为代价搞生产、搞发展，决不能有半点麻痹和侥幸心理。要责任到位，把安全生产放在第一位，落实好政府督促、部门监管、企业主体"三个责任"，坚持党政同责、齐抓共管，做到层层重视、人人负责。要措施到位，全面排查隐患，加强源头治理和专项整治，重点抓好煤矿、化工、交通、消防等重点行业、重点领域的安全整治，确保不发生重大安全事故。

一、统一思想，提高认识，把安全生产管理作为一项重要任务常抓不懈

对于安全生产工作，要进一步统一思想，提高认识，把安全生产管理作为一项重要任务，长期抓实抓严抓好。同时，要认真查找工作中存在的问题，深入分析原因，全面学习落实各级安全生产大检查工作方案，确保规定动作落实到位。要率先垂范、亲历亲为、履职尽责、深入开展以"六查六看"为主要内容的回头

安全工作十到位定律

第五章

131

看活动，对照"全覆盖、零容忍、严执法、重实效"的要求，查明问题，制订具体整改措施，切实落实责任单位和责任人，严肃认真地抓整改，把问题解决在一线，从思想上高度重视，把安全生产管理作为一项重要任务，抓紧抓好，抓出成效。

二、结合实际，科学管理，确立切实可行的安全生产管理目标

面对复杂多变的安全生产形势，要结合实际，科学管理，建立切实可行的安全生产管理目标。一是要建立生产安全事故控制指标。减少各类事故负伤率及各类安全生产事故发生率。二是建立安全生产隐患治理目标。在实际工作中，做到安全生产、文明施工和科学化隐患治理目标。三是建立安全生产管理的法制管理目标。采取行政管理、监督检查、工艺技术管理、设备设施管理、作业环境和条件管理等，保证安全生产管理目标的实现。从而减少和控制危害，减少和控制事故，尽量避免生产过程中由于事故造成的人身伤害、财产损失、环境污染以及其他损失。要确保生产管理的基本对象的安全。特别是对一线人员和涉及企业生产的所有人员以及设备、设施、物料、环境、财务、信息等各个方面，都要确实做到保证安全。同时，要加强生产工作的劳动保护、改善劳动条件，保护劳动者在生产过程中的安全和健康，保证生产顺利进行。

三、立足岗位，真抓实干，建立有效的安全生产管理制度

在工作中，要立足岗位，真抓实干，建立有效的安全生产管理制度。安全生产工作必须贯彻"安全第一、预防为主、综合治理"的方针，贯彻执行法定代表人负责制，要坚持"管生产必须管安全"的原则，生产要服从安全的需要，实现安全生产和文明生产。对在安全生产方面有突出贡献的个人要给予奖励，对违反安全生产制度和操作规程造成事故的责任者，要给予严肃处理，触及法律的，交由司法机关论处。加强对本单位的职工的安全生产教育，制订安全生产实施细则和操作规程。实施安全生产监督检查，确保生产安全。明确安全生产管理人员职责制订有效的制度，用制度管理日常安全生产工作。及时总结和运用安全生产的先进经验，发扬已经确立的先进经验，做到政府盯部门，部门盯企业，企业盯人员，人员盯岗位，专家盯隐患，实现层层落实安全生产管理制度，严格按照有关规定，发放符合国家标准的劳动防护用品，并监督人员的正确佩戴和使用，制订安全生产的措施，并认真贯彻执行，真正做到安全生产管理的制度化。

第二节
领导机制到位

领导机制是抓好安全生产工作的关键。安全生产做得如何关键在于领导，特别是单位"一把手"。要严格落实"一把手"负总责，分管领导具体抓责任制，配好配强安监机构。

一、"一把手"职责

"一把手"作为安全生产第一责任人，必须对本部门和本单位的安全生产负总责，牢固树立执政为民、安全第一的思想，把自觉维护广大人民群众的生命财产安全放在工作的首位。对安全生产工作的重大问题，特别是对目前存在的薄弱环节和问题，要亲自部署，认真对待，不能有任何侥幸心理，对重点难点问题要亲自抓。

二、分管领导职责

分管领导要集中精力抓，要抓一件成一件，见效一件，以此推动整体安全生产工作，各级、各部门、各单位、各企业要按照法律法规的要求配强配齐安监机构，并按照法律法规的要求，认真抓好安全生产工作，确保安全生产长治久安。

三、安委会职责

企业安全生产工作涉及各个部门，协调任务重，难以由一个部门单独承担。因此，企业要成立安全生产委员会来加强对安全生产工作的统一领导和组织协调。企业安全生产委员会一般由企业主要负责人、分管负责人和各职能部门负责人组成，主要职责是定期分析企业安全生产形势，统筹、指导、督促企业安全生产工作，研究、协调、解决安全生产重大问题。安全生产委员会主任必须要由企业主要负责人（董事长或总经理）来担任，这有助于提高安全生产工作的执行力，有助于促进安全生产与企业其他各项工作的同步协调进行，有助于提高安全生产工作的决策效率。另外，主要负责人担任安全生产委员会主任，也体现了对安全生产工作的重视，体现了对企业职工的感情，体现了勇于担当、敢于负责的精神。

安全工作十到位定律 第五章

133

四、关键在于问责

建立和完善安全监管领导责任机制，关键是建立事前的问责制度，使这种制度能够管好"领导"，使领导能真正重视安全生产工作。要使领导干部在日常工作中经常主动、积极过问安全生产工作，不要被动地听请示、汇报，要经常深入生产第一线，排除隐患；要使领导干部以对职工群众高度负责的精神，对存在安全隐患的企业进行排查；要加大对领导干部行政不作为、违规违纪、失职渎职等行为的查处和责任追究力度；要转变领导干部的工作作风，确保领导干部在安全监管工作中秉公用权、廉洁从政、履职到位。或许有人会说，领导干部是把握大方向的，哪有时间管得这么细？此话当然不假，但是，安全生产有其特殊性，其危害往往就发生在细微处，不深入做细致的监管工作，怎么能真正抓好安全生产，须知，总在办公室待着是管不好安全生产的。

第三节

法制宣传到位

通过开展知识答题、标语、板报、宣传画等活动，大力宣传安全生产的法律法规，通过一些典型案例，教育广大职工遵纪守法、按章操作，增强职工的安全意识，营造"时时处处保安全"的良好安全氛围。

可以通过每年开展的"安全生产月"活动，宣传安全生产小常识，并组织干部职工收看电视安全、消防知识讲座和观看安全事故宣传图片等，以反面典型，突出各类重大安全事故的严重危害性，教育广大干部职工算好三笔账：即人身账、经济账、家庭账，进一步提高干部职工的安全意识和防范意识。各级、各部门，各单位采取多种形式加大对安全生产法律法规及政策的宣传力度，及时报道宣传安全生产的法律、政策落实情况，营造良好的工作氛围。

一、注重岗位学法　确保认识到位

在安监部门内部建立业务学习制度，编制《安全生产法》《工伤保险条例》《危险化学品安全管理条例》等安全生产法律法规解读讲义，组织集中学习；组织安全生产执法人员积极参加安全监督执法培训，进一步提高执法能力，规范执法行为；组织一年两次的全厂安监干部法制学习，邀请相关专家对国家有关安全生产的法律法规进行重点解读，提高安监人员业务水平和日常监管能力。

要积极营造学习氛围，提升执法人员的文化素养。勤奋学习是适应形势发展、做好各项工作的需要，也是提高素质、增长才干的前提。要创造一种勤学习、爱学习、善学习的浓厚氛围，让执法人员不断用新思想、新知识充实自己、提高自己、完善自己。在学习过程中，既要加强理论学习，注重以国家安全生产法律法规和科学发展观武装头脑，注重学习党和国家的各项安全生产方针、政策，提高自身的法治理论水平，又要不断强化业务知识学习，准确掌握相关的法律法规知识以及安全管理、安全标准、安全技能等方面的知识，争取把自己培养成专家型执法人员，提高权威性和影响力。同时，还要学以致用，要结合自己担负的工作任务和工作重点，在学习和实践中提出问题、研究问题、解决问题，把学习的成果体现在加强自身修养和创造性开展工作的能力上，不断地有所创新、有所发展。

二、注重宣传培训　确保教育到位

（1）开展企业厂长（经理）、安全管理人员及特种作业人员安全法制培训教育　组织企业内生产经营单位主要负责人、安全生产管理人员和特种作业人员进行安全培训，并取得安全合格证书，做到持证上岗。

（2）扎实推进职工安全生产知识培训　积极转变观念，改进方式方法，精心设定培训科目，严密组织、严格考核。据统计分析，参加过培训的职工发生事故的概率很低，有的企业或车间甚至没有发生过一起生产安全死亡事故。

（3）广泛开展社会安全宣传活动　开展"送安全到企业、车间、班组、岗位"活动，开展生产岗位安全生产知识竞赛；开展"送安全到家庭"活动；开展"送安全到社区"活动，并印制"社区安全小常识"宣传画，在所有居民社区进行张贴；开展以"安全责任、重在落实"为主题的安全生产月活动；开展安全生产咨询、知识竞赛、应急救援演练等一系列活动，宣传安全生产法律法规和安全生产常识。

第四节
责任落实到位

责任落实是抓好安全生产工作的前提。按照"谁主管谁负责、谁在岗谁负责"的原则严格按照上级规定的"一级抓一级，一级对一级负责和实行全员安全岗位责任制"要求，实行目标量化管理，把全年目标任务进行量化、细化，分解到每一个单位，层层签订《安全生产责任书》，明确各部门、各岗位的安全职责，年终逐项考核。

一、落实政府职责

从政府层面来讲必须把职责落实到各部门及乡镇、街道，乡镇、街道必须把职责落实到村、社区，村、社区把职责落实到组、居委会，组、居委会把职责落实到每家每户。

近年来，全国各类生产安全事故起数和死亡人数持续下降，安全生产形势持续好转。但是安全生产基础依然薄弱，生产安全事故时有发生的状况没有得到有效遏制，事故隐患排查整改不力，非法违法生产经营行为屡禁不止，部分生产经营单位安全生产主体责任落实不到位，安全制度、操作规程执行不力、流于形式，对重大危险源监控还存在漏洞，引发事故的风险依然存在。执法监管职责界定不清、责任不明、监管不到位等是造成以上问题的一个重要原因。因此，进一步落实政府安全生产监管责任，杜绝安全生产责任真空势在必行。只有把政府安全生产监管责任真正落到实处，才能有效防止事故的发生，确保企业安全生产、群众平安生活，从而为经济社会发展提供坚强有力的安全保障。

二、落实部门监管职责

负有安全生产监督管理责任的部门必须在自身安全监管权限内把责任落实到每一个干部，着力加强自身行业安全监管。

1.具体工作中坚持的原则

（1）谁主管、谁负责的原则　实行安全生产监管一岗双责制，各级政府领导班子成员对分管范围的安全生产工作负责，各行业主管部门对本行业、本系统的安全生产工作负责。

（2）谁审批、谁负责的原则　政府相关部门根据行政审批和许可权限，对审批、许可范围的安全生产工作负责。要严格按照法律规定行使审批权和许可权，如果审批、许可的事项发生安全生产事故，其要依法承担法律责任。要负责督促、指导本行业（领域）企业安全生产标准化建设。

（3）谁执法、谁负责的原则　政府各职能部门要按照有关规定和要求，定期对主管范围内的安全生产工作开展执法检查，查找隐患，堵塞漏洞，解决突出问题。因执法行为引发的安全生产问题，主管部门要承担相应责任。

2.政府相关部门安全生产监管共同职责

（1）认真宣传、贯彻、落实国家有关安全生产的法律、法规、规章和政策等，将安全生产工作与经济社会发展、行业（领域）管理的有关工作协调一致，同步计划、安排、部署、检查、总结和考核。

（2）加强生产安全事故预防，协调解决安全生产工作过程中遇到的矛盾、困难和问题，开展安全生产专项整治，及时组织、指导、督促、协调有关政府和单位消除所涉及区域、行业领域的安全隐患。

（3）按照政府要求，组织或参与生产安全事故的调查处理，在职责范围内负责落实事故责任单位和责任人的有关责任追究。

（4）加强安全生产应急管理工作，建立完善应急预案体系，积极组织开展应急演练；加强部门间应急协同联动，充分利用有效资源，及时妥善处置安全生产突发事件。

（5）积极参加安全生产重大活动，组织实施和完成政府、安委会下达的安全生产工作目标和综合目标任务，并严格管理和考核。

（6）负责督促、指导本行业（领域）、本系统内企事业单位依法开展新、改、扩建项目的安全设施和职业卫生同时设计、同时施工、同时投产（以下简称三同时）工作。

三、落实企业主体职责

企业作为安全生产主体，必须把责任落实到车间、班组乃至每个职工，使安全生产深入到每个人的工作中去，营造事事处处讲安全的工作环境。

1.深刻认识落实企业安全生产主体责任的必要性

（1）全面落实企业安全生产主体责任，是履行安全生产法律法规的刚性要求

安全生产工作实践证明，全面落实各层级安全生产责任制是做好安全生产工作最为有效的基础手段，而全面落实企业主体责任又是安全生产责任制的核心。新颁布的《安全生产法》及国家一系列相关文件均明确了企业安全生产的主体责任地位，要求各生产经营单位必须遵守安全生产的法律、法规，加强安全生产管理，建立健全安全生产责任制，完善安全生产条件，确保安全生产。

（2）全面落实企业安全生产主体责任，是党和政府的明确要求　习近平总书记关于安全生产工作的一系列重要讲话和批示指示，每次都强调建立健全安全生产责任体系和强化企业主体责任落实。2005年8月15日，总书记在天津港"8·12"危险品仓库特别重大火灾爆炸事故发生后再次强调："各生产单位要强调安全生产第一意识，落实安全生产主体责任，加强安全生产基础能力建设，坚决遏制重特大安全生产事故发生"。李克强总理批示"要以对人民群众生命高度负责的态度，切实落实和强化安全生产主体责任，全面开展各类隐患排查"。《国务院办公厅关于加强安全生产监管执法的通知》（国办发〔2015〕20号）中也明

安全工作十到位定律

第五章

137

确提出："督促落实企业安全生产主体责任，督促企业严格履行法定责任和义务，建立健全安全生产管理机构，按规定配齐安全生产管理人员和注册安全工程师，切实做到安全生产责任到位、投入到位、培训到位、基础管理到位和应急救援到位。"这充分表明了党和政府对企业安全生产工作的关心重视和对落实企业安全生产主体责任的严格要求。

（3）全面落实企业安全生产主体责任，是企业履行社会责任的客观体现　企业依法生产经营是企业的安身立命之本，也是必须履行的社会责任。企业的安全生产状况，不仅关系企业自身发展和员工生命安全，而且关系众多家庭幸福乃至全社会的和谐安宁。无数事例表明，企业不消灭事故，事故终归要毁灭企业，这将给人民生命财产带来严重损失。因此，企业必须全面加强安全生产管理，切实履行主体责任，更好地履行社会责任。

（4）全面落实企业安全生产主体责任，是企业可持续发展的必然需要　企业安全发展的前提和基础，是必须认真落实安全主体责任，把安全的理念和要求贯穿实施于生产经营活动的每一个环节，这样才能安全、有序、可持续发展。一个不重视安全生产，安全生产事故频发的企业，根本不可能有好的经济效益，更不可能有好的社会效益，归根结底是没有出路的。企业只有采取严格落实主体责任，加大安全投入，改善技术装备，强化安全培训，进行风险评估等有力措施，才能真正提高安全生产保障能力，促进自身发展壮大。

2.多措并举，强力推进企业安全生产主体责任落实

企业是生产经营活动的主体，国家关于加强安全生产工作的所有决策部署、工作要求和政策措施，最终都要落实到企业；各行业领域安全生产水平的提高，经济社会安全发展能力的增强，最终也都要体现在企业。如何履行主体责任，关键是要下定决心，狠抓落实。

（1）强化思想认识　要进一步提高对安全生产工作极端重要性的认识，以敬畏之心来对待安全生产工作。各生产经营单位法人代表和实际控制人任何时候都要自觉坚持安全第一，做到生产必须安全，不安全不生产。要强化安全生产法制意识和法律观念，把自己的生产安全活动置于政府的有效监管之下，自觉维护各级政府安全生产决策部署、指示指令的执行力和公信力，自觉遵纪守法，扎实做好各项安全生产工作。

（2）狠抓责任落实　各地各部门主要领导是本地、本行业安全生产第一责任人。各企业法人代表是企业安全生产的第一责任人，必须对本单位安全生产负全责。发生重大责任事故，首先要追究企业主要负责人的责任。要全面落实企业安全生产责任体系，按照分工负责要求和"一岗双责"原则，明确企业领导班子成员以及企业各个层级、各类人员、各个岗位的安全生产责任，全面落实安全生

产全覆盖，推动企业主体责任落实到位，形成人人有责、人人尽责的安全生产格局，把安全生产责任落实到生产经营的每个环节和每个岗位、每个员工。同时要实行严格的安全生产绩效考核和责任追究，重大责任事项实行"一票否决"，强化安全生产责任约束。

（3）加大安全投入 企业必须严格执行相关规定，按照实际需要，足额提取和规范使用安全费用，确保企业安全生产所必需的各项资金；要通过持续投入，保证企业的生产设施始终处于安全状态。要在设备设施、安全管理、教育培训、安全科技等方面加大投入比例，结合安全生产信息化、标准化、网格化建设，借助"互联网＋"思维，破解安全生产难题；要加强与科研机构、高等院校的合作，共同建设坚实的安全生产技术保障体系。同时，充分发挥企业科技创新主体作用，加快先进适用技术和装备的研发推广，加快企业安全生产关键技术和装备的换代升级，提高机械化、自动化生产水平和企业本质安全水平。

（4）加强教育培训 人是安全生产的行为主体，职工的安全意识和安全技术素质，是企业安全生产的决定性因素之一。各类企业中，农民工、临时工、合同工等各类名目的非固定用工比重较大，加之一些企业对培训教育重视不够，造成职工安全素质总体较低，安全技能和自我保护能力相对较弱，违规违章行为十分普遍，由此引发的各类事故接连不断。一些员工既是事故的肇事者，又是事故的受害者。因此，各级安全监管部门要加大教育培训和监督检查力度，确保企业主要负责人、安全管理人员和特种作业人员全部经过培训，持证上岗。企业所有新进人员，必须经过认真培训、严格考核，达到安全生产应知应会标准要求之后才能上岗。

（5）夯实基础工作 要强化企业安全管理理念，加强企业安全管理的组织体系、制度体系、责任体系、考核体系建设，提升现场管理水平。所有企业都必须建立完善安全管理组织体系，配备安全生产管理机构，配备专、兼职安全生产管理人员；必须建立科学合理、切实可行的安全生产制度体系，特别是安全生产隐患排查和日常安全巡查制度，及时发现和整改事故隐患；必须探索建立和完善适合企业安全生产的管理模式，当前尤其要加强标准化、信息化、网络化和社会化建设，按照"四化融合"的要求，使企业的生产经营全过程始终处于严格监督、有效管理之下，切实保证安全生产。

（6）完善应急管理 应急管理是企业安全生产的最后一道屏障，科学有效、及时正确的应急救援是减少事故危害的重要措施。各生产经营单位都要根据本企业的安全生产特点，加强应急管理机构和应急救援队伍建设，建立企业安全生产动态监控及预警预报机制，制订符合要求的应急救援预案并定期进行预案演练，提高应对处置紧急情况和事故灾难的能力。

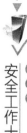

第五章 安全工作十到位定律

第五章 安全工作十到位定律

139

第五节

教育培训到位

安全生产工作要抓住人这个关键，坚持以人为本，不断强化安全素质教育，增强人的安全责任心。

一、打好教育培训基础

进一步加强安全培训工作，以培训机构建设、师资队伍建设为重点，着力提高安全培训质量，改善职工队伍的安全素质，广泛地学习、利用新技术、新设备，做到人人都能深刻地认知事故隐患，处理事故隐患得心应手。坚持区分层次，加强对管理人员的素质培训、班组长的业务培训和职工队伍的安全技能培训，增强干部职工的自我保护意识和危险辨识能力。

坚持脱产培训和业余学习相结合，利用"每日一题""每周一课""每月一考"等灵活多样的学习形式，积累安全知识、提高学习效果。积极开展全员安全培训，培育团队精神、敬业精神和责任意识。发挥车间、班组教育培训主阵地作用，积极推行"手指口述"工作法等现代的管理方法。建立多种学习激励机制，鼓励职工"自主学习""岗位成才"，在专业技术岗位上"精一门、会两门、懂三门"，使"工作学习化、学习工作化"成为职工的自觉行动。

二、开展安全文化建设

大力开展安全文化建设，加强安全生产理论和方针政策的宣传推广工作，组织开展形式多样、生动丰富的安全文化活动，大力宣传先进的安全理念，培养正确的安全价值观，唱响安全生产工作的主旋律，全面促进安全文化建设。

各级安全管理者都应肩负起安全生产宣传教育义务，深入宣传贯彻党和国家安全生产法律法规和各项方针政策，宣传推广先进的安全管理方式和安全生产技术，在潜移默化中灌输安全知识，为加强安全工作提供精神动力、智力支持和舆论氛围。

笔者在对企业进行日常检查时，发现企业职工违章作业现象屡禁不止，究其原因，大部分是由于企业对职工安全生产培训教育不到位、安全意识淡薄造成的。

我们在日常检查中有这样一种感受：哪个企业对职工的安全培训教育搞得好，那么这个企业职工的安全意识树立得就牢，操作技能就高，职工违章作业的现象就少。相反，那些忽视安全教育和培训的，甚至在建立培训教育管理台账时弄虚作假的企业，在作业现场职工违章的现象就多。

虽然早在2006年年初，国家安全生产总局就对生产经营单位安全培训的有关事宜作出了明确的规定，但一些企业对职工的安全培训依然不够重视，一些企业管理者存在着"只要各项规章制度上墙、管理教育记录有字，就算培训教育到位"的认识误区。个别企业甚至为了应付检查，在建立职工培训管理教育台账时弄虚作假，造成职工的安全培训质量严重缩水。职工安全意识淡薄、劳动技能低下，对企业的规章制度和岗位操作规程不熟知，使违章现象屡屡出现。

笔者认为，对职工的安全培训不是一句"说起来才重要"的口号；而是实实在在的行动。培训的目的不仅仅是要求职工牢记和熟知企业的规章制度、岗位操作规程和劳动纪律，更重要的是通过教育和培训使职工在自己的头脑中树立起一种牢固的安全意识，在自己的行动中养成一种自觉的安全习惯，在企业的管理和发展中营造起一种良好的安全生产文化氛围。

三、安全培训要真抓实干

现在一些企业，尤其是中小企业和施工单位，为了减少支出、提高经济效益，雇用一些劳务成本廉价、劳动技能低下的农民工，到自己的企业从事些人力密集型的工作，这本无可厚非，但由于企业为了赶工期、减少工资支出，就缩短岗前培训时间，在职工没有进行严格"三级"培训的情况下，就匆忙上岗，造成这些人员对企业的规章制度、岗位操作规程和劳动纪律不熟知，对作业现场的安全隐患和危险源认识不足、安全意识淡薄，自我保护、自救互救和应急处置能力低下，在作业过程中经常出现违章作业甚至是冒险作业的现象，从而给企业的安全管理工作带来很大威胁，必须引起企业管理者的高度重视。

职工之所以违章，不外乎有两种情况：一种是知之而为。这些人大多已经掌握了各项安全规章制度和安全操作技能，但是由于安全意识树立得不牢、心存侥幸，对违章可能带来的严重后果认识不足。对于这些人员应在培训过程中，着重加强事故案例的教育，使其认识到违章的严重后果，使其自觉遵章守纪。另一种是无知而为。这些人大多为对企业安全规章制度不熟悉、岗位劳动技能不熟练的新员工。对于这些人员除加强对事故案例的教育外，还要加强企业规章制度、操作规程和劳动技能的培训，或者以老带新的方式强化岗位技能的培训。

只要企业管理者能从源头上严格落实对职工的"三级"教育和培训，在职工的头脑中逐步树立起一种牢固的安全意识，那么职工违章的现象就会越来越少。

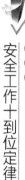

安全工作十到位定律

第五章

第六节
整治措施落实到位

落实措施是抓好安全生产的根本。重点要落实以下三项工作。

一、落实隐患排查工作

务必做到"两不"：① 事故隐患不遗漏。针对本企业、本部门安全生产工作存在的薄弱环节，要加强检查，对检查出来的事故隐患，分类造册，加强监管。② 事故苗头不放过。坚持检查与整改相结合，边检查、边整改，以检查促整改。对查找出来的突出问题指定专人负责，采取有效措施、限期整改，及时消除事故隐患。

二、落实专项整治工作

坚持把重点时段整治与日常整治相结合，部门整治与联动整治相结合，重点抓好非煤矿山、危险化学品、烟花爆竹、建筑、消防等高危行业和重点行业的整治。安监部门要加强综合监管，有效行使监督职权，认真协调排查安全隐患。公安、交警、交通、经贸、教育、卫生、消防等部门，要切实加强行业监督管理，做好本系统和职权范围内的安全生产拟项整治工作。

做好安全生产工作至关重要，希望企业严格按照相关规定和要求做好整改，同时要建立长效监管措施，确保企业安全生产工作落实到位。企业加大投入力度，加强员工安全技能培训，增强员工安全生产意识，要按照技术改造要求更新设施设备，实现企业规范化生产。

安全生产是人命关天的大事，是不能踩的"红线"，片刻不能松懈，丝毫不能大意。要认真吸取昆山"8·2"事故血的教训，举一反三，有效防范各类安全事故发生。企业要牢固树立安全生产理念，增强责任意识，消除各类安全隐患，确保人民群众生命财产安全；要集中时间和精力，针对排查出的隐患，加快整改速度，保质保量落实到位；要结合排查工作，全面推进安全生产达标和升级，实现安全生产隐患的标本兼治。要以整改为契机，下大决心改进生产流程和生产工艺，促进产业层次提升和发展方式转变，倒逼企业转型升级。

三、落实主体责任

要严格落实企业的安全生产主体责任、涉企部门的监管责任和各地的属地管理责任。各相关部门和各属地要清醒地认识安全生产工作的严峻性和复杂性，坚定停产整顿态度，"严"字当头，以铁的心肠抓监管、以铁的手腕抓治理、以铁的纪律抓执行，深查深挖、真打真治，切实把隐患消灭在萌芽、把事故控制在未发，保障安全生产要求不折不扣执行实施到位。环保、安监、消防等职能部门要坚持严格监管和主动服务相结合，主动上门，标本兼治，迅速组织技术力量深入企业科学指导，做到一企一策、一企一方案、一企一责任人，全力帮助企业解决安全生产整改难题，提升企业安全生产水平。

第七节
"双基"（基层、基础）建设到位

着力强化安监机构建设，深入开展安全生产示范创建活动，并把创建工作延伸到基层，积极探索车间、班组安全监管执法。

（1）落实行政许可工作　严格执行安全生产保障经济措施，强化行政许可风险抵押金与安全费用提取制度的落实，逐步提高减少安全风险，对涉及行政许可的事项严格审批，从严监管。

（2）落实安全宣传工作　加大安全生产法律法规的学习宣传和贯彻力度，着力普及安全生产法律法规知识，提高全民安全生产法制观念，做到人人讲安全，事事保安全。要创新宣传手段，注重宣传时效，工作做到早部署，早安排。充分发挥新闻媒体宣传作用，强化舆论监督和社会监督。

一、安全生产"双基"建设的提出

安全生产"双基"建设，就是基层和基础建设。深化安全生产"双基"建设，就是以管理精细化、工序程序化、制度系统化、质量标准化为切入点，全面提高基层基础工作水平。安全工作必须从基层、从基础抓起，而且要扎扎实实地抓，坚持不懈地抓，一时一刻也不能放松地抓。因此，深化安全生产"双基"建设，绝不是简单的质量标准化建设，也不是单纯的安全管理，其目的就是通过加

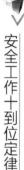

第五章　安全工作十到位定律

143

强基层和基础工作，构建安全管理的长效机制，努力提高本质安全水平；深化安全生产"双基"建设，实质就是通过总结推广先进经验，把安全生产"双基"建设的经验实质逐步拓展到生产经营管理的方方面面，从基层到机关，都应抓"双基"，全面提升管理层次，带动整体工作的发展，展现良好的企业形象；深化安全生产"双基"建设，核心就是以人为本，这也是科学发展观的本质要求。应该围绕如何提高职工队伍素质和如何调动职工的积极性、创造性，最大限度地挖掘潜能，一方面提高工艺装备水平，改善职工作业条件，另一方面规范人的行为，提高职工素质，使每个职工在岗位上尽职尽责，发挥最大效能，逐步向员工自主管理这个企业管理的最高层次迈进。

二、抓基层、打基础，深化安全生产"双基"建设

1.基层建设

基层建设就是要突出组织建设，按照机构要健全、职能要强化、人员要配齐、管理要到位、考核要严格的要求、配齐配全基层管理机构和职数，建立精干、高效、专业化的基层管理队伍，形成安全网络化、梯次化管理格局。在安全管理上，坚持"谁主管谁负责、谁审批谁负责"的原则，在纵向延伸上，从董事长、总经理到各车间、班组以及每一名员工，都要层层完善各级、职能部门和岗位安全生产责任制；在横向拓展上，从煤炭、非煤、交通、消防化工、建筑到医疗卫生，都要签订分口和部门安全目标管理责任书，形成横到边、纵到底的安全责任体系；在安全检查上，形成分管领导、安监部门、信息办、专业小分队到群众检查队伍的监督检查网络；在安全技术管理上，完善总工程师、副总工程师、安全生产科室、车间技术员到技术职工的技术管理体系；在安全教育上，建立安全教育领导机构、职工教育培训机构、女工协管、群监员、青岗员、薄弱人物帮教小组等组成的宣传教育培训网络。四个网络各负其责，各司其职，实行层次化、规范化、效能化管理。

基层建设的重点是：① 企业班子建设。建立健全以厂长为主的安全管理指挥中心，定期由厂长主持召开安全办公会，研究部署安全生产工作。② 技术队伍建设。各企业必须建立健全和落实好以总工程师为首的各级技术责任制，特别是通过多种形式，创造良好环境，努力提高技术队伍的业务素质。③ 车间班组建设。按照"三员"（主任、支部书记、技术员）值班、副职生产现场盯班的要求，配齐配强车间管理人员，落实车间干部的安全责任。对于班组，建立以安全管理为首要任务，由"生产型"逐步向"安全型"转变。④ 职工队伍建设。开展职工"自律"活动，提高职工安全意识和自我保护、相互保安的能力。⑤ 安监队伍建设。把想安全、懂安全、真正会抓安全的人员充实到安监队伍中，并

实行动态考核，末位淘汰。⑥ 安全宣传教育机构建设。着重在提高全员整体素质和学法、知法、守法的自觉性上下功夫，使安全法律法规落到实处。⑦ 安全培训机构建设。建立二、三、四级梯次安全培训机构，并按照"实际、实用、实效"的原则，创新培训模式，提高培训质量。⑧ 职工安全队伍建设。充分发挥工会、共青团等组织在安全生产中的作用，进一步提高群监员、青岗员、女工协管员、离退休干部安全协会成员的地位，培养既任劳任怨，又精通业务、大胆负责的群众安全队伍。

2.基础建设

重点是抓全员安全意识和安全素质的提高、抓安全生产的基本条件、抓建章立制、抓安全投入、抓责任制落实。

基础建设的重点是：① 强化教育培训。以《安全生产法》《职业病防治法》《消防法》等的颁布实施为契机，积极开展安全文化建设，进一步体现、尊重、提升生命价值，强化以人为本、预防为主的安全文化理念，坚持环境育人，建立"五个一"的安全教育工程。② 完善落实各项制度。建立健全安全生产目标管理、各级负责人责任制度、各工种安全生产岗位责任制、安全生产、检查制度、安全奖惩制度、安全隐患排查治理制度、事故汇报分析处理制度、安全技术管理制度、安全培训制度、安全设施竣工验收制度等十几项安全生产责任制度。围绕建立以人为本的安全教育管理机制，全面推行以事故案例教育、"一、三、五"安全教育、"三违"帮教、党员安全责任区、青年安全监督岗等为主要内容的安全教育"五项制度"。③ 认真开展安全标准化建设。以创建精品工程为载体，以点带面，稳步实施，并不间断地抓巩固、抓深化、抓提高，全面推进安全标准化工作上台阶。④ 加大安全投入。坚持"什么样的钱都可以省，有关安全投入的资金一分也不能省；什么样的成本都可以降，有关提高安全保障能力的钱一分也不能降"的原则，各项必需的安全费用足额提取。大力实施"科技兴安"战略，积极引进新技术、新工艺、新装备，努力提高工艺机械化、自动化、信息化、智能化和安全保障水平。⑤ 完善各项经济分配制度。⑥ 严格基础管理。始终把防火防爆防中毒防泄漏摆在安全管理重中之重的位置，强化措施，强化监控，杜绝各类重大事故的发生。

3.深化安全生产"双基"建设需要把握的要点

（1）深化安全生产"双基"建设，必须把握好提高境界这个前提　思想境界的提升没有止境。深化安全生产"双基"建设的过程，本身就是一个境界不断提升的过程。在工作中，要把提升境界作为深化安全生产"双基"建设的第一着眼点，勇于超越自我。在目标定位上，放大视野半径，跳出本单位看本单位，对照先进找不足，敢于与行业先进对标。在工作标准上，按照"没有最好、只有更

145

好""干就干最好、争就争一流"的要求，导入精细化管理模式，力求精心、精工、精品。在工作推进上，总体规划、分步实施、典型带动、系统推进，实现点面结合，全面提升。

（2）深化安全生产"双基"建设，必须把握好提高职工素质这个根本 深化安全生产"双基"建设，根本目的在于提高职工的素质，培养本质安全职工。不论是实施科技兴安、推行严细管理还是改变现场作业条件，最终的落脚点还是为了职工。在深化"双基"的过程中，牢牢把握以人为本的思想，坚持人的生命高于一切、重于一切，着力从提高职工素质、规范人的行为入手，努力打造过硬队伍。在实际工作中，注重搭建平台、拓宽渠道、营造环境，不断提高员工的整体素质和安全意识，努力培育"平安"职工；注重完善机制，丰富载体，广泛开展多种形式的群众性创新活动，引导和发挥职工的能动性和创造性。只要坚持以人为本，持之以恒地提高职工队伍素质，就一定能够实现企业的长治久安，促进企业既快又好地发展。

（3）深化安全生产"双基"建设，必须把握好科技兴安这个关键 依靠科技进步是企业走上新型工业化道路的必然选择。实施"科技兴安"是提高企业本质安全水平的重要保障，通过大力实施"科技兴安"战略，科技对企业发展的贡献率不断提高。

（4）深化安全生产"双基"建设，必须把握好精细化管理这个重点细节体现水平，细节决定成败。注重细节管理，既是一种标准，又是一种境界，更体现了一种作风。按照标准规范的要求，导入精细化管理模式，高标准、严要求，做到了人人、时时、事事、处处有标准，力求精益求精。精细化管理是提升企业现代管理水平和企业形象的重要内容，必须抓实抓好，强力推进。

（5）深化安全生产"双基"建设，必须注重结合，整体推进

① 阶段落实和持之以恒相结合 安全生产"双基"建设不是一个阶段性、突击性的工作，要坚持重在建设，长抓不懈，一步一个脚印，一环紧扣一环，确保每个阶段都有新成效、新亮点，避免搞短期行为。

② 提高职工的安全素质和改变物的不安全状态相结合 要深刻把握安全生产"双基"建设的内涵是以人为本，不仅要注重严细实的管理，提高物的安全等级，更要注重培育人的安全文化理念，抓好职工的安全素质教育，全面提高职工队伍的整体安全素质，特别是在深化安全生产"双基"建设的过程中，不论是打造亮点还是建设形象工程，都要注重适度、实际、实用，不能跑偏。

③ 精品工程创建与全面整治相结合 在创建精品工程、营造良好环境的同时，更要注重以点带面，全面发展，促进方方面面的工作创精品、上台阶，不能顾此失彼。

④ 安全管理创新和狠抓落实相结合 在推广先进单位经验、创新管理方式

方法的同时，注重紧密结合自身实际，创造性地抓落实，做到学习有内容、工作有效果，防止理论和实际的脱节。

⑤ 科技兴安和安全文化建设相结合　深化安全生产"双基"建设，安全文化是灵魂，科技兴安是保障。要注重两手抓，用文化力培养本质安全员工，用科技进步提高本质安全保障水平，实现软硬结合、刚柔并济，进而打造本质安全型企业。

因此，通过深化安全生产"双基"建设，将进一步提高各级管理人员的思想境界和管理水平以及企业的技术水平，真正实现重心下移、关口前移，促进企业长治久安，逐步构建起安全管理的长效机制。

第八节　安全监督管理到位

在企业的安全工作中，强化对生产现场的日常监察和动态监察，做到监察"无盲区、无盲点、无空档、无缝隙"。立足于安全生产管理的实际，在完善安全管理制度、创新安全管理方法、探索安全管理新机制等方面进行认真研究，充分发挥安全监察对安全生产的管理、考核、提升、推动作用。安监人员在对隐患排查治理进行监察时要做到以下几点：

① 要树立预防为主的思想，毫不懈怠地搞好经常性的监察，及时发现事故隐患和管理中的薄弱环节，并发出警示，限期改正。在实施处罚时，要区分不同情况，不要一罚了之。对限期不改、屡教不改的要从严惩处。

② 将国家安全生产方针政策、安全生产法律法规及企业安全规程等的贯彻落实，作为重点监察内容。

③ 要将事故的防范措施、应急计划、安全设施的设计施工等作为监察重点。

在安全监督管理工作中，始终坚持"三严三实"，因为"三严三实"是共产党人最基本的政治品格和做人准则，也是党员干部的修身之本、为政之道、成事之要。党员干部是党组织的一员，为人处世总要有把标尺，以此衡量自己、约束自己、检验自己。"三严三实"就是一把标尺，按照这个标尺去做，就能在纷繁复杂的环境中，保持政治定力，守住法纪底线，不断实现自我净化、自我完善、自我革新、自我提高，使自己的思想、工作、作风更好地符合党的要求、符合人

第五章　安全工作十到位定律

民期待。作为安监人员要把"三严三实"的要求融入安全生产，嵌入心灵深处，落实在工作之中，重要的是要体现在责任上，用安全生产的新成效来检验"三严三实"的学习成果。

责任是"三严三实"的应有之意，是抓好安全生产工作的不竭动力。每一位安全生产监管者都是安全责任的思考者、担当者、践行者、守护者、见证者。从责任做起，安全生产就会有源头活水。坚守安全生产"红线"，实现年度安全生产工作目标，肇始于"责任"，落脚于"责任"。因为只有认识到肩负的重担，把安全责任内化于心，信心才能更加坚定；只有把责任外践于行，落到实处，安全生产工作才能卓有成效。

一、安全责任意识

托尔斯泰说："一个人若是没有热情，他将一事无成，而热情的基点正是责任心。"对于安全生产，一个人有没有责任意识，首先看他有没有对安全生产的热忱。如果有些企业在执法部门来检查时，"临时抱佛脚"或装装样子走过场，那再多的荣誉，也掩盖不了企业安全责任不到位的实质。相反，如果一个企业、一个人拥有对安全生产的一腔热忱，将保护人民群众生命财产安全当作毕生事业，甚至隐患不除就食不甘味、寝不安席，对安全责任的全部理解，那就是顺理成章的事。

在一个企业中，为制止职工的违章行为而制订许多管理制度，设定专职或兼职安全员查究违章行为，但是违章行为依然得不到遏制，究其原因，就是职工的安全意识淡薄。我们经常听到某某又倒霉了，因登高作业未正确使用安全带被安检人员抓到了，被罚款200元，说安检人员没事找事，某某因违章导致受伤，说是运气不好。大多数人谈论的是安检人员的认真执法，违章者的运气，很少有人指责违章者的行为，这给违章者的行为提供了生长的土壤。

人的意识决定着人的行为，行为决定着结果。一个企业建立健全了各种安全生产规章制度，派驻各级安全管理人员到生产施工现场进行监督检查，往往是约束了人的行为，却约束不了人的意识，各种侥幸的心理、违章作业的意识依然存在。只要一有空间，各种违章行为就会发生。只有所有人员都有了不违章作业的安全意识，生产作业现场不论是否有安监人员，都能遵章作业，违章行为就一定会杜绝。

人是一种有思想、有思维的高级动物，人的行为可能被各种法律、制度所约束，但是人的思想、思维不能被约束。只要人的侥幸、违章意识没有被消除，各种违章行为也就不会绝迹。只有提高作业人员的安全意识，每个人都能不违章作业，各种违章行为就会绝迹。人只有有了安全意识，才会有安全行为；有了安全行为，才能保证安全。对企业来说，最根本的就是应当抓好提高安全意识这一环节，增强员工的安全意识，让每一名员工真正把"安全为天"的思想牢记在心，把"安全第一、以人为本"的安全理念作为一切工作的出发点和落脚点，真正意识到"安全就是政治、安全就是民生"，让每一名员工从执行制度开始，接受安全的教育培训，形成行为规范，逐步从感性上升到理性，再由理性上升到通过意识的能动性来指导作业安全工作，做到在现场作业中及时预见隐患，消除隐患，达到安全生产的目的。

安全意识是人脑对生活、生产等活动中安全观念的反映，是对客观现实的反映，意识的存在会对事物发展进程起到巨大的促进或阻碍作用。只要人人都具有了安全生产意识，能自觉地执行各自的安全生产责任，"安全生产、人人有责"就不会成为一句空话或口号，企业的各种安全生产责任制度就会不折不扣地落实在生产中，各种违章行为就会绝迹，生产作业中的各种安全隐患就会消失，各种生产作业事故就不会发生。

综上所述，培养职工的安全生产意识，是安全生产管理工作中的难点，也是安全生产管理工作中的重点。

二、安全责任能力

责任能力是实现安全生产工作目标的基本途径。正如一位伟人所说，责任能力犹如"鸟之两翼、车之双轮"。所谓"力之所及、神之所聚"，不断提高做好安全生产工作的素质，加强法律法规及专业知识学习，增强执法监察和服务企业的本领，修内力、强外功，抓好安全生产具备的客观条件。没有责任能力，再强烈的责任意识也归零。

1.安全生产责任制的内涵

安全生产责任制是各级政府及其有关部门、各生产经营单位及其内部岗位在工作过程中对安全生产层层负责的制度，它是整个安全生产工作的基本制度，也是安全生产工作制度的核心与灵魂。其内涵可从以下三个方面加以理解。

（1）安全生产责任制是确保安全生产工作真正落实的一项基本制度　安全生产责任制最重要的作用在于它能以制度的力量来保证安全生产各项工作的落实，这从两个层面可以看出。① 从制度的层面看，在安全生产工作的制度体系中，安全生产责任制并不是一种具体的工作制度，它所发挥的作用也不是单一和具体的，而是一项基本的制度，处于整个安全生产制度体系中的核心地位，它是其他各种具体制度的"母制度"和"总制度"，决定并影响着具体制度的内容、形式、地位及其效果，各项具体制度都必须围绕安全生产责任制所规定的总体目标与总体要求来设计，并为安全生产责任制的落实创造条件、提供保障。② 从工作的层面看，安全生产工作内容复杂纷繁，在没有任何压力与责任的情况下，很难保

安全工作十到位定律

第五章

证从事安全生产有关各项具体的工作部门、单位甚至个人会自动将工作做到位，而安全生产责任制则从总体上明确各级各部门各单位甚至个人在安全生产上必须履行的职责与必须承担的责任，从而为安全生产工作的落实提供了最为基本和最为有效的"规矩"。

（2）安全生产责任制是确保安全生产工作有效到位的一种运行机制　从安全生产工作运行各环节及相互关联情况看，责任到位，工作才能有效到位，也就是说，安全生产工作的组织实施与落实到位是围绕着责任制这一核心来展开的，并由责任的设定、分解、传导、检查与落实形成了一个有机的整体。① 责任的设定，就是根据相关主体在安全生产工作过程中所处的地位、权限，分别确定他们各自必须承担的责任。这是因为，从理论上来说，安全是安全生产工作相关各要素保持和谐匹配的一种状态，而实现和维持这一状态的过程则极为复杂并有大量的参与者、相关者，他们其中一个极为细微的不安全行为都可能破坏这种状态并导致事故的发生。因此，必须对安全生产工作相关参与者所处岗位的安全生产责任进行明确，以约束他们的行为，确保其行为的规范。② 责任的分解。从一个地区、部门或单位来看，安全生产责任表现为一种整体的责任，即维持安全生产形势的稳定是一个地方、部门或单位主要负责人的法定职责，但主要责任人的职责显然不仅仅局限于维持安全生产形势的稳定。因此，无论是一级政府或政府的一个部门，还是一个生产经营单位或生产经营单位的一个部门，都必须将自己承担的安全生产整体责任一层一层、一个方面一个方面地进行分解，使安全生产工作的各相关参与主体都承担相应、明确、具体的责任。③ 责任的传导。安全生产的责任传导表现为安全生产的各项部署、决策及措施能在各级及各有关部门得到认同、得到重视、得到贯彻、得到落实，各相关的主体应确实将抓好安全生产工作当作关系自己切身利益的工作加以落实，安全生产的各项部署、决策及措施能产生应有的效应。④ 责任的检查。检查是确保责任制落实的一个重要环节和重要手段，没有进行必要检查的责任制是形式主义的责任制，是毫无约束力的责任制，在责任制的落实过程中，通过必要的检查，可以及时发现责任制在落实过程中存在的问题，并及时采取有力的措施加以解决，督促有关主体依照责任制的内容要求履行自己必须履行的职责，做好自己该做好的工作。

（3）安全生产责任制是确保安全生产工作正常运行的一个保证体系　目前，有关方面对于安全生产责任制的认识与理解还存在简单化、形式化的问题，不少地方、部门和企业将建立安全生产责任制仅仅理解为政府与政府的有关部门、政府与企业或政府与企业内部上下级之间所签订的安全生产责任书或责任状，以为签订了责任书或责任状就是建立了安全生产责任制，结果是将建立责任制变为签订责任书或下达责任状的一个仪式或一场会议中的一项议程，这种以责任书或责任状代替责任制的做法完全违背或偏离了责任制的基本原则，是安全生产责任制难以真正落实到位甚至流于形式的一个深层原因之一。系统论的观点认为，一个完整的系统通常要包括三个特征：① 一个系统通常要包含两个以上的要素（或子系统）；② 要素或子系统之间必须要有一定的相互联系；③ 要素或子系统之间的相互联系供求关系应产生特定或相应的功能。同样，安全生产责任制也是一个相对完整的系统，从其内部各有关要素及其相互关系看，它应有两个层面：① 由责任内容、责任目标、责任形式、责任要求、监督检查、保障措施方面所构成的责任运行与责任保障体系；② 以层层负责为主要内容的责任落实保障体系，即以下一级比上一级更具体、下一级的落实来保证上一级落实、上一级对下一级的责任制落实情况进行监督检查，由此形成一个"横向到边、纵向到底"的责任保证体系。

2.安全生产责任制的主要特征

（1）主体的明确性　安全生产责任制的主体是明确的，主要包括三个，即政府、政府的监管部门及生产经营单位，而这三个大的主体又包含若干个相关、具体的主体。

① 政府　政府是安全生产工作的领导责任主体，主要是指国务院和地方各级人民政府包括乡镇人民政府（或相当于各乡镇人民政府一级的街道办事处）在安全生产上的总体责任。《安全生产法》第十一条规定，国务院和地方各级人民政府应当加强对安全生产工作的领导，也就是要求各级政府必须依法履行自己在安全生产工作上所应履行的职责，对所辖行政区域的安全生产工作负责。在实际工作中，不少地方也将行政村、居委会等自治组织作为一个领导责任主体，实现了安全生产领导工作及有关职能向基层的延伸，形成了一个较为健全的安全生产工作网络，这符合安全生产工作规律及特点的要求。

② 部门　是指政府的有关部门或机构，这是安全生产工作的监管责任主体，依照《安全生产法》第九条规定，各级政府各个负有安全生产监管职责的部门或机构在各自的职责范围内对有关的安全生产工作实施监督管理，主要是在自己监管的职责范围内，代表政府对安全生产工作进行研究部署、组织实施、检查督促和抓好落实，履行和落实自己应负的责任。

③ 生产经营单位。生产经营单位是安全生产最主要、最直接、最基本的责任主体，而在生产经营单位中主要负责人、相关负责人、各部门以及从业人员等实际上又是一个个具体的主体，生产经营单位必须严格依照《安全生产法》等有关法律法规规定，认真落实安全生产保障措施，加强内部管理、改善工作基础，切实搞好安全生产各项工作，并对自身的安全生产工作负有最主要、最直接和最基本的责任。

（2）内容的强制性　内容的强制性就在于将政府、相关部门、生产经营单位等不同层次责任主体在安全生产工作中的责任范围、责任内容、责任要求具体化、明确化，并以一定的形式加以确认，这种责任一旦确认后，对于有关的主体来说具有一定的强制性。通常，安全生产责任制内容的强制性主要来自三个方面：① 法律法规及有关规章对于相关安全生产主体责任的强制性规定，对于有关主体来说，是必须加以全面履行的法定义务，是强制性的，而不是选择性的，不履行法定的义务、不落实法律法规章所要求的工作必须负相应的责任。② 来源于与安全生产工作有关的相关岗位的限定或规定，也就是工作岗位的权利与责任具有对称性，有权必有责、权责必相称，不管是政府、部门还是企业，也不管是领导或是从业人员，都必须对自己所从事的工作岗位负相应的安全生产责任。这是因为安全并不是一项可以分离的独立工作，它融合、依存于整个社会、生产经营单位及个人所从事的社会经济、生产经营及个人的具体作业过程之中，只有当所有的主体都严格按照安全生产法律法规章的要求做好自己该做的，安全才有保证。③ 来源于某项工作或某项活动的收益与风险所存在的正相关关系，也就是要获得一定的收益，必须承担相应的风险，承担风险的形式既表现为各种主体必须承担的各种责任，也表现为为控制这种风险所必须采取的措施、所必须开展的工作和所必须承担的代价，这在生产经营单位表现得尤为明显。

（3）运行的规范性　安全生产责任制的运行是一个完整、严谨的过程，这一过程具有较为明显的规范性：① 运行环节的规范性。安全生产责任制运行的环节主要包括责任的设定、分解、传导、检查与落实，也就是说安全生产中各种主体通常能依法依规或工作要求，逐项推进、逐项落实。② 责任内容的规范性。即将安全生产责任制的内容具体化，明确目标、工作重点、工作要求及相应的保障措施等，并以一定的形式、格式加以确定。③ 责任考评规范性。对于安全生产责任制的贯彻落实情况可以进行规范的考评，通过建立责任制落实情况考评制度，研究制订全面、科学、合理的考评指标体系及考评标准，对各级各部门及有关单位落实安全生产责制的情况进行客观、公正的评价。

（4）结果的约束性　安全生产责任落实结果对于相关主体来说具有约束性、具有较强的压力，在一定的程度上影响他们的政绩、业绩的考核与评价。安全生产责任制的约束性主要通过两个方面来体现：① 通过一定的方式、渠道对各级各有关部门、有关单位落实安全生产责任制的情况、存在问题进行通报或公布，让政府、社会的有关方面对相关主体落实责任的情况进行评议、监督。② 落实安全生产责任制的奖罚，即通过制订安全生产责任制落实情况奖罚规定，明确各层次责任主体可能得到的奖励类型、奖励档次、奖励形式或可能承担的责任类型、责任档次、责任形式，对责任制落实好的政府、部门、单位给予相关的奖励，对责任制不落实或落实不到位，或由此而造成生产安全责任事故的有关政府、部门、生产经营单位及有关人员要进行相关的责任追究。

三、安全责任实践

实践是一种责任行为，是安全生产责任意识和能力的合力，是检验安全责任意识和安全责任能力的核心所在。所有的热忱和决心、能力和努力，在一定阶段都要接受实践的检阅，否则终将沦为"纸上谈兵"。

1."制"的含义

"安全生产责任制"中的"制"可以有两种含义。一种较为狭义的解释是，"制"就是制度；而另一种较为广义的解释是，"制"就是机制。制度往往体现为某些文字上的规定或程序，或某种不成文的，但被组织普遍接受的某种实践或工作过程。机制则不仅仅包括制度的所有内容，更重要的是包含了确保制度得以有效落实，以及确保制度本身先进性的所有因素。作者认为安全生产责任制主要包括下列内容：

① 政策与程序——责任制的结构；
② 培训与授权——责任制的基础；
③ 指标与评审——责任制有效性的度量与改进；
④ 安全与文化——责任制的保证。

2.责任制的结构

政策与程序构成了责任制的结构，这是因为政策和程序以书面的方式界定了组织内部各级人员的基本任务，即所谓"谁负责什么？""谁对谁负责？"以及"通过什么样的工作过程来负责"。显然，这一结构的有效性取决于组织内部的分工和工作组织过程的设计。这一分工与过程设计的方法从总体上说，是采用了所谓的"功能-组织"矩阵法和过程控制法。"功能-组织"矩阵的作用是识别与某一功能相关的关键组织，并以该组织为所谓的"龙头"，建立相关功能的责任制。

3.责任制的基础

安全责任的落实等于每一个员工平时工作中的具体行动，而行动的正确与否是靠员工的知识和技能所支撑的。因此，培养和确认员工能力的培训和授权管理即成为安全责任制的基础。

培训和授权管理是需要大量投入的，而资源的保障往往取决于决策层对培训和授权重要性的认识程度。

在培训和授权的体系方面，目前，企业已经形成了一个较为成熟的培训和授权体系。这一方法的基本思路是：岗位分析→知识→技能→态度分析→培训大纲→培训组织→考核与授权→复训与提高→授权更新。

4.责任制的度量与改进

作为一种机制，安全生产责任制始终是一个"活"的客观存在，即这一机制

安全工作十到位定律

第五章

始终通过某种"状态"展现出其有效性或"活力"，如同我们衡量任何一个有机体一样（例如人的健康状态）。衡量安全生产责任制的有效性是需要一整套性能指标和定期检查与评估的。如果没有这样一种衡量，我们就很容易错误地估计形势，甚至偏离轨道。

以绩效为基础的性能指标体系是一个重要特点，是体现"见树又见林"的整体概念，即这些指标不再是单一的、片面的、非连续性的，而是综合的、全面的、持续性的。有了业绩指标体系，安全责任制有效性及日常连续性的度量和发展趋势的预测就成为可能。为此，这一指标体系也就成为日常安全生产管理的重要工具之一。

四、安全责任制度

发生事故后，我们要举一反三，"一厂出事故、万厂受教育"，怎样才能做到？从安全生产"承诺制"到安全生产"党政同责、一岗双责"责任体系建设，由安全生产"三级五覆盖"延伸至"五级五覆盖"，这一系列安全工作部署，都是安全责任制度的体现。责任制度是安全生产的重要保障，也是实现本质化安全的必由之路。随着时代发展，加强制度建设已成为安全生产的一项重要课题。

制度意味着规则，一切行为守规则，上下左右才顺畅；制度意味着秩序，只有按程序办事，各项工作才能相互衔接、善始善终；制度意味着职责，只有依章办事，才能很好地履行自己的安全责任；制度意味着利益冲突的平衡，它规定了各方的权利与义务，致使利益冲突各方达到了相对的平衡。

建立健全安全生产责任制度在安全生产工作中占有相当重要的地位。实践证明，凡是建立健全安全生产责任制的企业，各级领导重视安全生产工作，切实贯彻执行党的安全生产方针、政策和国家的劳动保护法规，在认真负责地组织生产的同时，积极采取措施、改善劳动条件，工伤事故和职业病就会减少。反之，就会职责不清，互相推诿，而使安全生产工作无人负责、无法进行，工伤事故和职业病就会不断发生。因此，在建立健全管理制度的同时，也要将安全生产责任制度严格地建立起来，并认真负责地贯彻执行。

建立健全和贯彻执行安全生产责任制，必须首先提高各级领导干部对安全生产的认识，增强他们贯彻执行安全生产责任制的自觉性；必须认真总结安全生产工作的经验教训，按照不同人员、工作岗位和生产活动情况，明确规定其具体的职责范围。在执行过程中要随着生产的发展和科学技术水平的提高，不断地修改和完善安全生产责任制；企业各级领导和职能部门必须经常和定期检查安全生产责任制的贯彻执行情况，发现问题、及时解决，对执行好的单位和个人，应当给予表扬，对不负责任或由于失误而造成工伤事故的，应予以批评和处分；在安全生产责任制的制订和贯彻执行过程中，要放手发动职工群众参加讨论，广泛听取职工群众意见，在制度审查批准后，要使全体职工都知道，以便监督检查。

第九节 安全工作服务到位

安全工作服务就是积极为服务对象提供完善、优质的服务，结合实际情况，因地制宜地采取有效措施，帮助建立健全安全生产管理体系，见图5-1。

图5-1　安全工作服务体系排列

同时要求安监人员规范用语、文明执法，严格贯彻落实办案办事程序，热情服务，做到各项工作不拖办、不漏办、不误办。

目前，一些企业安全意识薄弱、安全素质低下、安全管理能力严重不足，这带来了很大的安全隐患。通过积极培育发展安全生产社会化服务产业，可有效落实企业安全生产主体责任，弥补企业安全生产管理和政府监督管理的力量不足，提高安全生产治理能力。

安全生产是关系到企业生存与发展的头等大事，但是由于某些企业多年来依赖思想比较严重，这种情况在安全管理工作中有明显的表现，如何强化这方面的工作，使安全工作成为服务企业强有力的保证，作者有如下几点认识。

一、认识到位，牢固树立"安全第一"的观念

在很多人眼里，安全生产是一线职工的事情，与服务似乎无太大关系，但是随着经济体制的改革和市场竞争的激烈以及发生的一件件惨痛事故的教训，使企业领导和职工普遍认识到安全服务到位是经济工作的基础，必须明确安全与经济效益之间的关系。"安全责任重于泰山"不是哪个人凭空想象出来的，更不是一句空洞无实的口号，它是通过不断的实践和经验教训总结出来的。目前，有些企业领导和职工的思想中还存在着"要我安全"这种旧的安全理念，把各种安全活动理解成企业的强制行为，认为安全服务工作主要是服务于主业、服务于职工，与安全无太大关系，正是这种思想认识的偏差、安全观念的淡薄，才使各种不安全因素处在萌芽状态，最终导致事故的发生。因此，要从思想上实现"要我安全"到"我要安全"的转变，从思想深处认识到"安全工作"是各种经济活动和服务工作的堡垒，来不得半点松懈和马虎，更不能摆架势、走过场，虚张声势，要做到上下一心、团结一致，千万不能搞上有政策、下有对策，学习执行两回事的做法，更不能认为各种安全活动只是为了应付检查，要在思想深处认识到安全工作无小事，抓安全就是促发展、抓安全就是保稳定，要自觉树立如临深渊、如履薄冰的忧患意识，做到"警钟长鸣"。切实从思想深处认识到"安全责任重于泰山"这句话的深刻含义和分量。

二、培训到位，夯实安全服务工作的基础

"我要安全"是认识上的转变，但这一转变依然是不够的，还必须由"我要安全"转变到"我会安全"，才能从事故的源头上遏制不安全因素的作用，减少和避免事故的发生。企业职工普遍存在技术素质较低、安全防护意识弱等显而易见的现象，因此"我会安全"的根本就是"为我而学"。在日常的培训工作中，要让职工逐步认识到学习安全生产技能既是企业的需要，更是自我的需要，要把强制性与自觉性学习有机地结合起来，从个体到团队形成一个良好的学习安全技能的习惯。其实安全培训学习就是为了更好地服务安全生产。另外在加强专业技术培训的同时，决不放松对安规、技规等的学习，在制订培训计划时，要针对每个班组和每个员工的实际，充分利用各种学习活动，以蚂蚁啃骨头的精神，形成有效的教育培训链，形成有效的多样化的学习方式，避免纸上谈兵，要分层次、分类别、联系实际地加强后勤各级人员的安全培训工作。通过培训，强化安全服

务人员的安全教育工作，提高安全服务人员的安全意识，教会他们如何才能安全工作，提高做好安全工作的本领。

三、制度到位，严格管理有章必循

制度到位就是在工作中既要建章立制，做到有法可依，又要严格按照规章制度办事，做到有法必依。安全生产的各项规章制度是多少年来、多少职工用鲜血和生命换来的，是经验、教训和智慧凝结成的，是我们保证安全生产的法宝。目前，在实践中实施的监督制约、教育激励、安全风险这三项安全管理机制都非常适合后勤部门，但安全服务部门也要结合本部门的实际，建立起安全生产的层层考核监督网络，制订一些适宜的能促进安全生产的考核办法，从管理机制上让大家认识到安全生产与每个人的切身利益是紧密相连的。各基层班组也要结合各自的实际工作内容，制订和完善一些适合本班组的安全规定，并通过切实有效的管理方法使这些制度和规定得以实施。制度、规定既然建立了，在实施中就要把工作抓严、抓细、抓实，严格按章办事、有章必循，凡事从点滴做起，从细微之处做起、防微杜渐，形成一个人人讲安全、人人抓安全的可喜局面。

四、责任到位，加强基层班组的安全服务

安全服务行业也有车间和班组，班组是实现安全生产的基础。作为班组长和安全员又是班组安全生产的核心，要以身作则、身体力行，真正发挥核心的作用，尽到核心的职责，对安全生产活动要扎实、认真对待，反之，如果只搞形式，最终吃亏和受害的将是我们的职工。因此，服务行业的班组长和安全员一定要认真履行职责，做好安全工作的指挥官、排头兵，同时带动班员增强安全意识和主人翁责任感。同时要认识到，作为班组的每一个成员都是安全生产的一个个小分子，不管在任何情况下，如果任何一个分子发生裂变，就足以影响整个班组、部门乃至全行业，甚至酿成不可挽回的灾难。足见安全工作没有职务高低之分，没有主辅之分，因此每个人都要绷紧安全这根弦，决不放松对自己的要求，真正做到人人监督、各负其责，在班组中营造"违章可耻、守纪光荣""安全生产是为了更好地服务"的良好氛围，一切从实际出发，把安全工作渗透到每个角落，让违章远离我们，让我们共同筑起一道安全的防线。

无论是主业还是服务业，安全生产是一个永无终极的话题，让我们通过不断的努力和学习，实现"我要安全"到"我会安全的转变"，用我们的事业心、责任心来确保安全生产，确保服务工作的顺利开展，为职工谋取最大效益。

第五章 安全工作十到位定律

第十节

安全工作问责落实到位

安全生产事关人民群众生命财产安全，党中央、国务院对安全生产和安全事故调查处理工作高度重视。参与生产安全事故调查处理是职责所在，要从政治和全局的高度充分认识做好这项工作的重要性，思想上更加重视、组织上更加科学、工作上更加规范，确保事故调查处理工作的质量和效果。

安全生产人命关天，要坚持"一票否决制"的落实。按照"谁的领域谁负责，谁签字谁负责"的原则，对干预、插手安全生产行政许可、审批或者安全生产行政执法或者发生事故后瞒报、漏报、拖延不报的，严格按照国家监察部、国家安全生产总局《安全生产领域违法违纪行为政纪处分暂行规定》处理。

对因失职渎职，而发生重大伤亡责任事故的单位，无论是哪个企业、部门和单位，严格依照《国务院关于特大安全事故行政责任追究的规定》，按事故查处"四不放过"原则，依法从重从快查处，该是哪一级负责任的，就要追究哪一级领导的责任，事故责任追究流程见图5-2。

参与生产安全事故调查处理，要认真贯彻"转职能、明责任、厘职责、严程序"的要求，明确职

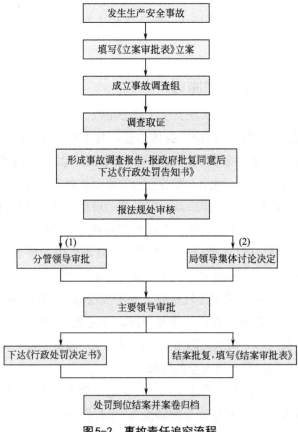

图5-2　事故责任追究流程

责定位、把握介入时机、突出执纪问责，严肃查处失职渎职行为和事故背后的腐败问题。根据每一起事故的实际情况贯彻落实，并在实践中补充完善相关规定。

一、转职能

从事故调查转为责任调查。专门成立责任追究组，在事故调查组前期查明事故发生原因（直接原因和间接原因）、认定事故性质、提出责任追究意见的基础上，重点对责任人员实施责任调查。严格按照纪检监察机关职能定位和党纪政纪处分、问责处理要求，独立开展完善证据和补充调查工作，形成调查报告，提出处理建议。

二、明责任

从配合调查转为执纪问责。结合当地实际，做好生产安全事故调查处理工作的相关要求进行补充和衔接。同时，直接参与所联系地区和部门发生的安全事故调查处理，以及案件审理室负责对责任追究定性量纪审核把关，提高问责的质量和实效。

三、厘职责

从全程参与转为重点突出。进一步厘清工作职责、突出工作重点，明确组织开展对事故涉及的党员、监察对象违法违纪行为的调查和责任追究；对负有监管职责的有关职能部门实施"再督查"，看其是否履责到位；对事故调查工作进行"再监督"，保证事故调查处理工作严格按照有关规定和程序进行；查处事故背后涉及的腐败问题四项主要任务，增强生产安全事故调查处理工作的针对性和实效性。

四、严程序

从不够规范转为严谨有序。进一步细化工作流程，明确纪检监察机关参加生产安全责任事故调查处理，必须经过立案、组织调查、研究确定对责任人员处理建议、结案归档四个主要程序，以及确定调查人员、成立责任追究组等程序。并设计《生产安全事故调查处理工作流程图》《生产安全责任事故呈报表》和《生产安全责任事故结案表》，便于具体参与调查人员的操作。如图5-2所示。

安全生产是经济持续健康发展的基本前提，是促进经济转型升级的重要抓手。要坚持以人为本、安全发展的理念，始终绷紧安全生产这根弦，警钟长鸣，须臾不可松懈，在预防和治本上下更大功夫，坚决遏制重特大事故发生。① 迅速开展安全生产大检查，全面排查治理安全生产隐患，做到不留死角、不走过

场，对查出的问题实行"零容忍"，列出清单、限期整改，并公布检查结果，构建隐患排查治理的常态化机制。② 铁腕打击非法违法和违规违章生产行为，依法严惩违法犯罪，对事故多发地区开展专项督查。③ 切实抓好重点行业和领域的安全生产工作、开展安全治本攻坚、建立健全安全长效机制，做好消防、危险化学品等领域和人员密集场所的安全整治工作。落实汛期防范措施，严防因自然灾害引发安全事故。④ 强化安全生产责任体系建设。对企业责任不落实、政府监管不到位、失职渎职的，一律严格追究、严厉问责。抓住重大事故、典型案件，对责任人从严重处、决不手软。以有效的问责机制，提高政府执行力。⑤ 加强安全生产基础工作，创新监管方式、完善法规制度、加大科技投入、实行精细化管理。强化从业人员特别是高危行业从业人员的安全教育，提高全社会安全意识，夯实安全生产基础。

第六章

安全教育与管理十法

第一节

安全教育十法

抓安全工作不仅要有严厉的管理制度，还要注重和改进对职工的安全思想教育，从根源上消除事故隐患。在企业的安全管理实践中，职工安全思想存在的问题主要有以下几方面。

（1）心存侥幸轻视安全　现实生活中，大家都有体会，工作久了很容易出现懈怠思想，怕麻烦，图省事，这种心理往往会让隐患钻了空子。

（2）素质偏低不懂安全　目前我国企业职工素质虽然有很大提高，但大多数职工文化水平还是偏低，接受安全知识的能力不强。许多职工接受了培训后不能学以致用，对一些安全理念、安全知识一知半解的现象比比皆是。

（3）追逐利益不顾安全　虽然很多职工都知道"安全第一、预防为主、综合治理""不安全、不生产"这些道理，但是，当安全与生产出现相互抵触时，安全与工资收入发生矛盾时，一些职工还是会不顾安全抢生产。

（4）心理自卑漠视安全　现在企业工人虽然收入有所改善，但地位还是没有很大的提高。职工本身也认为搞好安全是领导的事，是少数先进模范的事，与自己没多大关系。

（5）两面三刀误解安全　一些职工脑海里的错误观念根深蒂固，他们总认为"偶尔违章"是不可避免的，只要不出事就可以，不被逮个正着就不算违章。

对于这些不同的安全思想问题，企业要勇于尝试多种教育方法。企业安全思想教育工作方法是多种多样的，既可单独应用，也可交叉使用，还可同时并用，这都必须根据被教育者的情况，具体分析、灵活应用。这里介绍十种比较行之有效的教育方法。

一、模范（榜样）示范法

人们生活在一个社会群体里，周围环境总是或多或少地对个体产生影响，在班组中树立安全典型，表彰先进模范，对形成良好的安全生产氛围，将起到积极的推动作用。安全模范能够以自己的感召力和行动带动职工一起争取实现安全生产。企业还可以将安全思想落后的职工与安全生产典型的职工结起对子来进行帮扶，实现先进带后进，共同进步。

1.模范（榜样）教育的特点

榜样教育是以优秀的品质内化为受教育者的品质，以求达到受教育者与榜样所体现出的一样高尚的精神境界。可以说，榜样教育在古往今来的教育史上都是十分有效的教育方法，它在不同的教育时期都发挥过不可替代的作用。那么榜样教育有什么样的特点，能够形而有效地提高受教育者的精神境界呢？

（1）示范性　榜样是因为拥有了高尚的道德情操和优秀的品质而被人们熟悉和了解，榜样这一特征就注定了榜样教育具有示范性的特点。每个人在成长的道路上都会遇到一定的困难和挫折。当这些困惑和迷茫出现的时候，人们总是希望有一种力量能支撑他们继续走下去，就如同在黑夜航行的船只总是期望那远处的灯光一样。榜样身上所体现的高尚品质，正如他们在大海上的一只灯塔，使他们有勇气和希望朝着预期的目标努力前进，榜样带来的是一剂精神上的良药，使受教育者不断地完善和超越自我。因为榜样是具有了优秀品质、正确价值观的一批人，榜样教育使人们通过榜样得到动力，引导人们健康积极地成长和生活。90后涉世不深，在面对现实生活各方面的压力和困惑时，他们试图在社会上找寻自己的人生位置时，可以出现一位志趣相投的人作为参照物，成为他们的精神支柱和效仿的对象，引导他们完成梦想，走出空虚迷茫，这应当是模范（榜样）教育所完成的使命。

（2）激励性　榜样教育的概念让我们了解到榜样教育就是通过榜样这一特殊的人格形象，对受教育者进行教育，把榜样自身内在的高尚品质通过一定的方式转化为受教育者内在的潜能，引导受教育者积极向上。受教育者在榜样人物的带领下，充满热情地克服各种各样的困难，不断地完善和超越自己，最终完成梦想并取得胜利，这就是榜样教育激励性的表现。榜样不仅是受教育者学习和模仿的参照物，而且也是其要达到和追求的目标。榜样教育具有激励性的特点，主要是因为受教育者的思想道德与榜样的高尚情操有着一定的差距。榜样所代表的是高尚的、优秀的思想道德品质，具有一定的真实性、丰富性和代表一个时代思想道德发展的先进性。在榜样教育中，能够使受教育者把这些高尚的品质与自身对比，受教育者没有具备的品质和榜样高尚的品质出现的差异，会很容易就激发起受教育者学习的动力。这种差异不仅可以使受教育者产生学习的动力，并能带给受教育者自我完善的想法，在这种不断地追逐和完善的过程中，受教育者不断地超越和改变着自己，最终达到自我本质的飞跃。

（3）生动性　人们一般的认知规律表明，相对于抽象的事物而言，人们总是比较容易接受和了解具体形象的事物，他们更容易打动人们并留下深刻的印象。榜样教育的第三个特征就是具有生动形象性。榜样教育可以通过社会现实生活中典型的事例，生动形象的人物形态，用直观的手法把抽象难懂的事物变成易于人们接受的具体形象的直观事物。再者榜样教育的形式也可以是多种多样的，榜样教育以人物的事迹展开说明，心理学上指出，人们对于具体的人和事是很容易理解和接受的，这也能引起人们交流的兴趣。

其实，榜样教育的过程就是一个人与人交流的过程，把它们换成教育的专业术语就是教育者和受教育者之间互动交流的过程。教育效果能否达到预期的目标，关键还是在于能否引起受教育者浓厚的兴趣。只要教育者能够很好地运用榜样教育的这一特征，在教育的过程中就会很容易引起受教育者的兴趣，达到良好的教育效果。

2.模范（榜样）教育的意义

榜样教育法是思想政治工作的传统方法。从历史经验看，榜样教育法是唤起人们巨大的革命热情、激励人们无私奉献、鼓舞人们斗志的最普及、最见效的方法之一。但是，在新的历史时期，在商品经济的冲击下，部分人产生了一些模糊认识，认为榜样教育法已经过时了，这是完全错误的。各企业在自己的生产实践中也树立了一大批安全生产的模范和榜样，我们必须加深对榜样教育法在新时期安全思想教育工作中的地位和作用的认识，以便在今后的安全工作中更好地应用榜样教育法。开展榜样教育法对于加强和改进安全思想教育工作具有十分重要的意义。

3.模范（榜样）教育对安全教育的作用

（1）从心理学角度讲，榜样教育符合企业职工的心理特征　从心理角度看，青年职工神经过程趋于平衡，他们精力充沛，易激动甚至于失眠。因第二信号系统发展到高峰期而引起的高级神经活动，使逻辑思维、抽象思维能力大大提高。他们情绪丰富但不稳定，有强烈的两极性。他们有强烈的求知欲，但鉴别能力不强，总把较新鲜或者符合自己观点的书籍视为真理。他们开始关心社会发展，有独立见解的意向，但由于阅历浅，对事物认识轻率、片面。他们在与他人交往时不愿敞开心扉，但内心又非常渴望交流。进入企业后，环境、生活、个人地位的变化等等引起很多心理矛盾，而青年职工的社会经验和认识水平又没有达到能够真正独立地、正确地调节自身行为的程度，这就出现了他们独立支配自己行为的强烈要求与行为结果相悖的情况，从而产生内心痛苦和不安。在多种社会价值取向面前，青年职工会对自己以往的价值观产生怀疑，从而导致迷茫和消沉。

因此，模范（榜样）教育是为了满足青年职工内心需要而应运而生的，它符合青年职工的年龄特征。青年职工可塑性大，模仿性比青少年更强，有了生动具体的形象作为榜样，便容易具体地领会道德标准和行为规范，容易受到感染，跟着学、跟着走，这样有助于他们养成良好的职业道德品质和安全行为习惯。

（2）模范（榜样）教育法对青年职工进行安全思想教育中应注意的问题

① 引导青年职工逐步实践，做到知行统一，创造向榜样学习的氛围 "德行"的实现是由行为，而不是由文字。""道德不是熟记几句格言，就可以了事，要重在实行。"陶行知说，"我们要在'事'上指导学生去修养他们的品格，事应该怎么做，学生就应该怎么去修养，先生就应该怎么去指导。"因此，在对大学生进行思想政治教育时，要坚持知行统一的原则。青年职工有时表现为道德认识还不坚定、道德情感也不稳定、自我控制能力还不强，容易出现"说到做不到"的言行脱节现象，更需要强化他们的行为训练。例如，我们在教育青年职工要孝敬父母时，必须"听其言而观其行"，在日常生活中真正做到孝敬父母，真正做到向榜样学习，在力所能及的情况下，把榜样孝敬父母的精神实质化为自己的行动。

青年职工通过学习，道德认识和道德评价能力有了一定的提高，但意志行为的自控能力需进一步提高，因此，要有意识地创设一些道德情境，组织一些企业安全生产实践活动，锻炼青年职工的道德意志力。

② 教育者要成为青年职工的学习榜样，言传身教，以身作则 "师也者，教之以事，而喻诸德者也""四海之内若一家，通达之属，莫不从服，夫是之谓人师"企业安全教师的人格是进行安全教育的基石，只有具有高尚师德的教师，才可能培养出品德高尚的员工。安全教师应严于律己，处处身体力行，作员工的表率。凡是要求员工做到的，安全教师自己应当做到；凡是不让员工做的，安全教师应带头不做。在对青年职工进行模范（榜样）教育时，安全教师更应该主动向榜样学习，理会榜样的精神实质，一言一行均向榜样靠近。

"教育者身体力行，有利于树立威信和对受教育者的潜移默化。"原苏联加里宁在《论共产主义教育和教学》一书中说："教育者的世界观，他的品行，他的生活，他对每一现象的态度，都这样或那样地影响着全体职工。"我们不仅要求企业安全教师的言行举止能具师表作用，还要求员工和社会所有成年人以模范行为配合企业的安全教育培训工作，以汇成巨大的社会安全教育力量。

二、干群交心法

就是将所属的生产场点，按领导的工作分工，合理划分安全生产责任区，将安全责任落实到具体的领导身上。该责任区的领导每两个月必须与本区所属的职工进行一次安全对话，进行一次心与心的交流，督促职工做到安全生产。

在安全生产工作中，广泛征集职工群众的意见建议，准确了解和掌握了职工的所思、所想、所急、所忧，百分之百回复和整改职工群众对安全工作的意见建议，从而实现职工队伍更稳定、更凝聚、更团结。

（1）畅通职工诉求渠道，让职工有话说　在各分厂、车间、班组、岗位等职工生产生活场所公布公司经理、党委书记的办公室电话号码、手机号码、QQ号、

安全教育与管理十法　第六章

电子信箱、邮政地址，使不同年龄段、不同文化素质的职工都有反映自己意见的渠道。企业领导班子成员分别按照包保区域和分管业务的安排，每周不少于1次下到车间与干部、职工进行面对面谈心。经理、党委书记定期在分厂、车间召开基层干部、职工安全工作座谈会；各专业主管副职和科室负责人根据阶段性安全生产工作需要，分别召开安全规章制度研讨会、生产技术管理分析会、安全标准化考核讲评会等会议，使每一名干部、职工都有机会将自己的意见建议说出来。

（2）保护职工个人隐私，让职工说真话　为了使提出意见和反映问题的干部、职工放心说真话，不担心被报复、被"穿小鞋"，企业应在办公楼下视频监控的死角处安设意见箱，接受干部、职工的来信监督。公司党委分别在办公局域网和互联网上设立总经理、党委书记电子信箱，干部、职工可以通过电子信箱方式向企业主要领导反映意见和问题。企业党委在安全教育实践活动中，向分厂或车间干部、职工发放电子版意见征求表，收回打印或手写有效意见征求表，指定专人进行梳理，将汇总情况分发给每一名班子成员，真正做到"背靠背"式的征求意见，充分保护干部、职工的个人隐私。

（3）建立微信交流平台，让职工多说话　在建立QQ群、新浪和腾讯官方微博，加强网络舆情引导的基础上，针对干部、职工热衷于手机微信的新变化、新趋势，在企业建立公共微信平台，分别通过个人朋友圈、群发短信、通知等形式向干部、职工进行安全生产宣传，邀请关注。分层次、分岗位建立全公司干部、职工微信群、分厂微信群、科室信微群、党支部书记微信群。干部、职工在不同的微信群中相互交流，发表各自对生产管理、安全管理、绩效考核的合格化建议，将公共微信平台上的安全信息、安全政策、安全知识、安全标准等四个常态化信息转发在个人朋友圈里，进一步扩大影响面和宣传面，实现信息畅通、资源共享。

在企业进行安全教育培训工作中，谈心交心是一剂良药，是企业进行安全教育的一种重要方法，也是开好民主生活会的一个关键步骤。人心齐泰山移，企业主要负责人在进行安全工作会前逐个与班子成员进行谈心交心，可以更好地沟通思想，达成共识，提升班子"战斗力"；班子成员相互之间真心谈，可以更好地敞开心扉，交换意见，避免误会；班子成员与分管部门主要负责同志之间诚心谈，可以收集到更多的真实情况，发现更多的实际问题；督导组与班子成员认真谈，可以更好地找到普遍问题和突出问题，进而有针对性地进行指导。实践表明，"当面锣""对面鼓"，亮出真心、用上真情，队伍建设才会更有凝聚力。

（1）企业干群交心时要把真心亮出来　如果谈心交心不到位，开展批评时很可能就会出现对上级放"礼炮"、对同级放"哑炮"、对下级放"响炮"、对自己放"空炮"的现象。谈心的关键在交心，相互信任是前提，打消顾虑是关键，要将自己的真实想法告诉对方，同时让对方也大胆坦诚地提出想法，上下级间、干群之间要推心置腹、坦诚相见，同级间要以心交心、本色相见，积极营造出一个闻过则喜的批评氛围。

（2）企业干群交心时要带着问题去谈　谈心交心才能凝聚人心，要提前做好谈心的准备工作，在谈心交心的过程中切实把问题谈透、意见谈深、批评谈好。要主动亮明自身问题、诚恳指出对方的问题、敢于说出企业在安全上存在的问题，相互交流对这些问题的意见看法、认真探讨解决这些安全问题的办法。把问题、意见放到桌面上来讲，有什么问题就提什么问题，是什么问题就摆什么问题，有一说一不遮遮掩掩，实事求是不添油加醋。对存在的误解、分歧，要敞开谈、化解好；对拟批评的问题，要沟通好，把意见交流好。

三、案例震撼法

在企业实际安全工作中，利用真实事故案例作教材往往会收到意想不到的安全教育效果，事故案例若发生在职工身边效果更好。企业可以组织本单位犯"三违"的职工、受伤职工、受伤人员身边的职工、因事故造成心理伤害的职工家属和退休有经验的老师傅开展安全座谈会，这样面对面地交流更能震撼职工珍爱生命的意识，从别人的经验中吸取教训。

对本企业和兄弟企业发生的事故案例应该充分利用，从中吸取教训。在企业进行的一系列安全生产活动中，组织职工开展安全大反思活动是重要方法之一。利用周五安全学习时间学习企业编印的《事故案例汇编》，查漏洞、论危害、找教训；把事故案例制成牌板进行事故展，组织全体职工观看，从而使事故案例成为敲响安全的长鸣警钟，成为促进安全生产的生动教材。

"出了事故吓一跳，事后不久淡忘掉。"这是大多数职工的自然心态。再惨痛的事故也会随着时光的流逝而在职工头脑中淡望，甚至消失。进行事故案例教育的好处在于居安思危，把用职工鲜血生命换来的事故案例摆到职工面前，通过查事故原因，论"三违"危害，找出事故的症结，这样反思事故案例就能收到事半功倍的宣传教育效果。再说，企业发生事故大都受到生产设备、生产方式、环境条件、员工素质、管理方法等的制约，事故起因具有普遍性，类似事故在同一单位多次出现的现象并不少见。因此，从职工的麻痹思想上查原因，从生产环节的技术防范上查找原因，从员工的现场操作方法上查原因尤其重要。还有，进行事故案例教育是一个举一反三、群防群抓的预防事故过程。通过职工集思广益的深入反思，就会从意想不到的冷枪冷炮中发现蛛丝马迹，从见怪不怪的习惯违章中找出事故发生的必然性和潜在隐患的危险性；进而唤起警觉、层层设防，从源头上堵死引发事故的时间和空间，促进企业生产长治久安。

开展事故案例反思教育，是自泼"冷水"、自揭"疮疤"、自我"亮丑"的职工安全教育好形式；是居安思危，自加压力，亡羊补牢的安全管理的有效途径；

是以人为本，建立持续改进安全长效机制的重要组成部分。只要领导干部思想认识到位、职工思想发动到位、整改措施落实到位，就能使职工真正懂得"用鲜血换来的教训，不要再用鲜血去验证"的道理。

四、心理辅导法

实践证明，职工心理健康便能以良好的心态和饱满的情绪投入到工作中去，降低事故率。企业可以开设心理咨询机构，一是日常开展心理咨询工作，了解职工心理情况，建立职工心理档案；二是深入到有情绪职工、违章职工、受伤职工、特别困难职工家中进行"问诊"，主动为其进行心理教育和辅导；三是要为职工排忧解难，化解矛盾。这样可以切实为职工办实事，既能融洽干群关系，又能把不利于安全生产的因素消灭于萌芽之中。

1.建立积极的自我安全观念，激发自我潜能

企业员工安全心理问题的核心在于自我观念问题。在团体情境中，成员之间通过个体的自我分享，会意识到原来别人的许多问题与一直困扰自己的问题是相似的，这样就会减轻心理负担，改变不当的自我评价，建立积极的自我安全观念。此外，团体中每个人为寻求改变而付出的努力和所取得的进步，对于其他成员都是一种鼓励，可以增强自己解决问题的信心，激发自我潜能。在团体中形成新的自我观念，团体活动结束后也会促进个体更好地与所在群体的互动和协调。

2.纠正心理偏差，促进心理发展，培养健全的人格

团体心理辅导的积极目的在于发展的功能，这是咨询心理学遵循发展模式的直接体现。通过团体活动可以改善成员的不成熟的偏差及行为，促进其良好的心理发展，培养健全人格。在团体心理辅导过程中，可以创造一种安全、温暖、可信任的气氛，这种气氛会促使成员自我表露，在团体中将与自己有关的事情表达出来与他人分享。团体中的分享，可以促使成员多角度地认识问题、分析问题和解决问题；团组成员的相似境遇使得团体成员不会感到孤独、无助和另类，从而在心理上产生归属感和安全感，满足一定的心理需要，消除一些心理压抑感，合理宣泄情感，在互动中成长。

3.提高员工的人际交往能力

人际交往是指人与人之间相互作用的动态过程，是人与人之间发生相互联系的最基本形式。人际交往的体验如何，是影响个人社会生活质量的最重要因素。心理学家丁瓒曾说，所有心理问题都是由人际关系的不适应造成的。有关资料显示，人际交往困惑是目前企业员工存在的主要心理问题。为了适应社会生活，每

一个人都需要培养人际沟通技巧，提高人际交往能力，建立和谐的人际关系。在团体训练中，成员可以学习如何有效地交往，如何解决问题，如何做决定，怎样表达自己的意见等。通过小组成员相互作用的体验，学习对自己、对他人、对团队的理解和洞察，并掌握如何处理这些人际关系的技能。

4.增强团体凝聚力，增进员工之间的相互认同

团体凝聚力是指团体对个体的吸引力和个体之间的相互吸引力。团体凝聚力的强弱对组织的管理有重要影响。团体心理辅导中的各种活动有利于增强团体凝聚力，在团体中，成员通过分享经验或竞争，彼此之间达成共识，增进理解，增进员工之间的相互认同，从而增加员工对企业的认同，特别是对安全生产工作的认同。

团体心理辅导对改善企业员工心理健康水平、提高企业员工的心理素质具有重要作用。在我国虽然起步较晚，但近些年来有人已经进行了很好的研究，辅导方向上也由最初的提高心理健康水平逐渐向心理品质的各个方面发展，出现了一些新的研究成果。研究方向也由治疗团体开始转向了发展性团体，这些都是积极变化。另外，有研究者把心理辅导从即时影响转向了辅导后的长效影响，这为企业职工今后良好人格的塑造起到了积极作用。团体心理辅导日益成为我们企业员工的安全心理健康教育的重要途径。

心理困扰是现代社会的一个很突出且普遍存在的问题，包含了企业员工的成长发展、异常行为、情绪障碍、人际关系、竞争问题、中年人的职业枯竭、家庭问题（亲子关系、夫妻关系、代际关系）、成瘾行为（毒品、药物、网络）、突发事件的危机管理，以及种种的老年问题（孤独、临终、疾病）。由于现代人有很多心理困扰与行为问题，因此社会对心理辅导的需要日渐增多。

群体动力学是团体心理辅导的重要理论基础之一。一个良好运转的团体，具有吸引各个成员的凝聚力。这种力量来自成员们对团体内部建立起来的一定的规范和价值的遵从，它使个体的动机需求与团体目标紧密相连，使得团体行为深深地影响个体的行为。群体动力学的研究者德国心理学家勒温认为，整体比部分重要，群体作为一种内在的关系组成的系统，其影响力或作用远大于孤立的个体。个体在群体中生活，不仅取决于个体的个人生活空间，而且也受群体心理场的制约。因此，团体心理辅导比个别心理辅导有更大的影响力和更好的辅导效益。在企业安全教育中，团体安全心理辅导要比对个别员工的安全心理辅导有更大的影响力，并能取得更大的收益。

五、正面教育法

正面的安全思想教育可以引导职工认清安全的重要意义，动员职工自觉学习

掌握相关知识，明白什么是安全操作，什么是"三违"行为，这对工人尤其是新工人具有明显的教育意义。可以采取的措施包括各种学习、会议、板报、橱窗、简讯、广播、电视及开展多种形式的安全知识竞赛、演讲比赛，既宣传安全知识，又寓教于乐。

正面安全教育首先是澄清事实、分清是非、消除对立，这也是正面安全教育的关键。在企业安全教育工作中，如发生的安全违章纠纷，由于当事人基于各自利益，往往情绪对立，感情冲动，不能实事求是地陈述事实，而是相互指责，归"责"于对方，一时难以弄清事实真相和纠纷原委，作为安全教育者要为纠纷双方做耐心细致的思想教育工作，使他们服从并认清事实，客观地、全面地陈述纠纷真实情况，帮助违章作业隐患当事人理清思路。在说服安全教育过程中，如何能让当事人化干戈为玉帛，还需以法律规定为标尺，在当事人对纠纷的法律事实、是非判断存在明显的错误或对相关法规的认识存在偏差而固执己见时，安全教育者要有针对性地向被教育者讲明安全法律法规的规定，把有关法律和政策逐字逐句地讲解给被教育者听，让他们吃透精神内涵，真正理解其含义。与违章作业的当事人进行沟通交流，帮助当事人理清违章发生的来龙去脉，明了自身的言行举止有哪些不当之处，应怎样求助法律，利用法律武器维护自己的合法权益，而不是采取不理智的行为。安全教育者分析利弊得失，细致入微的讲解常常带来良好的效果，能够避免一些无意义的争执。

在企业的安全教育实践中还应当注意安全教育者的细致分析并不等于面面俱到，而是在有限的时间里，面对"剪不得，理还乱"的纷繁复杂的事故隐患、违章现象，要善于化繁为简、化难为易，用通俗易懂的语言为当事人分析，让当事人听懂明了。因此，正面安全教育是调解安全工作矛盾不可或缺的基本方法，何况企业基层矛盾纠纷属于基层职工中的内部矛盾，只能用正面安全教育的方法来解决。

安全说服教育的过程中信息交流举足轻重，"水往低处流"的自然现象揭示了信息交流的基本规律。信息从一个方向往另一个方向传播有一种力量，这种力量一般基于双方一定的心理因素，心理学上称为"信息压"。信息从压力大的一方向压力小的一方传播，像空气总是从高压区向低压区流动从而形成风，而且压力差越大，风力就越大，破坏力就越强；就好像水从高处（压力大）向低处（压力小）流动一样。在进行正面安全教育过程中，安全教育工作者要时刻把自己立于信息压力大的一方，使其与被教育者心理上形成较大的压力差，只有如此才能把安全法律、安全道德灌输给被教育者，使之接受教育内容，否则被教育者会变成"反说服"，一旦出现这种情况，正面安全教育就很难奏效。安全教育者增大自己信息压差的方法有两个：一是树立自己同被教育者之间的权威，即在某一问题上取得使人折服的成果而享有的威望，让被教育者认为你是一个安全教育专家，对安全法律精通而熟练，你谈的处理意见是完全正确不容置疑的；二是树立安全教育者的威信，除了具有权威的内容外，还包括在道德人品等方面建立的令人敬佩的威望，只有这样高素质即德才兼备的安全教育者对被教育者才更具说服力，才更容易完成正面安全教育工作。

六、先进激励法

通过树立典型，宣传榜样，就要大力宣传在安全生产工作中表现良好并做出突出贡献的职工，并在一定的场合大力宣传表扬，使他们切实成为广大职工学习的榜样，同时设立"职工安全生日"，有的企业在职工过生日时会送上一份精美的礼品，不妨结合安全生产实际，设立"职工安全生日"，为安全生产工作搞得好的职工过安全生日。

1.先进激励教育内涵

心理学理论告诉我们，人类除了最基本的生理和安全需求外，最重要的需求就是被尊重，希望得到他人的欣赏，得到社会的肯定性评价，"先进激励"就是针对人的这种心理需求。安全教育者为了使受教育者积极进取，健康发展，以先进激励的教育行为从外部经受教育者以适当的情感激发，使受教育者要求内化个体自觉行为的过程，其特点就是要尊重职工的主体地位，强调安全教育者要树立正确的安全教育观念，改进安全教育教学方法，为职工的学习和成长创设有利的环境和条件，激励职工自主学习、自发学习、自我加压、主动发展。

2.先进激励教育在企业安全教育工作中的作用

（1）激励可以调动职工的学习积极性和主动性，提升职工群体的整体潜能企业安全教育工作的对象是职工，安全教育工作的主要任务之一就是提高他们的安全思想觉悟和安全认识能力，调动他们的安全生产积极性和主动性，而先进激励教育法恰恰是调动职工的安全工作积极性，挖掘职工的安全工作潜力，鼓舞职工奋发向上精神的最佳方法。先进激励的实现，一是为满足职工合理需要提供条件和可能，从而提高需要的迫切程度，促成并强化动机；二是有意识地施加影响，形成刺激，引发职工更高层次的需要，进入新的循环。简言之，通过满足、引发需要，解决职工安全行为的心理动力，改变职工的安全行为模式，把"要我做"变成"我要做"，最大限度地调动其安全生产积极性和主动性，从而提升职工群体的整体潜能，提高他们的安全发展竞争力。

（2）先进激励有助于帮助企业职工树立正确的理想信念和价值观念，提高综合素质 企业的职工生理基本成熟，但有些年轻职工心理成熟滞后，适应社会所必需的人生观、道德观、法制观尚未完全建立。当前，我国社会经济成分、组织形式、就业方式、利益关系和分配方式日益多样化，职工面对大量西方文化思潮、

安全教育与管理十法

第六章

价值观念和某些腐朽没落生活方式的冲击，容易产生各种困惑和迷茫。这就要求企业安全教育者遵循职工思想和行为发展规律及企业的安全工作要求，运用先进激励手段引导他们进行趋善避恶的选择，大张旗鼓地表扬和奖励良好的安全思想和安全行为，批评不符合安全发展要求的错误思想和行为，从而对他们的需要、动机乃至价值观产生震动，形成明确的是非导向，促进他们朝正确的方向健康成长。

3.先进激励教育方式在企业安全工作中的运用

（1）榜样激励　运用先进榜样激励职工是安全教育工者开展安全思想工作的重要方法。安全先进榜样把道德观点和行为规范具体化、人格化了，形象而生动，具有极大的感染力、吸引力和鼓舞力。先进榜样的力量是无穷的，职工会从榜样的言行中接受来自榜样的信息，指导自己的思想，养成优良品德。

（2）情感激励　人的本质是一切现实社会关系的总和，情感需求是人的基本需求，任何人的认识活动都是在一定的情感诱发下产生的。在某种程度上，可以说，情感激励是世界上回报率最高的投资。苏霍姆林斯基曾经说过，"我坚信，常常以教育的巨大不幸和失败而告终的学校内许许多多的冲突，其根源都在教师不善于与学生交往。"同理，要使企业安全教育内容和要求真正被职工所接受，一般都要有感情的催化。当安全教育者和职工的感情融洽时，职工就容易接受；当双方感情对立时，职工往往产生抵触情绪，道理讲得再充分也听不进。因此要求企业安全教育管理者不仅要"晓之以理"，而且要"动之以情"，善于抓住时机，加以引导，激励职工奋进。特别是青年职工在工作和生活中遇到困难时，安全教育管理者更应以高度的责任感、博大的胸怀和一片爱心来关心他们，帮助他们解决困难。

（3）语言激励　语言是交流思想的工具。职工安全工作的主动性和自觉性主要是通过语言来启发和鼓励的。语言包括口头语言和书面语言，使用口头语对职工进行"激励"时，要真心诚意，针对具体的安全行为和成绩，慷慨地使用赞美之辞。因为赞美不仅作为刺激能量强化着被赞美的行为，而且能释放、扩大被赞美者的能量。

七、现场帮教法

由于抓生产、抢进度，一些职工的违章行为会被现场抓到。对此，企业车间和班组要制订强有力的反"三违"制度，在第一时间对违章人员给予思想帮教，讲清讲透违章可能带来的后果和危害性，在安全生产现场对违章蛮干职工进行面对面的思想帮教，使其在违章前或违章时得到及时有效的教育。

1.生产现场是企业赖以生存的基础

生产现场是生产过程的主要组成部分，是生产活动的基地。物质资源在生产现场上消耗，劳动工时在生产现场上发生，工艺过程在生产现场上贯彻，产品质量在生产现场上形成，产品成本和利润在生产现场最终形成。现场是出产品、出人才、提供服务的地方。可以说生产力要素集中于生产现场并按照科学的规则运行，从事生产作业活动成为生产力，这一特征决定了生产现场是企业赖以生存的基础。因此，利用生产现场对职工进行有效的安全教育，使职工身临其境，受到心灵的震撼，其安全教育效果就会大大增强。

2.生产现场管理是企业创造经济效益的有效保证

生产现场管理是实施企业安全方针、落实生产计划、强化基层安全建设、加强职工安全教育、推动精神文明建设、创造经济效益的有效保证，它是企业各项管理的出发点和落脚点。现场管理的好坏直接影响着企业的整体效益，它像一面镜子直接反映着企业安全管理水平的高低、经济竞争力的强弱和对外部环境的适应程度。在市场竞争中，竞争在市场，而竞争力在现场，决胜也在现场。从市场竞争的角度看，现场管理水平的高低直接影响着企业的竞争能力。很难想象一个现场管理很混乱的企业，在市场上竞争力很强。现实中有企业感受很深，如有的企业明知市场需要什么产品，由于管理不善，就是生产不出合格的产品；有的企业花大气力，不失时机地研究开发出新产品，由于管理出问题，拖得时间很长，等新产品面市时，已错过良机。因此，企业要想适应市场需要，必须强化现场管理，练好内功。

3.生产现场管理是各项管理的出发点和落脚点

企业中的各项管理从各自的角度落实到生产现场，现场管理是通过生产现场这一整体，对各专业管理进行综合和优化。各专业管理的千条线，都要通过生产现场管理这一根针来贯彻落实，现场管理的好坏将直接影响企业的整体效益。现场管理是企业最重要的基础管理，是企业管理水平的综合反映。俗话说，"多深的基础，多高的楼。"现场管理这个基础不扎实，要想建起生产高度发展的大厦就只是一句空话。现场既然如此重要，那么，在现场对某项违章作业、某个事故隐患、某一重大操作安全进行有针对性的安全教育，其作用和影响是巨大的。

4.生产现场管理是市场竞争的重要环节

生产现场管理是企业在市场竞争中立于不败之地的保证。搞好现场管理，树立企业新形象，是治企之本，现场是企业的窗口。内抓现场，外抓市场，以市场促现场，以现场保市场，已成为大多数企业的共识，他们已经认识到抓现场管理是企业生存的需要，是社会不断前进发展的需要。市场可以没有一个企业，但一个企业不能没有市场。现在许多外商与我们做买卖签约前，除了听企业的介绍情况外，还要亲自到企业现场去看一看，来确认产品质量的可靠性等，所以企业的形象如何在很大程度上取决于现场管理水平。有的外商到厂一看现场井然有序，

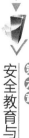

安全教育与管理十法 第六章

买卖就成了；有的企业好不容易找到一个合资合作的伙伴，可到现场一看，发现企业生产不出来高技术高质量的产品，人家不和我们合作，买卖没有做成。如果在企业看到的现场是文明整洁、安全标准化建设井然有序、安全警示标志和警句标语随处可见，重大危险源标识牌、危险有害因素周知卡等内容齐全，醒目入心，说明这个企业是安全的，这是对外商或外来人员最好的入场安全教育。

5.生产现场管理是建立现代企业制度的保证

生产现场管理决定着一个企业的产品质量、成本、交货期等，决定着企业的命运。企业转换机制建立现代企业制度都离不开生产现场管理，现场管理的有效性越好，保证能力就越强；反之，保证能力就弱。现场的安全管理同样是吸引人耳目的，通过现场发生的有关安全生产方面的事项进行安全教育，可以取得事半功倍的效果。

美国人对日本企业这样评价："日本的生产企业能成为世界一流的企业，主要在于企业对生产现场的严密组织和每个雇员神奇的劳动热情以及惊人的创造力。"日本人自己说："这些年企业发展得快、竞争力强，一是对生产现场进行有效管理，二是全员参加的全面质量管理，保证了产品质量的高水平"。

八、对症下药法

影响职工遵章守纪的因素很多，对安全的理解程度、个人的思想情绪、身体状况、家庭环境以及职工文化素质等都会影响安全生产，诱发安全事故的发生。所谓"对症下药"，就是针对每个职工的不同情况、不同特点，有针对性地开展安全思想教育，及时消除职工思想上的"隐患"。

对症下药进行安全教育，其查摆问题是解决问题的基础条件。发生的安全问题是企业安全教育活动必须要解决的重要问题，要在安全教育活动中对作风之弊、行为之垢来一次大排查、大检修、大扫除，必须要进一步明确在什么地方整改、朝什么方向努力，这是对症安全教育必须要解决的问题。坚持找准问题和症状，在广泛听取意见的基础上，围绕安全生产和解决职工最关心的安全问题，认真查找本部门和自身存在的突出症状，分析产生的根源，找准问题症结，抓住要害所在，挖出思想根子，从而有的放矢，对症下药，理清整改思路，明确发展方向，在解决症状中促进发展。坚持讲求实效，开门搞活动，通过职工提、自己找、上级点、互相帮的方式，真正使全体干部职工受到安全思想教育、安全作风得到改进、安全行为更加规范。要把各方面的意见建议当作警戒、当作镜子，经常想一想、照一照，有则改之、无则加勉。对查找出来的问题和症状不等、不靠，必须立行立改，小有小改，大有大改。

企业的广大干部和职工要真正拿起批评与自我批评这个有力武器，进行安全教育对症整改，开展积极健康的思想斗争，动真碰硬，深挖根源、触及灵魂。自我批评要敢于揭短亮丑，真正触及问题实质；相互批评要红红脸、出出汗、排排毒，开门见山，一针见血，真诚帮助提高。企业领导干部特别是"一把手"要明确安全生产责任，发挥带头作用，作出表率，以普通职工的身份把自己摆进去，带头查摆问题、带头开展批评与自我批评，真正从我做起、向我看齐。

九、处罚听证法

在处罚职工违章时采取听证工作法，让违章职工及身边的工友或家属参加处罚座谈会，能充分听取大家的意见和建议，结合违章、违纪经过和相关处罚规定进行处罚，同时让违章职工身边的人也受到安全思想教育，让职工受处罚心服口服。

1. 听证制度概说

行政处罚听证制度是我国行政处罚法确立的一项重要制度。行政处罚中的听证程序，是指行政机关为了保障行政管理相对人的合法权益，保证行政机关依法正确、有效地使用法律，在作出行政处罚决定前，举行的有案件当事人及其代理人、行政机关案件调查人员等参加的，听取上述人员的陈述、申辩、质证的行政程序。根据行政处罚法的规定，听证程序是行政机关作出行政处罚决定前的一种特殊程序，并不是行政处罚的必经程序。只有法律规定的行政处罚种类和幅度，且违法行为人要求听证的，才举行听证。这两个条件缺一不可，如果属于听证程序的法定适用范围但违法行为人未要求听证，或者违法行为人要求听证但不属于听证程序适用范围的案件，行政机关可以不举行听证。设立听证制度的主要意义在于，一方面有利于保障公民的基本权利，使得受行政处罚的一方有权为自己的行为辩护；另一方面有利于对行政权的行使加以控制，规范行政权的使用，行政机关在作出行政处罚之前，应当通过听证程序听取当事人的意见。

2. 听证适用的程序

行政机关为了查明案件事实、公正合理地实施行政处罚，在作出行政处罚决定前通过公开举行由有关利害关系人参加的听证会广泛听取意见。我国行政处罚法规定，听证依照以下程序组织。

（1）当事人要求听证的，应当在行政机关告知后3日内提出　提出听证要求的时间，应该是行政机关对案件已经调查终结、在作出行政处罚决定之前，由行政机关通知当事人到场，告知当事人已经查明的违法事实、处罚的法律依据和拟将给予的行政处罚等事项。当事人对行政机关告知的事项有不同意见，并且与行政机关的认定不能一致，亦即有重大分歧的，当事人可以提出听证要求，听证要求应当在行政机关告知后的3日内向行政机关提出。

（2）行政机关应当在听证的7日前，通知当事人举行听证的时间、地点　为了保证当事人有足够的时间准备听证，行政机关举行听证的，必须在7日前将举行听证的时间、地点通知当事人。

（3）除涉及国家秘密、商业秘密或者个人隐私外，听证公开举行　规定听证除涉及国家秘密、商业秘密或者个人隐私外，必须公开举行，是为了遵循行政处罚的公开原则，便于人民群众对听证的监督，保证听证的公正性。

（4）证由行政机关指定的非本案调查人员主持　当事人认为主持人与本案有直接利害关系的，有权申请回避。这是保证听证公正性的规定。行政机关应当指定本机关的行政人员作为听证主持人，但是不能指定听证案件的调查人员作为主持人。当事人认为行政机关指定的听证主持人与本案有直接利害关系的，有权申请该听证主持人回避。行政机关对于当事人提出的回避申请，应当予以审核，主持人确实不符合法律规定的，应当予以回避，并另行指定听证主持人。

（5）当事人可以亲自参加听证，也可以委托1～2人代理　这是对听证参加人的规定。听证是给当事人一个作出辩护、弄清事实的机会和场合，当事人可以自己参加听证，为自己申辩；也可以委托1人或者2人代理参加听证，为当事人作出辩护。代理人可以是当事人的近亲属，也可以是当事人聘请的律师。

（6）举行听证时，调查人员提出当事人违法的事实、证据和行政处罚建议；当事人进行申辩和质证　听证开始后，由行政机关就当事人的违法行为予以指控，并出具证据材料和提出处罚意见；当事人就行政机关指控的事实和相关的问题发表意见。出示证据、进行答辩；行政机关和当事人可以就各自出示的证据的真实性进行辩论；辩论后，当事人有最后陈述的权利。通过当事人与行政机关双方各自分别出示证据，相互辩论，申明理由，陈述意见，辩明事实，为行政机关作出正确的行政处罚决定奠定基础。

（7）听证应当制作笔录，笔录应当交当事人审核无误后签字或者盖章　听证笔录是行政机关作出行政处罚决定的根据之一，也是当事人不服行政处罚决定提起行政诉讼时，行政机关向人民法院提供的证据之一。听证笔录应当在听证后当场交当事人审核或者向当事人宣读，当事人认为记录有遗漏或者有差错的，可以请求补充或者改正。当事人认为无误后，听证主持人、当事人及其代理人应当在听证笔录上签名或者盖章。

另外，行政处罚法还规定，举行听证当事人不承担行政机关组织听证的费用。当事人不承担听证费用，是指行政机关为组织听证所支付的费用，如租用场地等费用。不包括当事人聘请律师、取得证据等个人所应支付的费用。

3.处罚听证教育的作用

企业职工在安全工作中，因为违章指挥、违章作业、违反劳动记录"三违"

现象的发生；因为发生了某些事故，影响了生产的延续，造成了经济损失；因为在工作中形成了某些事故隐患，有可能引发重大事故的发生，而又不去积极地整改隐患，如此种种表现均要受到安全制度的处罚，这是毫无疑义的。作者认为，在职工受到安全处罚时，罚要罚得正大光明，被罚者也要心服口服，这样才能取得良好的效果。

对企业职工进行安全处罚，就要进行处罚听证教育。教育的目的就是要达到"罚要罚得正大光明，被罚者也要心服口服"之效果。通过对照制度、条例、标准、规范，通过认真细致的说服教育，通过职工参与听证，通过职工的思想认识和心理转化，使他们在内心深处感觉到这样的处罚是合情合理的，并使他们受到一次强烈的心灵震撼，并在今后的工作过程中，以安全为天、以安全为先、以安全为上，这种安全教育方法就达到了预期的效果。

十、暗示教育法

提倡"人人都是安全宣传员，人人都是安全教育者"的全员安全教育理念，鼓励员工给管理人员提出安全方面的批评意见和建议，管理人员要相信工人的觉悟，同时自觉接受工人的监督，虚心接受工人的批评意见，时刻保持清醒的头脑，不断修正自身的错误行为。

企业开展职工安全思想教育，正确的认识往往需要多次反复，不可能一次完成，要树立"安全第一"的思想，绝不是一日之功，需要进行长期的、重复的安全教育才能见成效。但在重复安全教育中，要力求形式新颖，晓之以理，动之以情。经常采用一种形式的教育，从受教育者心理上就易产生反感和抵触情绪，而没有激励性。为了使安全思想教育达到良好的效果，必须采取多样化，还可采取安全演讲会、研讨会、座谈会、知识竞赛、班前会、安全活动日、安全展览、黑板报等形式进行宣传教育。

暗示法是一种新的安全教育思想，在我国许多企业得到重视，许多企业安全教师把不同的暗示方法运用于具体的安全教学过程中，并收到较好的效果。

1.暗示安全教育的含义

暗示是指人与人之间、人与环境之间未意识到的刺激的影响作用，以及环境与个人之间的信息交流。暗示教育的研究表明，即使最强烈的观念，也必须和个人的无意识心理倾向结合，和他的态度、他对某一事物的态度期待、他的需要兴趣相结合，并且和他个人的情绪、智能和意识以及要求等特征协调，才可能产生暗示教育的效果。

2.暗示教育的理论依据

巴甫洛夫认为大脑皮层从兴奋过渡到抑制的过程中有一个时相，弱的刺激也

177

会引起强的反应，弱弱的词语就能产生很大的影响，这个时相的外部表现就是较浅的睡眠。所以，只要在睡眠最浅的阶段，在尚未与外界失去联系的时候，用词语施加影响，就能在记忆深处扎下根来。换言之，在这时吸取外部信息最有效，也是进行暗示的最好时机。

3.暗示教育的作用

（1）激发动机，调动内需力　在有些企业的安全教育中，课堂上沉闷、刻板、僵化、注入式的安全教育方式依然大量存在，这就不可避免地扼杀了安全教育自身所具有的磁性，导致部分职工在课堂上感到压抑，缺乏兴趣，产生过度焦虑、自卑、烦躁、逆反和厌学等不良情绪和心理问题，这其中的原因有两方面。一方面，不是个人的能力不够，也不是学习的知识太高难，而是在安全学习中存在一定动机障碍；另一方面，安全教师仅注意安全知识的传授和能力的提高，忽视了激发职工的参与意识和手段，不能调动职工安全学习的内需力，致使职工对安全学习缺乏足够的热情，安全学习效果必然受到影响。为此，在企业安全教育中应充分利用心理暗示这一手段，从侧面间接地施加心理影响，以达到激发职工心理潜力、疏导他们的不良情绪、排除心理障碍的目的。

（2）诱导情绪，促成积极心态　企业安全教育中如果忽视职工情绪的把握、诱导与调控，教育效果必然受到影响，安全教育中的其他活动也就无法推进。因此，企业安全教育中的心理暗示也承担和具有诱导情绪的任务和功能，目的是促使职工形成对安全学习的积极心态。积极的心态可以促使职工勇于面对安全学习中的各种挑战，充满乐观与自信，激起主动进取的精神，从而克服对安全学习的消极因素。在安全教育中，安全教师要善于动用课堂气氛和各种激励手段，以激发职工积极的情感体验，并通过安全教师的情绪、眼神、手势等暗示手段来诱导职工的情绪，使其形成主动进取的积极心态。

（3）挖掘潜力，启动无意识心理倾向　无意识心理倾向的机制是心理暗示的基础，企业安全教育既要发挥有意识的作用，又要发挥无意识的作用，是有意识与无意识的统一。挖掘职工的安全生产潜力，提高安全知识学习效果，心理暗示就是要正视无意识心理活动的存在，并且巧妙地加以运用。传统的企业安全教育往往只重视有意注意在学习中的作用，忽视无意识对有意识的有效促进，轻视无意识在安全教育中的影响。企业安全教育应弥补这一缺陷，尽可能地创设情景，通过语言、表情、手势等多种暗示手段，充分挖掘职工情感和智力等方面的潜力，启动职工无意识心理倾向，让职工的有意识和无意识活动在安全知识学习中共同发挥作用。

4.应用暗示的途径与方法

（1）语言的暗示　语言是一种特殊的信号，人们用来传输各种信息，是企业安全教育中最重要也最常用的。语言暗示是指安全教师通过特定的口头语言调节职工的心理状态，对职工进行心理训练的重要手段。企业安全教育不同于其他学科教学的特点是安全教师语言讲解较少，职工实际练习多。这就要求安全教师首先要注意教学语言的准确性，讲清实际练习的目的、任务和操作要领，做到言简意赅、通俗易懂；其次，暗示的语言要具有激励性和启发性，职工乐于接受。暗示语言应当采用肯定的单词或语句，因为暗示是正确积极的诱导教育，被暗示者对暗示者应具有充分的信赖和期望，不仅从暗示中获得启示，而且从暗示语调中得到感染，产生增力的情绪反应。安全教师连续的语言暗示促使职工在较短的时间内较好地完成各种操作练习。

（2）动作的暗示　在企业安全教育中安全教师的动作暗示对职工有着极大的激励和影响作用。安全教师是职工直接的教育者，职工时刻领会和模仿安全教师的一言一行。所以安全教师应既能做正确漂亮的示范动作，还能惟妙惟肖地模仿错误动作，指出两者的区别及正确动作的关键和难点。安全教师动作暗示得当，能使职工获取较好的安全知识。

（3）人格力量暗示　不同的安全教师在职工中的威信是有区别的。同样一句话，出自不同的安全教师之口在职工中的分量是不一样的。有的语言不多，但却蕴含着不可抵抗的力量，让职工心悦诚服，这是人格力量的暗示作用所引起的。人格力量来源于自身形象的塑造，企业安全教师作风严谨、品格高尚、以身作则、知识丰富，其必然会在职工的心目中形成良好的教师形象。安全教师还应该充分利用"首因效应"，即已开始与职工接触就尽量让职工获得好感，树立良好的安全教师形象，从而较好地发挥人格力量的暗示作用。

（4）自我暗示　自我暗示有积极和消极之分，在企业安全教育中经常出现这两种情况。有些职工感到功课完成得不如别人好，就不想再练习了，这是不可取的消极自我暗示。安全教师要指导职工消除消极的自我暗示，促使职工自我激励，形成在功课练习中能够完成得很好的积极自我暗示，让职工体验到成功的乐趣，克服自卑感，树立自信心。

5.应用暗示法要注意的问题

（1）协调教师与职工的关系，树立教师的威信　和谐的教师与职工的关系是实施暗示的前提。教师与职工之间的和谐关系是在长期的工作实践中培养起来的，平时要对职工多加关心，化解与职工心中的隔阂。在增进教师与职工之间相互信任的同时，安全教师与职工的交往也要适度，教师与职工的角色也要分明，以保持较高的权威性。

（2）保护职工的自尊心　由于暗示的过程需要在愉快而不紧张的氛围中进行，因此，暗示法的应用与保护职工的自尊心是相辅相成的。一旦职工的自尊心受到伤害，暗示的过程就不能顺利进行。当然，自尊心并不等同于虚荣心，太强的自尊心会阻碍职工正确认识、评价自己。在保护职工自尊心的同时不能使其滋长虚荣、骄傲情绪。

（3）选择好暗示法的时机　暗示法只是企业开展安全教育中的一个技巧，并非任何场所、任何时候都能用。运用过程中要注意三忌：一忌故弄玄虚，让职工摸不到头脑；二忌普施滥用；三忌词不达意，让职工曲意理解。

总之，安全教育，是整个企业安全建设中的重要组成部分，只有把企业安全目标实现了，全局的安全基础才能牢固，才能在安全生产中显示出教育细胞的强大生命力。

第二节

安全管理十法

一、认识法

安全管理工作搞得好不好，直接影响到企业的整个安全管理大局，安全管理者要放开手脚，大胆管理，把安全工作做细做好做实。几乎每天新闻媒体中都有关于安全事故的报道，从所有的事故中不难看出，安全生产管理不力、制度不健全是事故发生的主要根源。安全管理如何适应新形势的要求，如何提高安全管理水平，成为摆在我们面前的一项重要课题。

1.提高认识，强化安全管理

（1）安全生产管理的目的　安全生产管理最根本的目的是保护人的生命和健康，是对单位正常运行的最根本要求。企业长期持久的安全生产为人们带来幸福、社会稳定、单位各项事业的发展。但不能不注意到在长期安全生产过程中，人们可能萌生轻视、忽视、藐视安全生产思想的现象。因此，应正确认识掌握安全生产的规律，意识到事故条件随时可能形成，因此应长期保持高度警惕，这一点至关重要。对职工进行安全教育的目的是使其获得长期、稳定的安全工作环境，做到按规程操作，不违章；自觉执行安全规章制度。

（2）安全管理的普遍原则　安全管理应全方位、全天候、全过程、全员管理，即横向到边，纵向到底。单位必须实施安全管理，这是法律责任赋予的要求；职工必须接受安全管理，这是每一个职工自身利益的需要；领导干部必须模范执行安全管理，这是素质的表现。有关安全生产管理的原则、方针、政策等，除少数情况外，一般需要相当长的时间才能显现优劣、成效。安全生产是各方面长期努力的结果，发生事故（尤其是特大事故）是安全管理弊病的总暴露。

（3）如何提高安全管理水平　可通过直接实践和间接实践提高安全管理水平。间接实践是通过理论、规范、标准的学习而获得管理知识。因此，要求我们认真学习专业的科学基础知识及与经验教训相结合的规章制度。直接实践是要从事故中得到经验和教训，因为事故是人们违背客观规律受到的惩罚；是对各项工作进行的最公正检查；是强迫人们接受的最真实的科学实践。

2.认识规律，掌握安全生产主动权

各种事物的发展都有其自身的规律，要善于认识规律，利用规律，从而掌握安全生产的主动权。决定安全与否的基本因素主要有以下几项。

（1）操作人员按规程操作　正确方法的使用，及时发现、处理异常或危险状态；及时巡视检查；正确使用防护用品，熟悉避险方法；准确、及时、全面地提供各种信息资料，不弄虚作假，不隐瞒真相；服从指挥，忠于职守，勇于同一切危及自身或他人安全、健康的行为作斗争。

（2）设备　是重要的物质基础，设备都有寿命，任何设备的故障都有其规律性。

（3）环境（时间和空间）　空间是指作业的环境，作业的时间要考虑夜班、节假日、人的喜庆、悲伤、失意、生物钟等因素，要百倍警惕事故多发时刻。

（4）管理　安全生产管理是一个单位管理的重要组成部分，管理就是决策，管理不善是一个单位失败的主要原因。管理缺陷是所有事故的普遍原因，管理失误往往是多重失误造成的。

3.管理者如何抓好安全生产

（1）抓干部的安全教育，树立正确的安全观　干部处于决策地位，是执行决策的决定因素，是同事故作斗争的核心。干部要把研究本单位（部门）安全生产基本特征作为一项非常重要的工作来抓。

（2）树立科学的安全生产战略思想　事故是可以避免和预防的。事故与安全是一对永恒的矛盾，这就要求我们树立积极的预防思想。

（3）安全生产管理的原则　方针："安全第一、预防为主、综合治理"，安全是企业稳定的基石，是企业的生命线、效益的前提，是增强单位凝聚力、吸引人才和劳动力的磁石。

结果：保证安全生产的必备条件（人员、设备及管理），时刻在最佳状态。

（4）安全生产工作方法　安全生产工作是一项复杂的系统工程，需要运用安全系统工程的理论、方式方法，对影响安全生产的人员素质、设备和管理等基本因素进行有效控制，使之达到"可控和在控"。

① 解决认识问题，突出安全工作的基础地位　在我国全面建成小康社会事业飞速发展的今天，正确处理好安全与效益，安全与其他工作的关系，突出安全生产的基础地位是最基本的工作，如果失去安全生产基础的支持，效益就无从谈起。

② 认真落实各级人员安全生产责任制，特别是安全第一责任人　安全生产责任制是搞好安全工作的重要组织措施。多年实践证明，安全生产责任制落实得好，安全状况就好，反之安全状况就差。为了能够落实好安全生产责任制，首先必须对各级各类人员及各部门在安全生产工作中的责、权、利进行明确界定，责、权、利不清，责任制也很难落实。通过与各级各类人员层层签订《安全生产责任书》的形式，逐级落实安全生产责任，并按责任和要求追究责任。

③ 加强安全技术教育、培训工作，提高人员素质　提高人员素质不仅仅是安全生产管理的要求，也是单位整体发展的需要。要重点把握好培训对象、内容、形式、效果等四个环节，切实提高培训内容的针对性、培训对象的层次性和培训形式的多样性，把职工安全知识、安全技术水平、业务能力与职工个人业绩考核相结合，与激励机制相结合，使管理人员及职工达到较高的业务水平、较强的分析判断和紧急情况处理能力，使广大职工把安全作为工作、生活中的"第一需求"，实现安全工作"要我安全向我要安全、我要安全向我懂安全、我懂安全向我会安全"的根本转变。

安全生产是企业的头等大事，安全管理者围绕"安全生产"的主题应做的工作很多，既要抓主要矛盾，又不能留下丝毫安全隐患，这就要求在安全管理工作上不断创新，有所作为。

二、责任法

安全管理应落实责任人。企业党政"一把手"作为安全生产的第一责任人，应义不容辞地挑起企业安全管理重担。班组安全员应协助班长具体抓好班组安全工作，成为班组安全管理的骨干，每个班员都应责无旁贷地承担起岗位上的安全生产责任。

建立安全生产责任制的目的，一方面是增强生产经营单位各级负责人员、各职能部门及其工作人员和各岗位生产人员对安全生产的责任感；另一方面明确生产经营单位中各级负责人员、各职能部门及其工作人员和各岗位生产人员在安全生产中应履行的职责和应承担的责任，以充分调动各级人员和各部门的积极性和主观能动性，确保安全生产。

建立安全生产责任制的重要意义体现在两方面。一是落实我国安全生产方针和有关安全生产法规和政策的具体落实。二是通过明确责任使各类人员真正重视安全生产工作，对预防事故和减少损失、进行事故调查和处理、建立和谐社会等均具有重要作用。

企业安全生产责任的内容大体可分为两个方面。一是纵向方面，各级人员（从最高管理者、管理者代表到一般职工）的安全生产责任制。二是横向方面，各职能部门（如安全、设备、技术、生产、基建、人事、财务、设计、档案、培训、宣传等部门）的安全生产责任制。

1.生产经营单位主要负责人

生产经营单位的主要负责人是本单位安全生产的第一责任者，对安全生产工作全面负责。其职责为以下六点。

① 建立、健全本单位安全生产责任制；

② 组织制订本单位安全生产规章制度和操作规程；

③ 保证本单位安全生产投入的有效实施；

④ 督促、检查本单位的安全生产工作，及时消除生产安全事故隐患；

⑤ 组织制订并实施本单位的生产安全事故应急救援预案；

⑥ 及时、如实报告生产安全事故。

2.生产经营单位其他负责人

生产经营单位其他负责人，在各自职责范围内，协助主要负责人搞好安全生产工作。

3.生产经营单位职能管理机构负责人及其工作人员

职能管理机构负责人按照本机构的职责，组织有关工作人员做好安全生产责任制的落实，对本机构职责范围内的安全生产工作负责；职能管理机构工作人员在本人职责范围内做好有关安全生产工作。

4.班组长

班组安全生产是搞好安全生产工作的关键，班组长全面负责本班组的安全生产，是安全生产法律、法规和规章制度的直接执行者。贯彻执行本单位对安全生产的规定和要求，督促本班组的工人遵守有关安全生产规章制度和安全操作规程，切实做到不违章指挥，不违章作业，遵守劳动纪律。

5.岗位工人

岗位工人对本岗位的安全生产负直接责任。岗位工人要接受安全生产教育和培训，遵守有关安全生产规章和安全操作规程，不违章作业，遵守劳动纪律。特种作业人员必须接受专门的培训，经考试合格取得操作资格证书的，方可上岗作业。

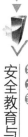

6.企业安全责任制的法律责任

企业安全生产是需要负责任和承担责任的，而我们通常说生产责任的承担仍然是指刑事、民事和行政三种法律责任。在安全生产责任当中，国家规定的安全生产法律规范及其他的有关标准、章程中，都有明确表示安全生产责任的承担范围。如不符合安全生产的规定，设施没有达到安全标准，防护用品不合格，劳动组织不合理，管理人员违章指挥，等等，都可能依法承担法律责任。而承担法律责任的后果就是接受法律的惩罚，因此，落实好责任的归处，对于建立安全生产责任制有着重大的关系。

（1）刑事责任 刑事责任是三种责任里面最为严厉的，因此，必然是违反了严重的安全生产事项才会承担刑事责任。如果要追究刑事责任，在法律制裁中会限制或者剥夺犯罪者的人身自由甚至是生命等刑事制裁。安全生产法中涉及承担法律责任的条款中，对造成严重的安全事故的违法行为依法追究刑事责任。

（2）民事责任 民事责任主要追究的是民事主体违反民事义务而依法作出的法律承担。就安全生产责任来说，用人单位如果对生产职工作出了违反民事义务的违法行为，该企业应承担民事法律责任。

（3）行政责任 行政责任的实施主体是国家机关，在安全生产责任的承担中，违反安全生产法律规范的单位或者个人，都必须追究行政责任，而且给予必要的经济制裁。而承担经济责任则是行政制裁中最重要的惩罚手段，因此，在追究行政责任的同时，还可以追究其经济责任。

7.安全生产责任制的落实措施

根据企业的安全生产责任制的落实措施，大概可以分为以下五大点。

（1）安全制度的建设 整个安全生产工作其实就是根据企业的安全管理制度来实施的，《安全生产法》等法律规范也有明文规定安全生产的范围与内容。安全生产责任不要成为纸上谈兵，制订一个有效的安全制度是必要的。安全规章的制订必须要落实到每一个企业部门和负责人身上，要标明他们的各自职责，让他们带领企业员工实施安全制度。

（2）安全责任的承诺 在企业里意外的发生也许很难预测，但是有些意外其实是可以预防的，这里就需要每一个部门都对自己的工作作出一个安全的承诺，将风险降到最低，把人为的风险因素提出来，进行预防，避免大规模的安全事故发生。承诺是一种软性制约，利用人的责任感和信任来使这个承诺生效，这也是企业安全生产责任制落实的手段之一。

（3）安全检查和考核 很多安全事故的发生往往就是安全检查不到位，检查人员敷衍了事，没有尽到自己的职责和义务。安全检查其实是很关键的一个环节，许多安全问题其实可以在检查中看到，因此，专业的检查应由专业部门里专业的人员进行，所有的检查工作必须认真进行，切勿疏忽大意。

（4）安全教育的强化　加强安全教育是每个企业必须做的，企业生产的过程中肯定会有大大小小的风险问题，安全教育能提高生产人员的安全意识，使他们在遇到危险的时候能有及时的应对感知，不会硬生生地去接受危险的来临，学会懂得一些自救和互救的方法。

（5）监督管理的保障　安全生产管理不能只依靠制度方针或者教育就能搞好，外部监督对企业的安全生产同样起到促进作用。政府的安全生产监督是对企业的一种无形制约，不仅能对企业的起到抓紧作用，还能使企业积极配合，把安全生产落实到位。社会的舆论监督同样能产生积极效果，充分利用社会的评价作用，使企业更容易发现自身的缺点，并及时改正。

三、制度法

企业应针对自身生产特点建立健全安全生产管理制度，用制度来约束、规范全员的行为，确保企业的生产安全。企业的安全管理制度是要求员工共同遵守、按一定程序办事的规程，它是企业员工在安全生产中的行为规范。

安全生产管理制度并不是凭空想象出来的，它是人们在与自然的斗争中经过一次次的失败之后取得的一次次的经验和教训，是人类在生产作业过程中付出鲜血和生命的代价才换来的。因此，安全生产管理制度是实践经验的总结，是人类同自然斗争所取得胜利的智慧结晶。制订出一套安全生产管理制度体系，完全是为生产服务的，它来自生产，反过来又为生产服务，在服务的过程中不断改进、修订、完善，从而更好地为生产服务。

生产经营单位是安全生产工作的主体，落实企业的主体责任是安全生产工作的前提和基础。《安全生产法》的颁发实施，明确了生产经营单位要依法具备安全生产条件，明确了企业主要负责人和从业人员的安全责任以及作业现场、安全设备、安全管理、事故防范和应急措施的要求，以保证生产经营活动的安全有序进行。生产经营单位安全生产主体责任涵盖内容多，企业应根据自身特点和实际情况确定适合本单位的编制内容，便于实施。

1.用制度来约束人的不安全行为

众所周知，事故预防主要从两个方面考虑：即物的不安全状态和人的不安全行为，其中人的不安全行为占主导地位，它往往会影响到物的安全与否。因此，在企业安全管理中，必须花大力气来控制和约束人的不安全行为，直接的方式就是建立相关的企业安全规章制度。

企业在日常生产中常常出现操作者违章作业，甚至生产管理者违章指挥。例如，电工不穿绝缘鞋进行带电作业而发生触电事故，或者企业领导强迫没有带电

第六章

作业监护资格证的监护人，临时去监护带电作业造成人身伤害等。人们在分析违章的原因时，常常指出"违章者缺乏遵守安全规章的自觉性"。

据统计，近年来所发生的事故有85%～95%是由于违章操作、违章指挥和违反劳动纪律所造成的，这些"三违"现象，与人的文化素质有很大的关系。所以建立优秀的企业制度，提高安全管理干部和职工的安全素质是搞好安全生产的重要措施，并可以大大提高管理的效率。如果一个企业建立起规范的安全制度，不论决策层、管理层还是一般职工，都会在安全制度的约束下规范自己的行为，安全管理制度就像一只看不见的手，凡是脱离安全生产的行为都会被这只手拉回到安全生产的轨道上来。

2.用制度来保证企业正常生产经营秩序

企业安全管理制度作为职工行为规范的模式，能使职工个人的活动得以合理进行，同时又成为维护职工共同利益的一种强制手段。因此，企业各项安全管理制度，是企业进行正常的生产经营管理所必需的，它是一种强有力的保证。

俗话说，没有规矩不成方圆。规章制度就是企业的规矩。没有健全而严格执行的规章制度，企业是管不好的。安全生产规章制度则是企业规章制度中的一个重要组成部分，是保证劳动者的安全和健康、保证生产活动顺利进行的手段。同时，没有健全和严格执行的安全生产规章制度，企业的安全生产是搞不好的。

党和国家的安全生产方针、政策要通过规章制度去体现。通过实现规章制度，可以有条不紊地组织生产；可以从制度上促进广大劳动者树立"安全第一，预防为主，综合治理"的思想，正确处理安全与生产的关系，真正做到当生产与安全发生矛盾时，生产服从安全。同时，劳动者按照安全生产规章制度进行生产作业，可以把安全工作与企业的生产经营活动紧密地联系起来，使"安全第一，预防为主，综合治理"的方针落实到企业生产经营活动中的各个环节。

3.企业需要建立和落实安全生产规章制度

企业需要制订和落实哪些安全生产规章制度？一般要求是四个方面：一是安全生产责任体系；二是各项安全管理制度；三是各工种、岗位的安全操作规程；四是事故应急预案。

（1）安全生产责任体系　包括4方面内容：

① 各级领导的安全生产职责；

② 职能部门的安全生产职责；

③ 专职机构的安全生产职责；

④ 一线工人的安全生产职责。

企业安全生产责任制是从纵向和横向方面进行的。纵向是从各级行政领导一直到工人的安全生产责任制，横向是分部门、科室安全生产责任制，要横想到边，纵向到底。

（2）各项安全管理制度　生产经营单位的安全生产规章制度最少应当载明下列内容：

① 安全生产的教育和培训；

② 安全生产检查及事故隐患的整改；

③ 设施、设备的维护、保养、检测；

④ 危险作业的现场管理；

⑤ 劳动防护用品的管理；

⑥ 安全生产责任和奖惩；

⑦ 突发事件应急救援措施；

⑧ 生产安全事故的报告和调查处理；

⑨ 其他保障安全生产的内容；

⑩ 安全生产工作例会制度。

（3）各工种岗位的安全操作规程　企业里每个工种和岗位都要根据本工种和岗位的安全要求，制订和落实本工种和岗位的安全操作规程。

（4）事故应急预案　事故应急预案是应急救援系统的重要组成部分，是针对各种不同的紧急情况制订有效的应急预案，不仅可以指导应急人员的日常培训和演习，保证各种应急资源处于良好的备战状态，而且可以指导应急行动按计划有序进行。国家安监总局2006年就发布了《生产经营单位安全生产事故应急预案编制导则》，每个企业都应按照此标准来编制事故应急预案。

四、教育法

企业的安全生产一定要抓好安全教育，引导全员变"要我安全"为"我要安全"，不断提高全员的安全生产意识，使全员自觉、主动地参与企业安全管理。

（1）安全教育培训主要是提高员工的安全意识　安全教育主要学习党和国家安全生产的法律法规、政策制度；还要学习企业的生产特点和存在的危险因素及预防事故的办法措施；也要学习企业的安全管理规定和要求等。这些都是生产企业的员工必须掌握的，只有掌握了这些内容，才能进一步提高每一位员工的安全意识，时刻绷紧头脑中安全这根弦，做到居安思危，警钟长鸣。

（2）安全培训教育是使员工学习安全知识　在企业现代化大生产中，尤其是危险化学品生产企业，需要每一位员工学习掌握生产知识，安全知识，只有掌握了生产过程的各种知识，特别是掌握了安全知识，才能够在具体生产岗位操作时得心应手，如鱼得水，减少和避免各种事故的发生。况且，大部分员工都是刚刚接触企业和危险性较大的生产行业，对该行业的生产、安全知识了解甚少，迫切需要认真学习，将所学安全知识与工作实践密切结合起来，进一步消化吸收，真

正把所学生产知识、安全知识应用到岗位实际工作中去。

（3）企业安全培训教育是让员工掌握安全技能　安全技能是员工为了安全地完成操作任务、经过训练而获得知识的行为方式。企业安全教育，学习对危险危害因素的防范措施，消防、应急器材的使用，是为了提高员工的防范和应急安全技能。每个企业都制订了《安全技术操作规程》《岗位工艺技术操作规程》，这两个规程是员工操作的依据，就《岗位工艺技术操作规程》而言，它包含有很多安全技能的内容，员工只有掌握了具体的安全技能，才能实现工作中的正确操作，才能有效避免蛮干；员工掌握的安全技能越多，他的安全技能就越高，其结果是事故的发生率就越低。

员工安全素质包括的安全意识、安全知识、安全技能三个方面相互交叉，密切联系，不可分割。安全意识提高了，就会自觉学习安全知识，掌握安全技能；安全知识掌握得越多，安全意识水平越高；有些安全生产知识，同时又是安全技能知识；有些安全知识既是为了提高安全意识，又是为了掌握安全技能。提高企业员工的安全素质，仅靠一两次安全教育培训是远远不够的，还需要每一位员工平时加强安全知识和岗位操作知识的学习，认认真真地学，持之以恒地学；还需要每一个班组加强班前班后会的学习，利用班前班后会学习安全知识是好多企业的做法；在安全教育工作中还需要车间、部门领导加强对本车间、部门员工的安全教育；还需要企业领导制订政策、宏观指挥协调、正确引导。只要企业各级领导和每一位员工，上下努力，齐抓共管，形成合力，就一定能够使企业每一位干部、员工的安全素质上一个大的台阶，企业的安全管理工作提高到一个新的水平，就能避免各类安全事故的发生，实现安全生产的目标。

企业的安全工作和员工的生活密不可分，做好安全教育还要注重于形式的多样化。首先班组是安全工作的落脚点，是前沿阵地，如何实现现场的无缝隙管理，就要在意识上强化，班前礼仪的宣传、提示，班中、班后勤学勤记，利用工闲时加强安全学习，都是安全教育所涉及的内容，我们为职工送"安全毛巾、平安鞋垫"无疑是安全教育的直接体现。其次进行氛围营造，大搞安全活动、文艺演出、直到安全文化研讨都是安全教育本身的作用体现，它既丰富了员工的文化生活，达到文化的潜意识作用，也为帮助企业生产的主题——人，实施了规范性的亲情帮教模式，使员工实现"要我安全"到"我要安全"的根本转变，达到保障企业安全的自主性。

安全教育不单是为企业生产促进人的思想观念加强的作用，它同样是紧密和生产实际相融合的，只有把安全理念、安全行动升华为共同安全目标并表现在执行当中，才能使企业安全生产管理落到实处，企业要本着逐级负责的态度，对隐患、违章作业、违章行为及时下达整改通知；隐患整改的反馈意见其实就是一例例的活教材，在安全教育中要充分利用这些反馈意见进行活生生的案例教育。企业必须为职工创造全新的生产环境，尊重他们、珍惜他们的劳动成果必然成为安全教育的必备工作，只有把安全放在高于一切、把生命置于高于一切的思想贯穿与安全文化中，渗透到企业管理中，真正懂得没有生命就没有了一切，从而使安全管理得以提升，此刻的安全教育就会及时督促职工提早发现和预防隐患，避免事故发生，做到警钟长鸣。

五、活动法

企业应该开展一些实实在在、寓教于乐的活动，以活动推进企业的安全管理，提高全员的安全意识，增强企业的战斗力和凝聚力。虽然企业的安全活动五花八门，每一个企业都有自己的特点，根据自己企业的特点开展一系列安全活动是搞好安全生产的重要方法。作者在这里主要就安全活动中的"安全操作确认制"作介绍。因为，任何企业在作业中都有"安全确认"的问题。

安全操作确认制是企业安全生产管理中的一种非常实用、有效的科学管理方法和制度，是约束和规范企业员工安全作业行为的有效措施，是推行员工安全作业行为标准的一种手段。"确认"就是确实认准，确信无误。所谓"安全操作确认制"，就是指员工在劳动生产活动中进行每一项工作"之前、之中、之后"都要对自己所操作的设备、使用的工具、作业环境和操作行为等经检查、瞭望、联系、核实、认准、确认无误后再进行操作的规定。企业在生产过程中，企业的管理者、现场的调度指挥者和操作者都要认真执行"安全操作确认制"，以防止或避免各类事故的发生，保障安全生产。"安全操作确认制"适用于企业所有员工和岗位。"安全操作确认制"的执行要注意上岗前、操作过程、联系呼应信息、厂区行走或高空作业和结束作业五种作业的确认。

1.上岗前的确认

员工在进入操作岗位前，必须对自己的衣着、健康和工作任务等进行安全确认。做到以下三点：

① 对自己是否按要求正确穿戴好符合标准要求的进行劳动防护用品（如安全帽、工作服、工作鞋、护目镜、手套、安全带等）进行确认。

② 对自己身体健康状况是否能适应今天的工作进行确认。

③ 对自己的分工是否明确、工作任务和性质是否了解、特别是故障处理和检修工作中应急处理措施是否掌握等进行确认。

2.操作过程的确认

员工进入操作岗位后，首先要对岗位环境、工具和设备状态进行安全确认，在操作过程中要对操作程序、方法和要求等进行安全确认。做到以下几点：

① 所有员工在进入操作岗位后，必须对作业环境、使用的工具和操作的设

安全教育与管理十法

第六章

备进行认真检查，确认安全可靠后方可操作使用。

② 操作员工对自己所操作的机具（如电气开关，各种阀门、手柄、控制器）首先进行核实、认准、确认无误后方可操作；特别是操作重要的阀门和按钮，如气体停送，重要水泵的启动和停运，高、低气体压缩机组的启动和停运，各变压器的投运与停运及生产设备的停送电，必须有两人在场，由当班工作负责人监护、口述命令，另一人复述操作，两人同时确认无误才能操作。

③ 操作员工在操作前，必须对自己的操作程序、方法、要求和工作内容进行核实确认，符合相关安全规程后方可操作。

④ 操作前，操作员工必须对周围环境、人员、现场设施、建（构）筑物，水、电、油、气、管网等核实确认，不能伤害他人或挂碰它物。

⑤ 吊钩、吊物需要从设备或建（构）筑物顶部越过时，要确认无阻碍。

⑥ 处理电气故障不准带电作业，作业前应拉下开关停电，用测电笔进行验电，确认停电无误后，挂上"有人检修，禁止合闸"标志牌方可作业。合、拉电闸首先要确认线路上无人作业，并严格遵守电气技术操作规程，以免电弧烧伤和造成其他事故。

⑦ 对不知底细的重物，未经确认一律不吊。对吊具、绳索的承重荷量不清，不准使用。

⑧ 上、下大件需要吊车配合时，先要确认指吊车人员站位安全和指挥手势正确，然后采用"点动"操作方法起吊。

⑨ 检修设备时，首先确认作业环境无危险和所采取的安全措施牢靠有效，结束后确认所有现场人员撤离和临时安全设施拆除后方可试车。

⑩ 转炉在兑铁水之前，混铁炉在进出铁之前，都必须对炉体进行检查确认，确认无问题后再进行操作。

⑪ 锅炉在操作运行前要检查确认其安全装置是否灵活可靠和各种仪表计量是否准确后方可操作。

⑫ 各种起重设备的钢丝绳、端扣、压卡，都必须事先确认可靠，制动器、极限开关、低压保护装置，确认灵活可靠后，方可操作，不准带"病"作业。

⑬ 非本岗位操作人员不许代行操作设备，但因特殊情况需要交给他人操作时，必须经有关领导同意，确信接替该工作人员具有该岗位熟练操作技术，且交清接明。工作结束（或去处理故障或去做其他事情）离开岗位时，必须将操作机具恢复到原位，挂上或取下规定的牌子，确认无误后方可离去。

3.联系、呼应信息的确认

对有交叉、多层作业、上下工序作业、多工种配合作业、多队伍混岗作业、生产流程线长和视线不好、噪声大的生产环境的调度指挥等，为提高作业效率，减少失误，杜绝事故，便明确统一相互间联系呼应传递信息的手势、信号和指令等规定。这种统一联系呼应的信息，作业人员一定要确认后才能执行，否则发生事故。应做到以下四点：

① 多层作业、上、下工序作业，首先要做到联系呼应确认，噪声较大场所，必须以规定的手势或对讲机等进行联系，确认问对、答准，并复问复答，反复确认无误后方可进行操作。高处作业要系好安全带，确认其带子、环扣等结实可靠，系挂位置要牢固，高挂低用，严禁高挂低用，站位要安全。所有工具的手绳要系在手腕上或放入工具带中，确认不掉下去，方可作业；在搭有跳板和脚手架作业的地方，要首先确认其合理、结实、牢靠后方可作业。高处作业严禁往下扔东西，如遇特殊情况需要往下扔东西时，必须在相关位置派专人监护，必要时设置警戒线，确认无误后方可进行。

② 新设备或新工艺投产前要单体试车和联动试车过程中，在检查或操作各个环节的设备、安全装置；水、电、风、气畅通无阻，无跑、冒、滴、漏的等过程中，一定要对接到的指令反复确认无误后方可进行检查或操作。

③ 在危化品系统（如煤气、氧气、氮气等）的设备设施检修过程中，各种闸阀开、关；熄火和动火；吹扫好引气等操作的联系呼应信号和指令一定要反复确认无误后方可进行操作。

④ 对生产流程线长（如皮带输送系统等）、视线不好（如晚间作业等）和噪声大的生产环境（如行车作业）中的操作联系呼应信号和指令一定要反复确认无误后方可进行操作。

4.厂区行走的确认

当人们进入厂房、不熟习的作业区或高空作业时，必须对环境的安全性进行确认，否则严禁入内或作业。应做到以下三点：

① 员工或外来人员进入厂房必须沿规定的人行安全通道或走台行走，注意识别确认禁止、警告、指令和提示标志牌内容，不准擅自盲目进入危险禁区或警戒区域；厂区行走时先要确认高空无吊物，前后左右要看清，确认安全无误，方可前进。

② 上、下梯子要注意脚踩稳，扶手要把稳抓牢；上下设备（包括吊车）时要与操作者联系好，确认设备已停稳、脚下踩实、扶手牢固、把稳抓牢可靠后再上、下。

③ 机动车辆在出车前要检查其方向、制动、信号等安全装置是否处于良好状态，确认安全可靠后方可动车。

5.结束作业的确认

当员工要结束工作任务后，特别是检修、抢修或故障处理工作结束后，一定

安全教育与管理十法

第六章

要对如下内容进行确认。应做到以下四点：

① 对照任务单确认所有工作任务是否全部完成，没有遗漏。

② 因工作任务需要拆除或破坏安全装置（如罩、套、栏、盖、接地接零、联锁等），在结束工作任务后要确认是否复原且灵敏可靠。

③ 因工作任务需要制订的临时措施或规定（如封道、警戒、操作票、工作牌、临时线和指令等），在结束工作任务后要确认是否取消、撤除或恢复正常。

④ 一同外出工作的员工是否一道回来了，所用的工具和剩余材料是否带回，并按要求摆放好等都要进行确认。

目前，国家安全生产监督管理总局要求企业开展安全生产标准化建设。企业在安全规章制度和作业环境等标准化同时，就是要求员工作业标准化，做到上标准岗、干标准活。"安全操作确认制"是约束和规范企业员工安全作业行为的有效措施，是推行员工安全作业行为标准的一种手段。因此，要搞好企业安全生产，必须约束员工不安全行为，减少或杜绝工伤事故，就要在广大员工中推行"安全操作确认制"，它是企业安全生产活动中一副安全良方。

六、检查法

随着现代化步伐的加快，各类企业的迅速发展，生产规模、工艺技术、产品结构方面都发生了巨大变化。这些必然对安全技术、安全管理、生产安全及环境保护提出更新、更高的要求。企业中的劳动安全卫生工作，就显得尤为重要，并将成为其能否迅速、健康发展的关键。

现代企业要特别强调安全生产的重要性，是因为生产本身客观存在许多潜在的不安全因素，是由其生产的特点决定的。如不加强安全检查，随时都会酿成事故，造成人员伤亡或财产损失。或许发生事故的因素是多方面的，但在现有的条件下，加强安全检查可大大减少事故发生率，这是一个企业生存、发展的基本条件之一。因而，加强安全检查对于企业尤为重要。

如对于一个化工企业来讲，所用的原辅材料一般具有易燃、易爆、有毒、腐蚀的性质；设备要求高；工艺技术复杂，操作要求严格；三废多，污染严重；事故多发，损失重大。针对以上特点，强烈要求企业在生产过程中，严格按规范进行，遵守操作规程，操作时注意巡回检查，认真记录，纠正偏差，及时消除隐患，这样事故才能得到有效的控制。

有资料表明，化工行业每年发生几百起重大事故，70%以上是由于人为因素造成的，而安全检查不力和违章造成的占大部分。因此，企业应加强安全检查，势在必行。

安全检查是搞好安全生产的重要手段，其目的就是发现和查明各种危险和隐患，督促整改，堵塞安全漏洞；监督各项安全管理制度的实施；制止违章指挥，违章作业。安全检查并不是制订一些制度、一些措施就可以解决的。也许有人认为，我们把所有的规章制度，安全措施都下发到每一个责任人，这样就可以使他们安全、正常地工作。其实不然，有时候，能力的差距、认识的差距和习惯的认识都会存在不安全的因素。也就是说，我们进行安全检查，不应停留在表面，而应该深入下去，这样才能解决问题。

第一，企业在制订经常性的日查、周查、月检查和综合性检查时，不论大检查、小检查，都不能走马观花、蜻蜓点水式，一带而过。对检查中发现的问题不能大事化小、小事化了，只提建议和希望，不分析，不处理，不了了之，更不能存在侥幸的心理，认为倒霉的事不会发生在自己的头上，那就大错而特错了。俗话说得好，不怕一万，就怕万一。对企业、对个人来说，我们在检查过程中，发现的问题，还应该拉得下脸，下得了手，狠得下心，该怎么整改，该怎么处理，还得贯彻执行下去，问题不解决，事故隐患没消除，安全工作的开展只是一句空话。反其向而查之。要推行和学会"走一遭、查一路、保平安"的"闭环式"安全检查方法，使安全隐患在"走动"中发现，在现场中予以解决处理，确保实现动态安全生产。第二，树立"安全第一""安全为大"的思想，实现车间主任、班组长职能由"生产型"向"安全型"的转变。要建立健全车间、班组安全管理制度，如开工安全检查制度、班组安全抵押金制度和班组长安全末位淘汰制度等。以健全的制度、严格的管理夯实筑牢班组安全基石，真正打破开工时段事故多发"怪圈"，实现真正的安全生产。第三，实行安全员轮岗交流制度。要加强对安全员责任心教育，不徇私情，严格执法，自觉当好"安全包公"；要实行安全员轮岗交流制度，真正做到"严格执法，热情服务"，确保安全生产。第四，建立安全隐患首查负责制，严格追究检查人员的安全责任。要建立安全隐患检查登记、备案和首查负责制，安全检查结束后，要进行分析，对查出的突出问题要认真剖析根源，查找症结所在，举一反三，坚决堵塞安全管理上的漏洞。严格追究事故前一天、一周、一月和一段时间以来，所有到此检查人员的安全责任，确保安全检查的质量和效果，促进企业安全生产的长治久安。

总之，开展安全检查对企业的安全生产是至关重要的。搞安全工作，搞安全检查，其目的是让企业按市场发展的正常轨道而发展壮大。不断营造一个和谐、安全、高效、持续发展的共荣圈；让员工有蓬勃的向上力，有一种对企业的归属感、认同感，真正成为企业的推动者，成为具有活力的生产力，按科学规范的管理制度与企业同步发展。

七、"公示"法

企业应设置公示栏，对公司的重要决策、方针政策、绩效考核、完成任务情况、奖金分配、风险信息、有害因素等敏感性话题进行公示，让职工及时了解信息，上、下得到沟通。

国家安监总局发布《企业安全生产风险公告六条规定》。《规定》要求，企业要自曝安全生产"家丑"，危险危害因素必须向企业员工公示。《规定》要求，生产经营单位必须在企业醒目位置、存在安全生产风险的岗位、重大危险源和存在严重职业病危害的场所、有重大事故隐患和较大危险的场所和设施设备上，公告相关危险危害因素及应对措施。让企业通过各种有效途径向社会公告其安全风险，让群众尤其是企业从业人员充分了解企业安全风险，监督、参与企业安全生产管理，倒逼企业搞好安全生产，最大限度地保障从业人员以及企业周边人员的人身安全和财产安全，实现安全发展。

《企业安全生产风险公告六条规定》全文如下：

（1）必须在企业醒目位置设置公告栏，在存在安全生产风险的岗位设置告知卡，分别标明本企业、本岗位主要危险危害因素、后果、事故预防及应急措施、报告电话等内容。

（2）必须在重大危险源、存在严重职业病危害的场所设置明显标志，标明风险内容、危险程度、安全距离、防控办法、应急措施等内容。

（3）必须在有重大事故隐患和较大危险的场所和设施设备上设置明显标志，标明治理责任、期限及应急措施。

（4）必须在工作岗位标明安全操作要点。

（5）必须及时向员工公开安全生产行政处罚决定、执行情况和整改结果。

（6）必须及时更新安全生产风险公告内容，建立档案。

实际上，企业必须按照《安全生产法》的要求，对职工的知情权给予保障。对于有些企业的不良信用要记录下来。生产经营单位有违反承诺及下列9类情形之一的，安全监管监察部门和行业主管部门要列入安全生产不良信用记录。

主要包括：生产经营单位一年内发生生产安全死亡责任事故的；非法违法组织生产经营建设的；执法检查发现存在重大安全生产隐患、重大职业病危害隐患的；未按规定要求落实安全设施"三同时"和职业卫生"三同时"的；未按规定开展企业安全生产标准化建设的或在规定期限内未达到安全生产标准化要求的；未建立隐患排查治理制度，不如实记录和上报隐患排查治理情况，期限内未完成治理整改的；拒不执行安全监管监察指令的，以及逾期不履行停产停业、停止使用、停止施工和罚款等处罚的；未依法依规报告事故、组织开展抢险救援的；其他安全生产非法违法或造成恶劣社会影响的行为。

对责任事故的不良信用记录，实行分级管理，纳入国家相关征信系统。原则上，生产经营单位一年内发生较大（含）以上生产安全责任事故的，纳入国家级安全生产不良信用记录；发生死亡2人（含）以上生产安全责任事故的，纳入省级安全生产不良信用记录；发生一般责任事故的，纳入市（地）级安全生产不良信用记录；发生伤人责任事故的，纳入县（区）级安全生产不良信用记录。纳入国家安全生产不良信用记录的，必须纳入省级记录，依次类推。

国家建立失信企业将进安全生产"黑名单"的记录。对发生重特大责任事故和非法违法生产造成事故的企业，各级安全监管监察部门及有关行业管理部门要实施重点监管监察；对企业法定代表人、主要负责人一律取消评优评先资格，通过组织约谈、强制培训等方式予以诫勉，将其不良行为记录及时公开曝光。建立完整、健全的企业安全诚信体系，对于推动安全生产稳定好转有着重要的现实意义。为确保企业安全诚信，意见中提出的要建立安全生产不良信用记录制度和安全生产诚信"黑名单"制度，并采取企业联动管制措施，是对安全失信企业或列入安全生产诚信"黑名单"企业的严厉惩处。

生产经营单位有下列6种情况之一的，纳入省级管理的安全生产诚信"黑名单"：一年内发生较大（含）以上生产安全责任事故，或累计发生责任事故死亡超过3人（含）以上的；重大安全生产隐患不及时整改或整改不到位的；发生暴力抗法行为的，或未按时完成行政执法指令的；发生事故隐瞒不报、谎报或迟报，故意破坏事故现场、毁灭有关证据的；无证、证照不全、超层越界开采、超载超限超时运输等非法违法行为的；经监管执法部门认定严重威胁安全生产的其他行为。

当然，对安全生产诚信企业开辟绿色通道。把企业安全生产标准化建设评定的等级作为安全生产诚信等级，分别相应地划分为一级、二级、三级，原则上不再重复评级。安全生产标准化等级的发布主体是安全生产诚信等级的授信主体，一年向社会发布一次，重点是巩固一级、促进二级、激励三级。对纳入安全生产不良信用记录和"黑名单"的生产经营单位，根据具体情况，下调或取消安全生产诚信等级，并及时向社会发布。对纳入"黑名单"的生产经营单位，要依法依规停产整顿或取缔关闭。要合理调整监管力量，以"黑名单"为重点，加强重点执法检查，严防事故发生。

企业在安全管理过程中，对于安全生产方面的重大决策、重大操作、重大项目都要向全体职工公示，保证职工的知情权和为企业献计献策。特别是企业存在的有毒有害物质的数量、毒性、安全措施、安全防护装置等都要清清楚楚、明明白白地告诉职工，使他们心中有数，在安全培训教育中有针对性地掌握相应的安全防护知识，应急救援知识，提高自我保护能力，减少不必要的伤害。

八、整改法

在企业安全管理上，最可怕的是对隐患视而不见，见而不改，麻木不仁。因此要坚决摒弃以上陋习，不论是上级检查，还是企业自己检查，都应及时整改。安全隐患整改是指对各种安全大检查出的隐患进行治理整改，是落实"安全第

安全教育与管理十法

第六章

一、预防为主、综合治理"具体安全生产方针措施。

如何进行安全隐患整改？作者认为，首先，解决思想意识上隐患。从管理者到作业者，各级人员的安全意识如何，与事故发生的频率有着一定关系。对待思想上的隐患，应进行"充电"，用法律法规、事故案例、安全技术操作规程等安全方面知识，进行现场教育培训；用目标管理、责任追究、事故连带及赔偿等方法来进行约束，使其头脑紧绷安全这根弦。同时要做到善于查找、识别隐患，充分调动全员安全防范意识，发挥专业技术人员的作用，做到早发现、早整改、早处理。在安全隐患整改的工作上，要责任明确到人，整改彻底，设定限期，及时反馈，回访检查，把责任人的责、权、利与整改效果结合起来，消除侥幸心理，确保安全隐患消息在萌芽状态。

安全大检查、隐患大整改，都是安全管理一种重要手段，目的是少出事，不出事。俗话说"宁为安全憔悴，不为事故流泪"。各类事故的发生绝不是偶然的，必然有内在因素，对待各种隐患，首先要从思想上重视，加大安全投入，利用各种方法和有效手段，全方位地抓好安全管理工作，才能真正做到不出事或少出事故。

强化隐患排查治理工作。经常化、制度化的隐患排查治理是及时发现、整改隐患的有效方法。安全隐患是事故发生的"导火索"，做好隐患排查治理才能够及时发现隐患，及时整改隐患，确保安全生产。排查隐患是一项细致的工作，排查隐患要严密组织，周密安排，严密检查，要建立健全隐患排查治理的各项规章制度，充分调动企业干部职工参与隐患排查治理工作的积极性，通过多种方式、方法，突出重点部位，深入、细致、全面、全方位、深层次地开展排查，确保隐患排查不留死角，对排查出来的安全隐患，必须在整改上狠下功夫，不等不靠。发现重大险情，要迅速采取应急处置措施，并及时上报。经常化制度化的排查治理加上积极有效的整改措施的落实，必然会全面压降事故发生的"苗头"。

"安"者，安定和谐也。家之安，则户纳千祥；国之安，则国运昌盛；宇之安，则万物和谐。充分认识提高企业防范事故和整改隐患能力的重要意义并采取切实有效的措施，是提高企业本质安全度的必由之路。

九、激励法

激励分为正激励和负激励，一般来讲都以正激励为主。形成鼓励先进、鞭策后进，你追我赶，比、学、赶、帮、超的好局面。

激励就是通过激发人的内在欲望和需求，以实现某种组织目标和行为的过程。激励机制则是为实现目标，以激励为条件而设计的组织结构和制度框架。为满足企业目标的要求，企业的组织结构和人员配置与激励机制应是一个统一的整体。在企业的整个生命周期中，每个阶段会有每个阶段的目标要求，始终是一个动态的过程。因此，企业在设计组织结构和管理制度时要充分考虑不同的情况，形成合乎实际的激励机制。但其根本出发点当是以人为本，了解人、尊重人的不同需求。具体而言，建立和运行激励机制需要从各个角度深入思考。

1.激励在企业安全管理中的融会贯通

（1）明确企业管理中激励的潜在因素。

① 合理的制度，激励实施的前提　X理论（经济人假说）认为：人天生讨厌工作、逃避责任、寻求安全、趋利避害；要实现目标必须对其强制、控制、惩罚并进行指导。因此，设置标准和管理制度是必需的，达不到标准就要给予相应的处罚，处罚也是一种激励。

② 激励中以员工被"尊重和信任"为发展基础　Y理论（社会人假说）认为：人的工作可以像休息或游戏一样自然。因此，员工也能对工作作出承诺，能自我引导和自我控制，能学会负责任，普遍具有创造性决策能力。人的自我激励本能要得到充分尊重和发挥。

③ 企业安全管理发展以"人"为本　人的价值观是可以被引导的。因此，要努力引导企业员工对企业的价值认同，利用人的需要、欲望和行为之间的关系，激发人的欲望，满足人的需要，挖掘人的内在潜力，促使人的安全行为向组织安全目标而努力，通过创造外部条件，从不同的方面合理满足需要。

④ 需求结合　马斯洛的需求层次论认为：人的需求层次分为生理需要、安全需要、社交需要、尊重需要和自我实现需要五个层次。一种需要基本满足，下一个需要将成为主要需要，已获得基本满足的需要不再具有激励作用。因此，要激励就要知道需要处于何种层次，然后去满足它和更高层次的需要。一般而言，从外部满足为较低层次的需要，而从内部满足则为较高层次的需要。设置激励目标时应让员工能达到或经努力能达到为宜，决不能遥不可及，也不能轻松达到。

⑤ 让员工快乐　期望理论认为：员工的个人目标中应包括员工的个人能力、技术水平等非绩效因素能否得到上司的认可；员工的个人贡献和绩效能否得到组织或团队的认可；员工希望得到的组织或团队能否给予。也就是说，激励力量与努力后获得结果的期望和价值应成正比。因此，企业要做到人尽其才、知人善用，员工因被认可而获得的快乐会比物质奖励产生更多的效益。总之，高绩效来源于科学的激励机制。只有对员工充分了解、充分尊重，给予员工充分发展的机会，企业目标得到全体员工的积极响应和认同，转化为员工的自我激励，企业才会真正具有活力，科学的激励机制才会形成。

（2）物质激励升华为精神力量。

① 识别激励中"千里马"　三重需要理论认为：成就、权力、亲和是人的三种重要需要。成就需要主要包括追求卓越、实现目标、争取成功；权力需要主要

包括影响和控制他人的欲望、喜欢竞争、承担责任、重视地位和威望；亲和需要主要包括被他人喜欢和接受、渴望相互理解。高成就需要者勇于承担责任和适度冒险，但不一定是优秀的管理者；而优秀的管理者却会有高权力的需要。因此，对优秀员工要认真分析，区别对待，满足其不同的需求。

② 设置美好远景　安全目标设置理论告诉我们：要给出安全目标的工作意向。安全目标要告诉员工做什么及需要作多大努力，用安全目标指引员工的安全行为。安全目标必须具体，安全目标越困难绩效水平越高。员工需要获得反馈，以使其产生成就感，增强胜任工作的自信心。将外部反馈变为内部反馈，变为员工的自觉行动，也就是我们常说的自我激励。

（3）激励中的潜规则　激励机制体现公平、公正、公开、透明。公平理论讲的人的平等，是指人在政治上平等、人格上平等、机会上平等。而分配制度上的平等指的是收入/贡献这个比值相等。收入可以是工资、荣誉、职位、培训等；贡献则是指员工投入的时间、精力、受教育程度、工作效果等。员工在心理上认为公平与不公平是要有一个参照系的，无论是高于或低于参照系都是不公平的。我们要做的是分配得公平，让员工满意；让程序公平，在制度、组织承诺、领导信任、人员流动等方面公开透明；引导员工改变对自己的评价或引导员工改变对参照对象得评价。因此，企业必须制订公平的分配制度，努力消除那些不利于公平的因素。

2.激励创新企业文化

（1）企业文化内涵　企业文化包含了企业的精神、宗旨、经营理念、行为准则、道德标准与立业使命等基本内涵，它所蕴涵的价值观和精神应是员工行动的指南。通常来说，企业与员工的关系靠两种契约来维系：一种是劳动契约，它规定了双方的权利、责任和利益关系；另一种是文化契约，员工以此与企业形成一种心理纽带，认同企业的远景和使命，将个人目标与组织目标结合在一起，共同承担责任并进行自主管理。这就是文化管理，是管理的更高境界。

（2）企业文化精神　企业文化是对员工的一种约束，更能产生由员工因自豪而产生的自觉的自我约束。每个企业都会在发展过程中逐渐形成自己的企业文化，具备了自己企业最具凝聚力的一种精神。这种精神是企业价值观的体现，是应当与员工的价值观相统一的。企业文化体现企业的精神，体现全体员工衷心认同和共有的企业价值观念。企业文化纽带把员工与企业的追求紧紧地联系在一起，使每个员工产生归宿感。企业文化作为一种巨大的向心力和凝聚里，使企业成员从内心深处产生一种高昂情绪和奋发进取精神的效应，对员工具有很大的精神激励作用。

（3）激励提升企业文化　激励在企业文化建立和发展过程中始终发挥着重要

作用。它以自己特有的方式引导员工认同企业文化，发展企业文化。激励与企业文化又是一个统一的整体。企业文化一旦建立，就成为一种特有的激励要素发挥着积极作用。其特点是由外部激励向内部激励和自我激励的方式转变，这大大降低了激励成本，提高了激励效果。也就是说，就是把个人的发展目标与公司的总目标结合在一起，把员工的个人追求融入到企业长远发展之中。

激励对一个企业的发展很重要，但在企业的激励中，应注重合理利用激励的管理原则和减少激励误区，企业的管理者应该结合单位的实际情况，创造出适合本企业的激励机制，在企业管理中实施各种软性激励因素（如培训、晋升、员工福利等），有潜质的培训、合理的晋升、适当的员工福利，在企业管理中起着举足轻重的作用，不仅能让员工从各个不同的方面使自己得以充实，工作的主动性与自信心由内而生，从而让企业在经营中能获得最大的效益。

（1）培训进修激励　双向交流：职员若是总部职员，为增强工作实感，有可能被指定到一线生产单位去学习锻炼16个月；职员若是一线骨干人员，也有可能被指定到总部或其他对口业务单位联合办公0.5个月，使职员有时间、精力来总结提炼丰富的实际操作经验，以利于在集团范围内交流，实现集团安全资源共享，同时进一步系统了解公司安全运作特点。安全培训因员工的表现，给予员工外出考察的机会，从不同的方面拓展员工的视野，丰富他们的安全学习经验。适时派遣组织管理人员、专业人士以及荣获嘉奖的职员到外地考察。在安全培训期间实行积分制度，职员参加各种安全培训并获得结业后，可以向人力资源部门申报积分，积分作为职员参加安全培训的全面记录，年度累计积分的多少是职员晋级或晋升的参考标准之一，不同类别的职员积分要求需有所差别。

（2）差别晋升激励　企业要为不同类型的员工提供不同的晋升阶梯，以体现分配公平性。业绩优秀的员工应该得到奖励与表彰，但是否晋升到高一级的职位则更主要地取决于他们的工作能力与个性特点。企业对未能晋升的优秀员工应有足够的表彰与补偿，以体现不同类型的员工在企业中应有的地位与价值。因为较高的职位意味着较高的收入、更大的权力，如果业绩优秀又未能晋升的员工得不到应有的表彰与补偿，不但会极大地打击优秀员工的工作积极性，还会对其他员工产生不良的示范作用，导致员工士气低落。企业应针对管理人员、专业人员、技术服务人员、技术工人等不同的人群制订多阶梯晋升制度。避免所有有才能的人拥挤在一条晋升阶梯上。另外，管理工作可能不符合某些专业技术人员的职业目标，他们并不想获得更高的行政职位，拥有更高的管理权力，如果硬是将他们推上管理岗位，一方面他们会因为无兴趣而干不好管理工作；另一方面又脱离了专业技术工作，使他们经过多年积累的专业知识和经验不能发挥作用。对企业来说，这种做法是用一个出色的专家换来了一个蹩脚的经理。多阶梯制度提供多条平等的升迁阶梯，一条是管理岗位的道路，另外几条是专业发展的道路。这种制

安全教育与管理十法

第六章

度使没有管理兴趣或管理能力的专业技术人员可以在专业技术阶梯上升迁，既保证了对他们的激励，又能使他们充分发挥自己的专业特长。

晋升是企业人力资源管理的一项重要激励措施。管理人员在晋升决策过程中公平地对待员工，能体现管理人员对员工的尊重与赏识，改善上下级关系并倡导合作精神与互助行为。当然，坚持晋升决策的公正原则并不是正确发挥晋升激励作用的唯一措施。为每个员工设计其职业发展道路，为能力不同、特长不同、兴趣不同、个性不同的员工提供多元的发展空间，让各类员工都有自己施展才华的天地，也是企业留住并激励优秀人才的重要措施。

3.激励创新企业管理

在知识经济时代到来之际，企业的安全管理思想发生了较大的变化，完全改变了过去传统的以物为中心的管理，形成了以人为中心的管理思想，充分地强调人是企业的重要资源，人是企业安全管理的主体，这就充分地显示出人的安全生产积极性、主动性和创造性的重要。针对目前企业安全管理的实际状况，正确运用激励理论，让激励成为企业安全管理的有效手段，激发人动机的心理过程，通过内部刺激，使人始终维持在一个兴奋状态中，从而引起积极的行为反应，并达到一定目的，满足个体的需要。激励是安全管理工作的重要环节，在企业安全管理机制中激励的方式很多，如薪酬激励、目标激励、参与激励、关怀激励等，每一种激励方式在企业中的合理利用都很重要，不同的安全激励方式将给企业带来不同的经济效益。

（1）薪酬合理激励　美国哈佛大学教授威廉·詹姆士研究发现，在缺乏科学、有效激励的情况下，人的潜能只能发挥20%～30%，科学有效的激励机制能够让员工把另外70%～80%的潜能也发挥出来，所以企业能否建立起完善的激励机制，将直接影响到生存与发展。激励更是管理的核心，而薪酬激励又是企业安全激励中最重要的激励手段，是目前普遍采用的一种有效的安全激励手段，它相对于内在安全激励管理更容易控制，而且也较易衡量其效果，在企业安全管理中真正能发挥好企业薪酬对员工的安全激励作用，就可以达到企业与员工双赢的目的。综上所述，尽管薪酬不是安全激励员工的唯一手段，但薪酬管理却是一个非常重要也最容易在安全管理中运用的激励方法，企业管理中必须准确合理使用薪酬这一激励措施。科学的薪酬激励制度在企业安全管理和运营中发挥着不可估量的作用。

（2）关怀激励　"卓有成效的企业福利需要和员工达成良性的沟通。"要真正获得员工的心，公司首先要了解员工的所思所想及他们内心的需求。从某种程度上来说，员工的心是"驿动的心"，员工的需求也随着人力资源市场情况的涨落和自身条件的改变在不断变化。

安全激励手段反映到安全管理实践中，就是调动人的安全生产积极性的各种措施。安全激励是充分发挥企业各种生产要素的效用、使企业安全目标得以实现的有效手段。企业的生产经营活动不仅仅是高精设备和高新技术的组合，更是人有意识有目的的实践活动。因此只有把劳动对象和劳动手段同人这最活跃、最基本的生产要素相结合，才会变成现实的生产力，才能使企业的生产经营活动得到持续的发展，才能顺利地实现企业的生产目标。

4. 激励形式与企业管理相结合

（1）实行差别激励的原则　为了提高员工工作的积极性，企业要根据员工不同的类型和特征制定激励制度。在制订激励机制时一定要因人而异，充分尊重个体差异。例如：女性对报酬更为看重，讲求实际，而男性更注重企业和自身职业规划的发展；较高学历的人一般更注重自我价值的实现，而学历较低的人注重基本需求的满足，因而激励要因人而异，实行差别激励的原则。

（2）奖惩适度的原则　奖励过重会使员工产生骄傲的情绪，失去进一步前进的动力，或者互相攀比，互相封闭，恶性竞争；奖励过轻，不痛不痒，起不到激励效果，员工也失去喜好，或认为领导不重视，有点轻视自己。惩罚过重会让员工感到不公平，产生怠工或破坏的情绪，甚至报复公司，失去应有的认同感和归属感；惩罚过轻会让员工轻视错误的严重性，放松警惕，会重蹈覆辙。

（3）坚持公平的原则　公平性是企业管理的重要原则之一。一个人对他所得的报酬是否满意，不只是看绝对值，更重要的是他们会把付出的价值进行社会比较和历史比较，不公的待遇，会使员工产生消极的情绪，影响工作效率，危害公司的利益。管理者在处理员工报酬问题时，一定要大公无私，不抱任何偏见或喜好，不能有任何不公的言语和行为。每个人都把个人报酬与贡献的比率同他人的比率作比较，对取得同等成绩的员工，一定要获得同等层次的奖励；对犯同等错误的员工，也应受到同等层次的处罚。假如做不到这一点，管理者宁可不奖励或者不处罚。不然，奖罚办法会适得其反。

（4）恒正避错原则　管理学家米切尔·拉伯夫经过多年的探究，归结出应奖励和避免奖励的十个方面的工作行为摘要：① 奖励善用创造力而不是愚蠢的盲从行为；② 奖励多动脑筋而不是一味苦干；③ 奖励忠诚者而不是跳槽者；④ 奖励承担风险而不是回避风险的行为；⑤ 奖励果断的行动而不是光说不练的行为；⑥ 奖励使事情简化而不是使事情复杂化；⑦ 奖励沉默而有效率的人，而不是喋喋不休者；⑧ 奖励彻底解决新问题，而不是只图眼前利益的行为；⑨ 奖励有质量的工作，而不是匆忙草率的工作；⑩ 奖励团结合作而不是互相对抗。奖励是企业管理的催化剂，合理地运用奖励会使员工的积极性达到最大化。

（5）"物""质"结合原则　物质激励是指通过物质刺激的手段，鼓励职工的积极性。它是我国企业用得较普遍的一种主要的激励模式。但在实践中，不少单位物质激励是不少，但未见到"一激就发"的局面，职工的积极性也不高，贻误单位的安全发展。例如：有些企业实行平均主义，却抹杀了员工的安全生产积极性，还是"大锅饭"，职工干多干少奖励一样。事实上人类不但有物质上的需要，更有精神方面的需要。因此，企业单用物质激励不一定能起功能，必须把物质激励和精神激励结合起来，才能真正地调动广大员工的积极性。

5.激励"心"的注重

安全工作激励是一个持续反复的过程，是一个有多种复杂的内在、外在因素交织起来的、持续作用和影响复杂的过程，而不是一个互动式的即时过程。运用各种激励理论来激发组织成员的积极性，是各级领导者的重要职责，也是实现组织目标的前提。为使激励取得效果，在采取激励办法时应注重"心"的问题。

① 激励员工要注重机会均等，创造公平竞争的环境；

② 激励要把握最佳时机；

③ 激励要有足够力度；

④ 激励要公平准确、奖罚分明；

⑤ 构造员工收入分配的合理落差；

⑥ 激励要及时，不能都等到年终再奖励；

⑦ 激励程度要和贡献相当；

⑧ 激励的方式方法要变化，不能年年老套；

⑨ 激励不要过于频繁。

激励是管理，更是艺术。安全激励给人以行为的动力，激发人的动机，诱发人的行为，指向特定的目标。安全激励贯穿于企业安全管理的全过程，安全激励应得到企业全体员工的响应，对员工的行为进行安全激励，对员工的心理因素进行研究，制造各个诱因，诱发员工贡献自己的时间、经历，使员工的行为方向、质量、强度作出合理的反应。安全激励更是一种力量，使员工充分发挥出他们的内在潜能，共同实现企业的目标，科学的安全激励机制需要在企业管理过程中不断创新。

十、考核法

严格考核、奖罚分明是管理中有力的杠杆，运用得当可以起到事半功倍的效果，在企业安全管理上必须运用有效手段，保障安全制度措施落到实处，在生产中对违章的员工要不留情面给予批评教育甚至重罚，对遵章守纪的员工给予奖励，通过"德、能、勤、绩"对员工进行严格考核，与年终评模评先挂钩，并公开考核的结果，让大家一起来监督。

众所周知，考核制度是企业安全管理的重要组成部分。多年来，企业通过一系列血的教训，逐步加大了对员工们的考核力度，有奖有罚、奖罚并举，取得了一定的成效。正是由于它的"特殊功能"，使这部分单位把其作为稳定企业安全生产的最主要的手段和措施之一，而且考核的方法更加完善，考核的力度也更加增大。但是从辩证法的角度上来分析，任何事物都是一分为二的。考核制度的实施，虽然能够提高广大员工的激励机制和竞争机制的意识，有利于企业的安全生产。但是，近年来随着科学技术的不断发展、社会的不断进步，在市场经济这个大环境下，人员的思想状况、工作作风、技术素质和事业心都会产生一定的影响；企业的生产、管理等各方面的工作都将面临着新的考验，经受着新的冲击，这里首当其冲的就是安全管理工作。如果我们在抓此项工作中，仅仅侧重于考核管理，放松监督、放松人文管理和其他综合协调管理，就很难与员工们活跃的思想状况相沟通、与处理所面临新的情况相吻合、与解决安全管理中的复杂局面相适应，就会产生人员的逆反心理，出现"一头冒尖、一头下滑、中间自顾自"的局面。表面上看，企业的安全生产一派生机，但由于考核过程中存在操作的不规范性、人员的抵触情绪等，加之思想教育工作一时滞后，其他管理模式没有及时跟上，使安全生产中不稳定因素增加，诱发了安全隐患的产生。翻开近年来企业中发生的一些事故案例，从中我们不难发现，有些企业对安全管理是比较重视的，他们有着一整套的安全考核办法，但为何会出现令人难以置信的责任事故？这里关键是他们以罚代管、以考核代替监督，以经济手段代替思想教育，其结果是导致安全生产出事故了。这就说明企业在复杂多变的形势下，仅靠经济奖惩这个杠杆来对待安全生产是远远不够的。

考核不是万金油，抓好安全综合管理才是解决问题的关键。应在人文管理上做活文章，采取监督与考核相结合；思想教育与技术培训相结合；安全预防与安全措施相结合。只有这样，企业才能变考核为动力、变管理为活力、变教育为合力；才能确保安全管理适应千变万化的形势需要；才能做到安全生产警钟长鸣。

1. 把安全管理引入考核制约机制应该把握的几个问题

（1）摆正安全管理工作的位置　安全管理是整个企业管理的重要组成部分，也是企业生产经营不可缺少的重要环节。企业安全管理工作的好坏，不仅直接关系到企业生产经营的正常进行，而且也直接关系到企业经济效益的稳定和提高；而企业经济效益的增长反过来将不断刺激安全管理部门人防、物防、技防技能，提高安全管理的软硬件水平。二者相互统一，相互促进，使企业物质文明、政治文明和精神文明建设得到同步发展。

（2）明确安全管理同样可以细化、量化　没有目的的考核是无源之水，没有细化、量化的具体考核内容是无本之木，都达不到安全管理的根本目的。因此，

强调安全管理考核必须细化、量化考核内容。有人认为，安全管理工作是"软指标"，是抽象化的工作，考核起来难，不好考核。其实，安全管理工作的具体内容同样可以像市场管理一样细化、量化，只要我们细化、量化了安全管理的目标内容，就可以实现我们考核的目的。这就要求我们要把安全管理规定的许多具体内容与自身实际相结合，在工作思路和工作方法上创新。

（3）将安全管理考核制约机制转化为安全管理激励机制　现代企业注重人性化管理，"以人为本"的现代管理理念深入人心。这就要求企业在建立安全管理制约监督机制的同时还要积极促进安全管理激励机制的形成。激励动机学派的代表人之一马斯洛认为，激励不是消极的，在行政管理上与工作有关的措施，如工作本身、工作受到嘉奖、工作获得进步、扩展工作的可能性、责任的加重、工作上的成就，均属激励的因素。安全管理考核制约机制作为考核竞争的手段，它就是一种激励因素，此种因素可增加员工对工作的满足感，进而增加工作量、提高工作效率、实现甚至超过预期的工作目标。这种激励的结果正是我们要把安全管理引入考核制约机制的目的。

2.建立安全管理考核制约机制

（1）安全管理考核的概念　安全管理考核工作是考核制约机制的重要一环，是企业精神文明建设工作考核的重要组成部分，它是对安全生产相关工作人员的表现进行检查和评估，并用文字形式记录下来，作为月效益奖、月效益工资发放、晋级、晋升、奖惩的依据。安全管理考核是安全工作奖惩的依据，安全工作奖惩是安全管理考核的结果，把安全管理融入企业部门考核和职工个人绩效工资考核之中，使安全管理考核在企业总体考核中占一席之地，将达到丰富安全管理内容、强化安全管理作用的目的。

（2）安全管理考核的原则　传统的考核是按德、能、勤、绩四个方面来进行的，而现代管理特别强调考核实绩，实绩是德、能、勤的集中表现。实绩不行，其他方面就失去了意义。因此，安全管理的考核的原则是要重视对下属各部门以及各部门工作人员的实绩考核，同时兼顾公平、公正、合理。

（3）制订科学合理的安全管理标准，细化量化考核的指标和内容　安全管理一般由三个方面来构成：一是制订科学、合理的安全标准，二是清醒地认识影响企业安全的因素，三是组成强大有效的保安力量。其中，标准很关键。制度是基础，措施是保障，落实是关键，而标准又是落实的关键。标准是衡量事物的准则、尺度。企业安全管理的标准，就是衡量企业安全与否的一系列指标体系和具体规格，它是企业各项工作规范的综合反映。

考核标准制订了具体规定的工作范围，应该做什么，不应该做什么，遇到某种情况应如何处理等。标准的制订，把事后监督、处罚和整改变通为事前告知，即便在考核中发现问题也能让相关人员心服口服，促使其努力改进工作方法并积极整改事故隐患。

（4）建立考核体系　考核体系即自上而下的一级考核一级，并辅以横向的和自上而下的多层次、多层面的监督，每个层次和不同层面的监督都应该有安全管理考核内容。安全工作考核实际上就是对安全管理工作的控制，因此上级对下级的考核是主要的。一是组建以人事部门为主导的考核组，对下属机关科室实施专门考核；二是下属机关科室再组建考核组对具体工作人员实施二级考核；三是安委会组建考核组实施安全生产专项的和季度、年终横向考核；四是"一把手"负责对认为必要的所有考核情况抽查复考，实施监督考核。为此，形成了一整套完整而全面的考核体系。

（5）考核重心　考核的目的是查漏、补缺、找隐患。以前由于指标"软"，考核也"软"，对企业的安全检查的应付心理和"走过场"的现象是比较普遍的：提前通知——检查还未开始，就通知被检查单位，下属企业做了"准备"，将隐患以这样或那样的方式隐藏；重听汇报——检查时，把重点放在听汇报上，剩下不多的时间到现场查点不查面，看外不看内，沿着指定路线走，沿着"景点"转，蜻蜓点水；不处理——对检查中发现的问题大事化小、小事化了，只提建议和希望，不分析，不处理，最后不了了之。现在，标准的出台，决定了考核主要检查偏差，因为安全管理考核标准把正确的、应该做的安全管理工作内容都作了具体规定。这些安全管理的规定就是规范，按规范做就是成绩，不按规范做就是失职，就得纠正。

（6）实施安全管理考核

① 逐月考核　一般来说，企业每月发一次月奖、工资。每月的安全管理考核数据与其他经营管理考核数据相汇总，就构成当月发放奖金、工资等的依据。

② 实行多级考核　即上级考核下级，一级考核一级。公司除了组成月考核组，对各科室进行考核以外，对各分厂、车间、班组、岗位也要进行考核。各科室负责人对下属实行二级考核并写出对下级的考核意见。

③ 个别听取职工互评意见　企业安全管理的特点之一，是工作节奏明快，不可能像一般机关那样开会互评，而且这种面对面的互评弊端不少，或是评功摆好你好我好，或是借机发泄私人成见，达不到预期的效果。因此，适宜采取个别听取意见的方法，或者相互之间评分。对职工的反映要作客观分析，结合原有数据和平时对下属的了解作出客观公平的考核。

④ 写成书面考核意见报告　考核工作小组应将每月考核情况写成书面考核意见稿，并反馈给被考核人，被考核人有不同意见可以申述，互相沟通，最后修改定稿。考核意见一定要实事求是，成绩或不足都要有事实依据，切忌空话。

⑤ 汇总上报　整个部门和部门工作人员的考核结果应该及时汇总，向部门

工作负责人和单位主要领导作简要的小结，必要时再一次听取职工的意见。

⑥ 体现奖惩　安全考核工作组将考核汇总情况全部上报人事劳资部门和安全管理部门。一是由人事劳资部门依据考核结果发放月奖、月工资；二是由安全监督管理部门依据考核情况提出要求进行整改；三是如发现在工作中表现优秀，成效显著，企业安全监督管理部门应给予通报表扬和物质奖励；四是对有突出贡献的，可提请上级部门给予表彰；五是对安全工作人员滥用职权、弄虚作假，或玩忽职守、不按规定履行职责的，视其情节，由公司安委会分别给予戒勉、警告，直至报请总经理研究处理，由此导致企业发生职工伤亡事故和重大经济损失的，应依法追究法律责任。

⑦ 在月评的基础上进行年终全面考核　将每月的所有数据汇总起来，再结合年终考核情况，作为部门和个人评先竞优、年终兑现奖惩的依据材料。

⑧ 规范考核档案　日常检查的情况要有文字记载并积累起来，建立健全安全管理考核档案。

总之，实施对每个岗位工作状况的检查，是强化监督安全管理制约机制的重要举措。安全管理考核能建立起员工的一种公平、公正感，促进安全工作上的竞争，激励员工奋发向上，激励安全工作人员积极地发现、整改、克服安全隐患，人人重视安全管理，从而达到企业安全生产的根本目的。

第七章 班组安全工作十大定律

第一节 班组安全活动"十招"

班组安全活动质量如何，直接影响企业整体安全目标的实现。在市场经济的新形势下，班组安全活动必须坚持在"广泛、新颖、知识、趣味、灵活"10个字上下功夫，才能收到事半功倍的效果。为此，提出班组安全活动"十招"，供企业安全管理者和班组员工参考。

一、谈经验

人人都是安全生产的实践者，都有这样或那样的经验教训，每人说出自己认为最有价值的一条，达到集思广益的目的。评价一名基层安全生产工作人员，要求他有政治思想素质、有人文地理素质、有业务知识素质等等，其实可以说我们是在要求他要有"细节"素质，可以这样说，这世界上没有哪一项职业，比安全生产工作人员与细节联系得更紧密的了，安全生产的工作其实就是细节的工作，不具备"细节"素质的安全生产工作人员就不是好的安全生产工作人员。

1.守住细节，可以成才

现在大部分基层的安全生产工作人员都是半路出家（不是科班出身），相对来说安全业务知识匮乏，怎么来提高自己的综合素质和安全生产监管水平，必须注重自学，善于总结执法检查中的经验，下到生产现场进行安全生产检查时，很多时候也许就是一些细节的工作，要想成才，盯住细节一钻到底的精神和毅力不可或缺。实践证明：所有的成功经验都是源于一个个细节的积累。

2.发掘细节，可助成功

一名有着"卓越"细节的素质的基层安监人员，能让自己从事的每一项工作化繁为简、化难为易、甚至化险为夷，特别是在对企业安全检查中，各类企业的安全生产事故隐患不一样，但有一些又一样，要从一个看似很小的隐患中，发现可能会引发出的大的安全生产事故。看似极不起眼的一个个细节却是多年业务养成的和功力的结晶。

3.注重细节，可以兴业

注重细节，可以为安监事业赢得更广阔的天地。首先，接待职工来访或办事时，请来访者坐下，递上一杯热水是细节。其次，安全检查中，一个真诚的微笑是细节，一句亲切的问候是细节，这些细节可以无声地拉近安监人员和职工的关系，到企业检查时从亮出执法证件到用标准的执法语言去向被检查方说明来意就是细节。这个细节可以展示一名安监人员的素质。面对每一个看似细小的安全生产隐患，根据有关的法律法规、行业标准和一些事故教训去分析判断这个问题，这个细节可以表明万人的力量。人要精神，物要整洁，说话要和气，执法办事要公道，也是新世纪对企业基层安监人员"细节"素质基本要求的高度概括。

二、说体会

安全生产是一门科学，在学习和实践中各人有各人的理解和做法，因此也就有不同的结果和体会，一人谈出，大家受益。

对安全生产的印象，可以追溯到2002年颁布实施的《安全生产法》上。《安全生产法》第九十七条规定安全生产管理坚持"安全第一、预防为主"的方针。当时看到的只是纸面上的内容，具体执行情况却不得而知，总以为，安全生产是厂长经理们操心的事情，与最底层的员工无关，最多见的就是交通安全之类与生活联系紧密一些，殊不知这是一种糊涂的认识。

职工由于工作的变动，在接受企业入职安全培训的时候，体验到各种安全知识培训，有的公司不定时举行安全演练，消防警报一响，公司各部门员工按预定的楼梯走道撤退，保安人员迅速行动起来，安保部门不仅配备保安队长、还另设有消防队长，又分保安队员与消防队员。专门进行安全培训，如消防器材的使用，让每个新员工，一摇二拨三握四喷真实地体验一把，从中学到了与消防相关的知识和本领。

安全生产从字面上来看，先是安全再是生产，安全对企业来说，各有所倚重，生产却是一视同仁。比如，公司把安全分为人身安全、设备安全和产品安全三大类，呈一种金字塔式的结构，无疑体现着现代社会中的人文精神，人永远是第一位，民事权利体系中，人身权也是高于财产权的，在保证人身安全的前提下，才是设备安全，对于现在动辄数万、几十万，甚至上百万的精密机器，一个小小的零部件损坏，算起成本也能达到数万人民币，只有在前两项安全达到后，才有第三个安全——产品安全，也就是产品合格的问题，从一定程度上看，质才是企业生命力所在，量再大，质不稳定不合格也是一种浪费，所以三者互为一体。如果说产品质量（安全）达到很高的程度，前两项安全系数低，就会导致两项中和，使得产品产生的利润被设备及其他"夺"走，还是等于白干；如果前两项系数高，却做不出优质的产品来，同样是"无用功"。三者之间是相互制约的，没有合适的人操作，任凭再先进的机器也是一堆废铁；没有机器设备，再优秀的人物也"难为无米之炊"，人是可以通过学习、培训成为合格乃至优秀的作业人才，那么合格的作业人才生产的产品自然是合格的产品。

一般来说，企业在总结归纳发生安全事故的直接因素有以下四点：

（1）人的不安全行为　以往相关的事故发生的原因大多是非正常操作，与个人疏忽、盲目、自信大意、抱有侥幸心理有关。

（2）物的不安全状态　也就是说，设备、机器、厂房、管道、马路等生产装备，存在着不安全的状态，如果发现不及时，未进行隐患整改，就有可能导致事故的发生。

（3）现场的不良环境　生产车间里摆放着数十台机床，成笼成堆的半成品、成品横七竖八乱放，现场管理跟不上，乱七八糟不文明、不整洁，使人感觉很不舒服。执行5S管理的现场管理，就能在环境层面上做到良好的现场管理。

（4）实际管理的缺陷　这个算是兜底条款了，具体情况不能被前述囊括的情形可以归在此。理论联系实际，实践是检验真理的唯一标准，彻底地将书面/墙上的制度执行到位，也就是执行力是最重要的，让所有员工（包括普通员工、干部及公司所有人）养成习惯，用正确的方法把事情做正确。重要的是心态，心若改变，则态度跟着改变；态度改变，则习惯跟着改变。

追求经济利益是人的本性，理性的人都是在谋取自己利益的最大化，资方出项目出资金进行生产、管理，劳方出力，只是劳力与劳心之区别。安全生产时，劳方有钱赚，养家糊口，资方为投资股东、股民赚取可观的回报，目的地一致，反之，一损俱损。劳方作为弱势群体，固然可以获得一定补偿，精神损失却是无法用金钱来衡量的，终究受损；资方虽然不差钱，倘若那些资金继续投入到生产中，产生更多的利润，甚至作为安全奖发放给员工，也比作为赔/补偿款好。安全生产对劳资双方是一种双赢，套用一个经济学术语就是"帕累托最优"。从这个意义上说，安全生产不仅仅是厂长/经理的事情，也与我们每位员工息息相关，因此，必须慎重对待安全问题。

三、找隐患

隐患的特点是"隐"，虽隐但总有蛛丝马迹，躲不过有心人。既然出了题，人人都会有意识去找，一人一条，就会除尽灭绝。

安全生产一直是企业常抓不懈的一项工作，可是企业的安全事故却总是屡屡发生，班组作为企业安全生产的第一道防线，班组长对于班组的安全风险管理，在企业安全生产中有着重大作用。班组长安全风险管理工作的首要任务是做好班组安全生产现场隐患排查工作。

（1）分析现场隐患产生原因　研究证明，人在操作中的失误（或存在缺陷）是造成事故的直接原因之一，操作人员出现失误时有以下几种心理状态：

① 自己认为有经验，认为绝对安全而进行作业；

② 虽然感觉到有些危险，但认为无关紧要而继续进行作业；

③ 虽然实际有危险，但当时没有感觉到危险而进行作业；

④ 没有意识到有危险，或者没有估计到有危险而进行作业；

⑤ 认为作业太简单，无所谓，只凭过去的经验进行作业；

⑥ 主观认为自己的操作方法是正确的，而实施了错误的操作。

以上种种现象的产生，就需要班组长在进行班组成员安全意识培养时多加留意、多加注意、多加小心。

（2）分析产生隐患的不安全行为与不安全状态

① 人的不安全行为

a.操作失误，忽视安全，忽视警告；

b.用手代替工具操作；

c.冒险进入危险场所；

d.攀、坐不安全位置；

e.未正确使用个人防护用品；

f.存放物料不当等。

② 物的不安全状态

a.防护、保险、信号等装置不全或存在缺陷；

b.设备、设施、工具、附件存在缺陷；

c.个人防护用品、用具使用不当或存在缺陷；

d.生产作业场地环境不良等。

四、议措施

安全生产必须有具体的措施作保证，超前有效的措施来自于班组成员的智慧，你一条他一条，就能将事故制服于发生之前。

1.班组安全管理的重要性和常见问题

安全工作一直强调落实"双基"，即基础和基层建设。安全管理重在基础，重点在基层。班组是最基层的组织形式，是各项科研生产活动的最前沿和落脚点，是安全生产的第一道防线。实践证明，绝大部分事故的发生，是班组安全管理没有真正落到实处。主要表现在：部分班组长没有真正重视安全工作，班组安全流于形式，存在日常检查不认真、补记录等现象；安全教育内容照本宣科，不贴合实际；生产一线员工未按规定穿戴防护用品，存在侥幸心理，"三违"现象时有发生；部分一线人员对作业活动中的危险源辨识不清，岗位操作规程和控制措施不具体，可操作性不强。

以上问题反映出必须加强班组安全管理，从制度执行、员工安全意识及安全生产素质、岗位安全标准等方面进一步提高，以有效遏制"三违"及事故发生，促进班组持续健康稳定发展。

2.做好班组安全管理的有效措施

按照"安全生产预防为主，安全管理关口前移，安全工作重心下移"的思想，班组安全管理应从"强基础、抓重点、创文化、促提高"四方面做起。

（1）强化"三个基础"

① 建立和完善制度保障和责任体系　根据国家法律法规和上级有关要求，建立健全班组安全管理制度，落实安全生产责任制。结合班组安全生产实际，制定班组安全管理制度和岗位操作规程，作为工作开展的依据，内容包括安全目标、会议、检查的频次、活动内容、形式等要求，日常运行有检查、改进、记录。各岗位安全职责明确，签订班组安全目标责任书。

② 开展岗位危险有害因素辨识，编制岗位安全标准，提升本质安全度　对生产现场活动中危险有害因素的分析和控制是班组安全工作的关键和基础。如果不能准确、全面辨识危险有害因素，班组安全就会"无的放矢"、隐患排查治理就无从抓起。危险有害因素辨识、评价工作具体步骤如下。

a.细致全面识别出本班组所有作业活动，对作业活动进行准确、详细的描述；梳理本岗位操作的设备设施和危险有害因素；

b.进行危险源的辨识和风险评价；

c.识别本班组相关法律法规和操作规程；

d.汇总设备设施、危险化学品明细，危险源和控制措施，安全职责和安全操作规程、法律法规清单等；

e.梳理以上内容，形成班组作业或操作安全标准。

在安全管理实践中，按照公司要求，开展基层单位岗位危险有害辨识工作，发动生产一线每一位员工，按照"员工—班组—基层单位—安全管理门"逐级汇总，经评审，最终形成岗位安全标准。在岗位安全标准的形成过程中，进一步增强了员工安全意识和安全技能，对预防和杜绝事故发生，起到积极的作用。

③ 开展教育培训，提升员工安全意识　班组内每个成员如果都有强烈的安全生产意识和良好的安全发展理念，就会自觉防范和化解危机。因而应加强班组安全教育培训，保证安全教育培训率达到100%，培训内容从国家法律法规到安全行为常识、案例分析和模范先进事迹宣传等，培养员工良好的安全生产习惯和安全第一信念，主动预防事故发生。

班组采取灵活多样的教育培训方式，能提升培训效果。要在班组下发《安全知识手册》至每个班组成员，宣传企业安全管理方针和目标、设备设施、安全用电常识等，使员工对"以人为本，关爱生命，关注安全"和"科学发展，安全发展，持续发展"的理念有深入了解。结合曾经发生的生产事故惨痛教训，以身边的案例教育员工，起到"前车之覆，后车之鉴"的作用。

（2）抓好"三个重点"

① 选好班组长，发挥班组长兵头将尾作用　班组长是班组安全生产管理的中坚力量，在安全管理中发挥着举足轻重的作用。作为最基层的管理者，班组长属于执行层，又是班组生产的组织领导者，同时自己也是直接的生产者。班组长工作的好坏将直接影响车间的整个工作，它关系到企业基础工作的建立和完善。班组长的责任心、安全工作方法，有时能左右该班组安全生产的水平。应选责任心强、管理能力突出的员工担任班组长，做到"管得住、管得了、管得好"。对班组长的素质要求和有效管理方法如下。

a.班组长要严于律己，当好带头人，成为各方面典范。

b.严格安全管理制度执行，加强班组内学习和检查，做好常规动作。"班前提示安全、班中检查安全、班后总结安全。"

c.多谋善思，创新班组安全管理方法，善于发现和解决基层安全隐患和存在问题。

② 规范现场管理，创造良好生产作业条件　通过精益生产的"5S"管理、定置管理、合理化建议、小发明小创造等，做好生产现场的安全管理，促进问题改进和解决。如设备设施定置位置合理，警示标识齐全正确，安全通道通畅，无占道、乱堆放等行为。同时调动员工积极主动性，自觉对所在岗位设备进行安全检查，防患于未然，及时消除隐患。

③ 加强制度执行和考核奖惩机制，坚决杜绝"三违"行为　有了完善的制度，执行是否到位就成了关键。因而，应加强监督检查和考核激励，使制度落到实处。监督检查须有考核标准，以实现年度安全目标和检查要求为准，建立一套安全考核制度和评价体系，班组安全管理考核评价办法应从岗位通用要求、生产现场、应急管理、班组文化、过程资料等进行考评。结合企业安全标准化建设，从岗位达标的角度，逐一对照考评项目进行打分，保证考核时的公平性。

在制度执行中，将班组安全管理与日常生产结合起来，实行分厂级、车间级、班组级及岗位逐级开展的月查、周查、日查，不定期专项检查，节假日检查、防暑防冻季节性检查等。将检查结果纳入对单位和班组的考核中，对应总体评定时相应的考核分值。通过考核，对每次发现问题或工作突出的单位和个人，实施奖惩，发挥有效激励作用，促进班组安全管理绩效行为，不断提升班组安全管理水平。

3.创建班组安全文化

采取安全管理人员和一线员工共同解决安全问题的方式，促进工作场所形成积极的安全文化氛围。美国西部矿业蒙大拿安全管理人员说："只要让员工谈安全问题，就可以利用积极的方式影响工作场所安全。"这些经验是可以借鉴的。

通过班组文化园地建设的展板、图片，员工安全手册学习，总结评比等，在班组成员中树立"一切事故都可以避免"的信念，使"我要安全、我会安全"及"珍惜生命——为了健康与家庭幸福而工作"的亲情文化深入人心，要求人人"上标准岗、干标准活、交标准班"遵章守纪，促进企业的安全发展。

4.提高现场应急处置能力

班组的生产实际中，存在触电、燃爆、火灾等事故危险，在不断完善的应急体系建设中，现场应急处置是最直接的阵地。因而，必须不断加强班组突发事故的现场应急处置能力。具体包括：① 编制处置预案，明确处置程序和应急措施，应急人员联络方式和物资准备等；② 预案培训，使班组各个岗位人员熟悉现场预案内容，并挂牌张贴在工作现场；③ 开展演练，并对演练方案和实施效果进行评估。班组必须制定和完善火灾、触电、中毒事故等多个现场预案，并在班组开展演练，将有力地提升班组的应急处置能力。

五、辨是非

这是根治习惯性违章的一剂良药。在班组实际工作中，习惯性违章者常常自以为是，听不进别人的意见。最好的治理办法是，大家耐心地讲事实摆道理，讲明是非利害关系。众口一词，就能督促他遵章守纪。

1.动之以情，以情感人

班组青年人居多，这就要求班组长以宽广的胸怀，灼热的诚心，细致周到的关怀，去感化教育青年职工。要在安全生产中想着青工，理解青工，爱护青工；既不放任自流，又不简单粗暴，松紧有度，严爱结合，并且模范带头，以身作则；班组长要为青工排忧解难，了解并想方设法解决一些实际问题，如冷暖疾苦，荣誉进步，后顾之忧等。

2.晓之以理，以理服人

就是要求班组长运用语言、文字等手段进行有效的安全工作说服教育，首先要情理相融，既需要理直气壮地讲安全生产大道理，又要满腔热情地授之以处世之道、立身之本，要设身处地地为青工着想，以心换心，将心比心，以理服人。在说安全道理时，讲究艺术性，处理安全问题时，要认真调查，妥善处理，切忌以感情代替理智。要引导青工自我安全教育，辨别是非，分清美丑。

3.取之以诚，以诚待人

真诚是一个班组长或施教者必须具备的思想品德。安全工作中找青年职工谈话，首先要平等待人，启发引导。要使谈话有成效，必须做到"三戒"。一戒架子，切忌以领导者自居，盛气凌人，摆出训人的架子；二忌空话，实事求是，有针对性，切忌漫无边际乱扯；三忌急躁，解决安全思想问题，不可急于求成，要有耐心，不怕麻烦，不怕反复，循循善诱，不能压服。

4.遵之以法，以法律人

包括严格遵守国家的安全生产法律法令，认真执行企业内部的各项安全制度、安全纪律、安全要求，正确实施安全奖惩。青年职工，由于年纪轻，社会阅历短，实际安全工作经历欠缺，在遇到特殊情况时不够成熟，安全生产整体观念、执行安全纪律观念还不很严格，甚至有的还存在模糊认识，所以，加强安全法制教育，提高青工的安全法律意识，用安全制度来约束员工的行为，就显得十分必要。

5.导之以行，以行召人

就是把青工的爱国爱社会主义的热情，引导到自己的实际工作当中，在企业安全工作中，班组长要引导青工始终保持正确的方向和饱满的安全生产热情，发挥最佳的专业技术水平。"导"字上的功夫主要有三个方面。

（1）把握时机，因势利导　如得到安全荣誉时，受到事故刺激时，碰到工作困难时等，都是实施"导"的最佳时机，这时的青工正需要也最容易接受安全教育和影响。

（2）因人制宜，耐心疏导　人的思想变化往往有一个由量变到质变、由渐变到突变的过程，同时，人各有异，疏导工作必须从个性出发，根据不同的情况，采取不同的方法，及时耐心地诱导。

（3）审时度势，及时疏导　青年职工的思想活动多变，具有多重性，要采取多种形式，切实掌握思想脉搏，有针对性地做好安全思想教育工作。

6.联之以利，以利激人

人们对社会的贡献，靠的是社会对人们的一定报酬来体现。奖勤罚懒，扬优抑劣仍是一项行之有效的安全管理方法。调动青工的安全生产积极性和安全工作责任心，除了靠正面宣传，典型引路外，还要联之以利益来激发。班组长要掌握这一特点，采用"工效挂钩"的办法来实施安全管理，既要在安全教育上引导"君子爱财，取之有道"的正确生财途径，又要在报酬上实现各尽所能，多劳多得，使他们从内心感到自己劳动价值的意义，才能激发他们在事业上焕发更旺的精神，在安全生产中发挥更大的效力，在群体里引发更强的竞争力。

总之，员工是班组的骨干力量，是企业安全生产的生力军，班组长在员工中开展安全教育，只有做到以情感人，发挥员工安全工作的特长；以理服人，调动员工安全生产的积极性；以诚待人，激励员工安全技术的创造性；以法律人，规范员工安全行为的自觉性；以行召人，引导员工安全活动的责任性；以利激人，

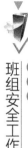

第七章　班组安全工作十大定律

215

焕发员工安全第一的竞争性。只有这样，才能使员工承担起安全生产的重任，夯实班组安全生产的基础，将班组永远置于安全的境地。

六、论防范

安全生产的方针是"安全第一，预防为主，综合治理"，没有了预防也就没有了第一。班组长应经常发动大家从理论与实践两方面对预防工作加以论证，从而不断提高全员的防范意识。

1.端正安全学习态度，重视安全心理教育

（1）端正安全学习态度，增强自我保护意识　员工接受安全教育是企业保持正常生产经营、员工从事正常工作的需要，同时也是员工自己在生产过程中增强自我保护意识的有效途径。企业管理人员和员工均要端正思想，正确对待安全教育，形成"员工从事工作就必须接受安全教育和培训，企业也必须对员工进行安全教育"的良好氛围。

（2）重视安全心理教育，改进安全教育方法　要从员工心理上转变他们的安全意识和安全思想，这就要重视员工的安全心理教育工作。尽量满足员工合理的需求，减少员工的牢骚和不满；开展各类专题安全心理讲座，多给员工以积极的、阳光的引导；重视事故责任人员的心理健康教育，避免事故当事人有"一朝被蛇咬，十年怕井绳"的畏惧心理。

2.创新安全活动形式，增强安全教育兴趣

从目前基层班组的安全活动形式来看，形式、内容相对单调。要不断创新安全教育形式，提高员工对安全教育的兴趣，使班组人员积极参与各类安全活动。注重采取多种形式进行安全教育：安全经验座谈会、安全演讲、安全知识竞赛、我为安全献一策等活动，增强员工接受安全教育的兴趣。

3.建立合理用人机制，解决不良管理矛盾

员工愿意不愿意接受安全教育，在一定程度上同管理人员、工程技术人员和培训人员素质有关。如果这些人在召开员工安全会或在培训教育员工时，老是惯于讲外行话，讲官话、大话、套话，不结合实际，员工自然不愿意听。针对用人机制提高安全管理水平的方法有很多，例如：建立并有效实施"任人唯贤"的聘任制度，吸纳优秀人才为企业所用；对在职的管理人员开展多渠道的教育培训和绩效考核，能上能下，形成灵活机动的用人机制。

七、学先进

班组在安全生产中，远学外单位和兄弟班组，近学班组内的好人好事，通过

"评、摆、树"的方法使先进更香，更有学头，同在一个班组，人家能做到，自己也一定能做到。在学习中要做到如下几条。

1.统一认识

班组是企业的基本构成单元，它好比大厦的地基，地基不结实，大厦就会有倒塌的危险，所以班组安全管理的好坏，直接决定了企业安全生产的状况，可以说班组是企业各种事故的主要"发源地"，只有班组的安全工作搞好了，事故频率减少了，企业的各项安全管理措施才能落到实处，安全管理才能收到实效。这个统一的认识必须有。

2.带着感情抓安全

生产班组在安全生产中提出"快快乐乐上班，平平安安回家"的口号，就是基于带着感情抓安全。一起事故对于一个企业来说，可能是几千分之一、几万分之一的不幸，但对于一个家庭来说，就是百分之百的灾难。生产班组的全体成员形成从"要我安全"到"我要安全"转变的安全意识。才能在实际工作中做到"作业零违章、班组零事故"的目标。

3.总结历史经验，明确奋斗目标

生产班组在全年生产中，总结班组一年来的历史经验，明确"安全第一，预防为主，综合治理"的奋斗目标，建立了一套完善的班组安全生产档案，把各岗位曾经发生的或仍存在的事故因素，安全隐患记录在案，并结合车间、厂部的意见，使班组安全生产档案均能实施对事故隐患清查与整改的登记，实施对危险源的登记与安全事故应急处理预案的制定，并能明确和落实对事故隐患与危险源的监控，整改责任措施。但在目前情况下，班组的安全生产档案建立和实施进展还不平衡，基础工作还很薄弱，还有待于深化、改进、发展。

4.班组安全管理的六项要求

（1）坚持认真召开班前安全会　会上反复强调各岗位的主要危险因素和对策，使每个班员在生产过程中心中有数。

（2）坚持每周开展班组安全活动，调动职工参与班组安全管理的积极性。

（3）坚持做好日常检查工作　在检查过程中要细致入微，发现问题及时处理，切忌侥幸心理。

（4）做好职工思想教育工作　及时了解职工的情绪变化，并给予疏导，就能很好地避免事故的发生。

（5）各项记录要翔实准确，才能做到信息汇集沟通。

（6）工作要踏实，不走过场，不搞临时突击。

八、讲故事

班组在安全生产工作中，通过讲故事将安全生产这一严肃的主题寓意于轻松欢乐之中，其教育意义绝不亚于单纯说教的大道理。

紧贴工作实际的安全生产"小故事"，以故事会的形式讲出来后，让各班组职工品味最多的是个人在安全生产中应当担当的职责。尤其是故事临近结束时，各班长的适时小总结，对于班组职工增强安全生产认识来说，简直就是入心入脑。此刻，班组长强调："我们常说的安全生产'红线'，就是'安规'中的硬性规定，绝对不能逾越。必须每天严格坚持，从我做起，从细微落实，进入生产现场后，我们必须正确佩戴合格的安全帽，安全帽带必须要系好。"

坚持每天一次班组安全生产"故事会"，每天一次上岗前的细细叮咛。这既是各班组间的一个工作常态，也是企业开展"创建本质安全型企业"大讨论活动中的一个鲜活的工作缩影。安全生产在企业上到各生产部门，下至各生产班组，已成为了一个不打折扣的硬杠杠，广大职工更是从自身做起，认真按照"不安全不工作"的工作理念，自觉树立起了安全生产自我防范意识，并在工作中不断强化班组间的安全生产责任意识。

九、办展览

班组也能开展办安全展览活动，展品可包括实物、统计数字、事故案例以及诗、书、画等多种，布置成园地或陈列的形式，供班组成员们长期观看，以受教育。这不失为一种班组安全活动好形式。

1.安全生产只有满分

"安全第一，预防为主，综合治理"这是我们应牢记在心的，企业是时时讲、周周学、月月呼、日日喊，安全工作规程翻破了一本又一本，安全学习记录是厚厚一大沓，那么我们对一线班组职工的教育究竟有多少真实效果呢？这要打一个大大的问号。

班组通过举办安全生产展览，将这些惨痛的案例展出，无不折射出班组的安全教育的缺失，表现出安全知识的宣传普及尚存很大的缺陷，班组安全管理的体系还是那么的脆弱！

通过展览使员工懂得了安全生产只有满分，没有及格。一个重大操作的十项安全措施我们做了八项，我们不能说安全工作及格了，往往剩下的两项措施就有可能是我们安全工作的隐患，就是发生事故的原因。

安全生产百分百，要做到这一点不是一件容易的事。除了要掌握安全工作规程、技术操作规程、企业纪律章程这几件法宝，还要多有几颗心。

（1）专心　学一行，专一行，爱一行。"既来之，则战之；既战之，则胜之"，不能"身在曹营心在汉"，工作的时候就应该专心工作，不要想工作以外的事情。

（2）细心　不管是长年在干的，还是第一次接触的，工作都来不得半点马虎，粗心大意实在是安全生产的天敌。从小父母每到考试前都会再三叮嘱"要拿双百分，不要粗心大意"。这句话用在班组工作中也是非常适用的。

（3）虚心　"谦虚使人进步，骄傲使人落后"，生产现场中相当一部分安全事故的发生就是因为一些"冒险家"胆子太大，一知半解，不懂装懂，不计后果，想当然，冒险蛮干。不是怕丢面子、羞于请教，就是自以为是、瞧不起人。

（4）责任心　要树立"企业兴我荣，企业衰我耻"的敬业精神，立足岗位，爱岗敬业，做到不违章违规，在安全生产工作中切实做到"严、细、实、快、硬"。除了这些，很重要的是平时的功课要做好，钻研业务，通过平时的实际工作不断提高自我的技术水平和综合素质，提高实际操作能力和处理事故的能力。这样，在每次工作中，才能做到次次都是一百分。

服从命令、遵守纪律是军人的天职。同样在班组安全工作中，安全生产是我们基本应该具有的职业道德。纪律是军人的生命，那对职工来说，安全生产就是我们的生命。我们应该像爱护我们生命一样重视安全生产。一点小小的病痛或许会给我们的健康带来致命的危害，同样一点小小的故障或许会给我们的企业带来巨大的损失。安全生产人人有责，安全生产没有及格，只有满分。

2.安全生产要"避危于无形"

古人说："明者见于未萌，智者避危于无形，祸固多藏于隐微，而发于人之所忽者也。"意思是明智的人在事故发生前就有了预见，有智慧的人在危险还没有形成的时候就避开了，灾祸本来就大多藏在隐蔽不易发现的地方，而突发在人的忽略之处。这句话对我们抓好安全生产有非常重要的借鉴意义。

安全工作的关键就是要防患于未然，能"见于未萌、避危于无"。综观许多安全事故，都在发生前就显露出了隐患。要"避危于无形"，首先要提高员工的安全责任心。要通过落实安全生产责任制，将每一个生产环节的安全目标量化到人，提高员工的安全生产意识，促使他们主动排查，整改安全隐患。其次要提高员工的安全生产技能。对各种生产设备、每一个生产环节存在的安全隐患，员工要能及时察觉并采取有效的措施予以排除。这就需要企业加强对员工的安全技能、安全知识培训，使他们真正掌握安全生产的理论知识和实践本领。

3.在实际操作中确保安全

班组通过安全生产展览活动，吸取事故的惨痛教训，不断加强安全知识的学习、预防和落实。未雨绸缪，在日常业务处理过程中，确保不发生人身安全事

第七章　班组安全工作十大定律

故，强化安全服务意识，在提高自身素质上下功夫，搞好现场环境卫生工作，实现现场清洁文明，转变工作作风，提高服务质量，确保安全生产。

十、开晚会

充分挖掘本班组人才潜力，将安全生产方面的人和事编成小文艺节目，每半年或一年举行一次晚会，使大家在欢笑中强化自己的安全意识。

通过举办安全生产文艺晚会，助推班组安全生产活动蓬勃开展。班组员工通过观看一场别开生面的安全生产文艺晚会，舞蹈、歌曲、小品、相声、情景剧等不同节目轮番上阵，在轻松活泼的氛围中接受一次安全生产知识教育。

安全生产无小事，安全事故猛于虎。注重安全生产、维护社会稳定，不仅是落实科学发展观、构建社会主义和谐社会、实现中国梦的基本要求，更是班组员工应尽的职责。在开展的"安全晚会"活动中，各班组要结合工作实际，创造性地开展咨询日活动，同时要组织安全生产宣传咨询服务队，深入岗位，深入一线，广泛开展安全生产法律法规咨询活动，使"安全发展"理念家喻户晓、深入人心，在全厂形成"人人关爱生命懂法律、处处关注安全促发展"的良好氛围。

第二节

班组长安全工作"十戒"

一、戒只抓班组生产任务的完成

在班组，有些班组长不关心操作现场的安全工作，只抓工人的业务技术学习，不注重工人的思想教育和操作安全知识教育，这种现象普遍存在。应该说抓生产本来无可厚非，但是只抓生产，不抓安全，就会出现厚此薄彼的畸形发展，重视生产忽视安全要付出沉重的代价。因为，安全是生产的基本条件，是生产的基础，没有安全，生产只是一句空话，即便强行去抓生产，若安全条件不具备，极有可能引起事故的发生，轻者影响生产，造成轻伤；重者则可能造成重要设备的损坏，造成人员的重伤或死亡。"欲速则不达"这个道理，班组的职工一定要记在心上。

"安全第一、预防为主、综合治理"是党的安全生产方针。党和国家历来重视安全生产，制定出台了许多相关的法律、法规，用于规范生产行为。胡锦涛强调：高度重视和切实抓好安全工作是坚持立党为公，执政为民的必然要求；是贯彻科学发展观的必然要求；是实现好、维护好、发展好最广大人民的根本利益的必然要求；是构建社会主义和谐社会的必然要求。作为企业的管理者，我们必须认真贯彻、落实党的安全生产方针、政策，遵守安全生产的法律、法规，做到"安全才能生产，生产必须安全"，特别要把安全工作视为"天"字号工程，带着与职工兄弟深厚的情感抓安全，企业的安全工作才会有保障。

1. 安全工作的本质决定必须带着感情抓安全

安全工作的本质就是使人的生命和健康不受威胁。在人类的社会生产和生活中，许多自然因素和人为因素都会威胁到人的安全和健康，这就迫使人们团结协作，以感情为纽带联结在一起，从而来保护自己，这就是安全工作。可见，构成安全工作的基本要素是"感情"。从生理学角度讲，人如果对一项工作怀有感情，那他就会自觉地把精力用到这项工作上去，聚精会神、专心致志，发掘自身潜能，努力做好工作。而安全工作是事关人身安全和健康的大事，必须用严谨、认真的态度来对待，必须带着感情去抓落实。

从认识论上讲，安全工作是人类从事生产、享受生活的基础，是人类特有的社会活动，在改造世界的过程中，各种灾害和事故始终伴随着人类前进的脚步，人类对安全工作的认识也在逐步深化，安全工作被赋予了越来越多的情感内涵。因此，以感情为纽带，团结一致，互相关心，不断探索保护自身安全的方法，是人类社会进步的必然要求。

从价值论上讲，落实"中国梦"重要思想，归根到底是实现好、维护好、发展好最广大人民的根本利益。而安全生产正是直接关系人民生命安危的头等大事。带着感情抓安全，是实践"中国梦"的最直接的体现。

2. 血的教训警示我们必须带着感情抓安全

企业事故之所以频繁发生，问题的关键是"严格不起来、落实不下去"。究其原因，就是漠视生命，麻木不仁，缺乏对职工群众的感情。每一起事故发生后，人们都会发现，造成事故的原因往往十分简单，只要把握住其中的一个环节，就可以避免事故的发生，而且许多事故的原因是相同相似的。但一些班组和职工却没有认真汲取教训，在实际工作中依然我行我素，靠侥幸心理过日子。具体表现在以下几个方面。

（1）责任意识淡薄　贯彻安全工作的决定、部署和要求时，仅仅停留在会议上、口头上和形式上，安全生产的责任和措施落实不到位，安全隐患排查和整改走过场，安全生产责任追究制度形同虚设，工作抓而不紧、抓而不实，造成安全隐患大量存在。

（2）形式主义、官僚主义作怪　不注重安全基础工作，不注重现场管理，甚至以技术装备来代替现场管理，掩盖安全隐患；一些班组长作风漂浮，不深入现场调查研究，对安全问题心中无数，制定措施无针对性，落实措施不具体，使得安全隐患不能及时发现和消除。

（3）安全缺乏系统性和针对性　依靠突击式、运动式的方式来抓安全，时时紧张，处处被动。有的班组和班组长在抓安全工作时，罚字当头，指令开道，办法不多，措施不力。

（4）存在事不关己思想　他人违章操作，班组长认为事不关己；现场存在隐患，班组长认为事不关己。事实上，单靠班组长自己遵章守纪来维系个人安全是不够的，还需要全班组人人参与营造安全的大环境。事实表明：多一份对安全工作的关心，就增加一份安全保证。

3.投入真感情才能做好安全工作

班组长带着感情抓安全，是和班组成员兢兢业业、精益求精的工作态度联系在一起的，是和诚实守信、质量效益联系在一起的。带着感情抓安全，是支撑安全工作的精神支柱，它源自班组长对自己所选择职业的高度认同和热爱，同时也是社会责任感的具体化，是一种职业素质、职业精神的表现，是一种做人做事的境界。班组长只有对职工有着一种不可分割的感情，才会明确自身的工作职责，这种责任才会化作一种动力，投入到工作之中，工作才能到位，安全才会有保障。

（1）树立职工生命高于一切的思想　一起事故对一个企业来说，可能是几千分之一、几万分之一的不幸，但对于一个家庭来说，就是百分之百的灾难。要时刻树立人的生命最宝贵的思想，真正将安全生产落实到实处。

（2）建设具有班组特色的安全文化，营造关注安全、关爱生命的社会氛围要树立"安全无小事"的理念，使员工从我做起，从小事做起，将安全行为辐射到班组的全面工作、生活的方方面面，实现人人事事保安全。

（3）坚持令出如山，执法严明　班组长在抓安全工作中，虽然带入了人与人之间的感情，但也不能把感情凌驾于制度和规章之上，这种"感情"与凌驾于制度之上的"关系"和"面子"是绝不相同的，对于违规违纪的"三违"人员，对麻木不仁、敷衍塞责和失职渎职、无所作为者，都要严惩不贷，决不能大事化小，小事化了。

（4）从"要我安全"向"我要安全"转变　在严格安全管理制度的同时，安全管理工作要人性化、情感化。在安全思想教育中，要引入亲情化的教育方式，用鲜活的案例分析对比，让事故责任人和伤者家属现身说教，让职工在情感传递中感受不安全带来的痛苦，使操作者心悦诚服地做好安全工作，从"要我安全"

向"我要安全"转变。

总之，班组的工作虽然简单，但不是单纯的生产工作，生产是由诸多要素组成的，其中安全是重要的因素，只有先抓好安全，再去抓生产，这样的生产才是实实在在的生产，没有安全的生产是"无效"的生产。

二、戒一切包办代替

在生产实践中，对于复杂的操作技术，如果班组长每次都不放手让工人去做，使工人的业务技术长期得不到提高，造成违章操作和各种事故将会不断出现。班组的安全生产工作是有分工的，班组长不能包办一切，也没有精力包办一切，也没有能力包办一切。如果班组长试图包办班组安全生产的一切工作，到头来只能落得一个焦头烂额、毫无进展、事故频发、哭笑不得、大家耻笑的下场。

加强班组建设，是企业适应"现代化管理，全面提高素质"极为重要的环节。班组是企业最基层的组织，企业的各项任务都要通过班组去落实、去完成，而班组管理水平的高低则集中体现了班组成员综合业务素质的高低。因此班组管理的好坏，直接影响企业的管理水平，对企业管理起着举足轻重的作用。班组管理，说起来容易，做起来难。难在班组虽小，但五脏齐全。企业是大家，班组是个小家，如何管好班组，与管好企业是相辅相成的。通过不断总结和摸索最近几年班组管理的经验教训，作者认为要达到提高班组综合业务素质的目的，可从以下几个方面着手。

1.以人为本是加强班组管理的根本

班组安全管理，顾名思义，就是要通过管来理顺安全工作关系、安全工作程序，挖掘所有的潜力，把最基层的每个人的安全积极性和创造性调动起来，把最基层班组人员的能力充分发挥出来，有效地提高安全工作质量、效率，降低成本，为企业创造更多效益。不论是管理大家还是小家，最关键的是人的管理，因为人是最主要的，任何事情都是要通过人去做，通过人去实现，所以要教育班组员工认清自己的安全责任，履行自己的安全职责，提高班组员工的主人翁意识，最大限度地挖掘蕴藏在员工身上的潜能，人尽其才、物尽其用，保证各项安全生产任务的完成。

（1）提高班组长的主人翁精神和责任感　通过班组建设，使班组长进一步明确班组在企业中的地位和作用，认识到企业的生存与发展不仅与企业的领导者有关，与班组同样有关。俗话说，企业管理千条线，班组管理一根针。企业的各项经营技术指标和工作任务都要通过班组的努力才能更顺利地实现。所以，通过班组建设使班组长的管理水平不断提高，为企业全面完成既定的目标提供了保证。

（2）健全民主制度，强化民主管理　搞好班组建设，班组长必须从"单干型"转向"群管型"，充分发挥和调动每个成员的积极性，使全体组员都能来参政、议政。在班组安全建设中所有先进的班组，都采用二长（班组长和工会组长）、六大员（宣传员、质量员、安全员、福利员、核算员和考勤员）的民主管理体系，通过班务公开管理制度，以人为本，使班组每一名成员成为内部管理的主体，不定期地召开班务会。围绕生产任务、安全任务、工作质量、规章制度等专题进行讨论，把不同意见和建议达成共识，促使班组成员思想一致。并集体讨论制订出严格的班组安全管理制度，实行定人定项安全管理，将考核指标量化到个人，建立健全班组安全管理台账。在长期的实践中，各项制度、措施得到补充、完善，使班组成员看到干多干少、干好干坏就是不一样。通过班务公开，进一步增强了班组分配和奖罚透明度，充分体现了"按劳分配"的原则，激发了班组成员干好本职安全工作的主动性、积极性。充分体现效益分配的公平性、公正性、公开性。

（3）加强班组的安全思想工作建设　每个职工个体间存在着意识上、观念上、认识上的差异，应采用"结对子、创文明"人员的搭配，切实有效地开展安全帮教活动。把班组安全学习作为思想建设的工作园地，全面宣传企业的精神文明建设，把企业精神融入班组精神之中，培育班组职工树立正确的人生观、价值观，以主人翁的姿态，理直气壮地去搞好班组安全管理；鼓励人人参与安全施教，培养职工为集体利益、群众利益去拼搏的精神；并且针对性地进行多重引导，从而使职工从内心拥护企业的方针及决策，当个人利益与班组集体利益有矛盾时，自觉服从集体利益，竭尽全力发挥自己的所能，为企业安全生产效劳。

加强班组的安全思想工作，通过班组安全建设实践证明，班组要前进，全班必须一条心。班组长应较好地掌握新时期企业安全思想工作的特点、内容和方法，学会用关心职工利益、了解职工的疾苦、掌握职工心理等方法，有针对性地开展形式多样的安全思想工作。在班组安全建设的实践中，要增强班组的凝聚力，就得让组员热爱班组，维护班组；要把安全思想工作做到每个组员的心坎上，使他们感到在班组中，只有没做到家的工作，没有解不开的疙瘩。每个组员的思想问题，都是在生产、生活中产生出来的，说一句关心的话，道一声亲切的问候，解决一个小小的困难，都是最实际的安全思想工作，都会激发起组员对班组的热爱之情。

2.班组长是抓好班组安全管理的关键

加强班组安全建设的关键，要有一个能胜任工作的班组长。班组长在企业中处于"兵头将尾"的特殊地位。他们既是班组一切活动的组织者，又是管理者。班组长工作能力的大小和素质的高低直接关系到班组安全管理的质量，决定着班组安全工作效率，大凡安全管理搞得好的班组，班组长起着至关重要的作用。因此提高班组长的素质是班组管理的重要任务，不但要提高专业知识素质，还要提高思想素质，不但要提高技术能力，还要提高协调管理能力，要提高班长的综合能力。

（1）班组长应对自身的综合素质有一个正确的估价，要有提高自身综合素质的紧迫感，尽一切努力固强补弱，避免因自身某个方面的素质不够等原因而影响到班组的健康发展。要通过各种方法多学习、多实践，遇到问题虚心求教，在学习和实践中不断充实自己，使自己的弱项变强，强项更强，综合素质不断提高，工作起来能够得心应手，游刃有余。

（2）班组长不仅工作能力要强，而且还要有一定的组织能力和协调能力；不仅要有吃苦耐劳的精神，而且还能调动班组人员的积极性，发动职工一起干。要清楚仅靠一个人的劳心劳力是达不到真正管理好班组的目的的，切忌班组安全管理变为班长安全管理。班组长应成为集中班员智慧的磁石、团结友爱的纽带、靠得住的主心骨、信得过的知心人，善于用信任换来支持，使班组成员明白班组的事是大家的事、大家的事大家办。大家都来参与班组管理，成为班组的主人，创造一个民主、宽松的环境，使大家都感觉到班组大家庭的温暖，使班组充满生机与活力。

（3）班组长对班组的各项工作要进行科学合理的安排，应知人善任，要了解班组各成员的长处、短处，在劳动组合中要尽可能地扬长避短，实现最佳组合，使班组每个人都有施展自己能力的舞台。

（4）班组长应具有爱岗敬业精神，有高度的事业心和责任感。班组长的工作是一项既辛苦又细致的工作，他既要管人，又要管事；既要抓安全生产，又要抓安全管理；既要求质量，又要讲进度，这就决定了班组长应该视岗位为责任，不断增强全心全意为班组服务的理念，才能推动班组不断前进，不断创新，出色地完成各项生产和安全工作任务。

3.安全制度建设是抓好班组安全管理的保障

俗话说得好，"没有规矩，不成方圆"。同理，班组管理缺少不了相应的标准和规章制度。只有用标准、制度来规范班组的行为，规范工作中的纵向步骤和横向关系，使工作程序最佳化，把工作中的不安全因素降到最低，把工作成本降到最低，把各种消耗降到最低，使工作的效益最大化。企业要结合班组工作实际情况，制订和完善《班组管理标准》，并组织班组人员学习、贯彻、落实，对各岗位的职责进行明确的规定，对班组各项技术工作和工作流程进行科学分层、分类，制定工作流程作业卡，对班组的台账、原始记录和技术资料进行了分级、分人管理，职责明确，责任到人。

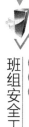

班组安全工作十大定律

第七章

三、戒抓班组生产安全漫无边际的说教

班组长不根据工人的技术状况、各自的心理特征、操作的熟练程度去具体地指导，漫无边际的说教是班组长在班组安全教育工作中的大忌。

1.班组安全教育的主要内容

（1）本班组的生产特点、作业环境、危险区域、设备状况、消防设施等。重点介绍高温、高压、易燃、易爆、有毒、有害、腐蚀等方面可能导致发生事故的危险因素，交代本班组容易出事故的部位和典型事故案例的剖析。

（2）讲解本工种的安全操作规程和岗位责任，重点讲思想上应时刻重视安全生产，自觉遵守安全操作规程，不违章作业；爱护和正确使用机器设备和工具；介绍各种安全活动以及作业环境的安全检查和交接班制度。告诉新工人出了事故或发现了事故隐患，应及时报告领导采取措施，想方设法消除。

（3）讲解如何正确使用、爱护劳动保护用品和文明生产的要求。要强调机床转动时不准戴手套操作，高速切削要戴保护眼镜，女工进入车间戴好工帽，进入施工现场和登高作业，必须戴好安全帽、系好安全带，工作场地要整洁，道路要畅通，物件堆放要整齐等。

（4）实行安全操作示范。组织重视安全、技术熟练、富有经验的老工人进行安全操作示范，边示范、边讲解，重点讲安全操作要领，说明怎样操作是危险的，怎样操作是安全的，不遵守操作规程将会造成怎样的严重后果。

2.不能"只说教"而要"重感化"

现代企业的职工，特别是青年职工追求工作的弹性和灵活，比较自我、希望得到尊重，这也是当代青年职工总体的处事态度。这种不稳定的工作心态体现在"90后"缺乏长远的职业规划，希望随时可以改变工作。这对班组长的安全管理也提出了挑战，班组的安全管理模式在坚持原则性的同时需要做出部分改变，更人性化的安全管理有利于提高员工的工作效率，要让员工觉得自己是在做感兴趣的事情。而多数青年职工普遍认为，对于自己喜爱的工作，"90后"表现得"非常投入，一点儿也不害怕吃苦"。

班组长在管理"90后"员工时，一定要注意方式，不能"只说教"而要"重感化"，要充分调动年轻人的安全生产积极性，多听听他们的想法和思路，好的想法要鼓励，错误的地方要引导，要让他们从"被动接受"到"主动融入"。这样才能引导他们发现企业安全文化中可贵的一面，并找到与他们价值追求一致的理念，并随着企业一起成功。

四、戒盲目批评

班组工作中，工人发生了事故，班组长未作认真细致的调查分析，找出事故

原因，就凭主观臆断不负责任地对工人乱批一通，造成工人心情不愉快，既挫伤了工作积极性，影响任务的完成，还会引起事故，这种情况在大多数班组都出现过。

1.班组长的"三个代表"意识

班组长因其地位不同，他在三个不同的"角色"下，就要有班组长的"三个代表"的意识。一是在下属面前要代表企业或车间，用领导者的声音说话；二是在上司面前要代表下属，反映下属呼声较高的、正当的要求，及时地、真实地用下属的声音向上司说话；三是在同级或相应管理部门面前要代表班组，以参谋、助手的角色讲话。

2.班组长要忌"三躁"情绪

往往有"本事"的人不骄便躁，一般要求职工在取得安全生产成绩的时候要戒骄戒躁，尤其班组长要忌"三躁"情绪。一是忌毛躁。对于安全工作，班前预想、班后总结，班组长总得比别人多动些心思，做到心中有数地把握全班组人员动态，有条不紊地组织指挥生产，切忌毛手毛脚仓促上阵。二是忌急躁。在生产任务紧张时，班组长千万不能性急。不要盲目地催促职工快干，而要耐心地给予职工技术上的指导、安全上的指引，把生产过程中的安全问题、技术问题做到提前预防，让职工在作业时得心应手。三是忌浮躁。当班组在取得成绩时，不能沾沾自喜，把功归于自己；遇到困难时更不能怨气冲天，怕承担责任，这样，班组长在班组中就会失去职工对你的认识，在安全生产中必然失去号召力。

3.班组长的"四方沟通"工作

有效沟通是有效管理的前提，所有的沟通归结一点是要用心，但作为班组长要注意搞好"四方沟通"工作。一是对上如何辅佐上司，要主动请示，适时汇报，报忧担责任，报喜讲细节。二是对下如何激励下属，要当众表扬，私下批评，谈事要具体，论人要赏识。三是平行如何与人共事，要多栽花，不栽刺，少建议。四是对家里如何慰藉亲人，多说快乐事，不言工作愁。

班组长在安全生产工作中，遇到问题要耐心细致地做班组成员的工作，在没有搞清楚事情的来龙去脉时，不轻易批评下属，这是安全工作中的基本要求，每一名班组长都要为此去不懈努力。班组长的工作目标不是简单地完成工作生产任务，而是要打造一个高绩效的团队。人与人的交往，常常是影响力之间的较量，不是你影响他，就是他影响你，班组长要想获得管理上的成功，就一定要培养自身影响力，将班组诸位成员的个人精神，融汇成共同的团队精神，切实使班组兴旺、发展起来，成为一个高绩效的团队。

五、戒工作有布置无落实

在班组安全生产中只注重安全工作的安排，而不认真检查督促，不落实到位，犹如"甩手掌柜"，出现了问题，不主动地、积极地去解决，从而影响生产的顺利进行。为此，班组长在布置安全工作时必须做到如下几条：

① 布置安全工作措施必须定位准确，隐患排查必须认真，不能走过场，必须定责任人；

② 制订措施及要求，必须有人落实，要纳入考核，与工资联挂，必须公平公正对待；

③ 抓班组安全的管理人员（班组安全员）必须充分授权，手持指挥棒才能有力度；

④ 对安全措施落实不到位、隐患排查不深入、工作不主动开展的人员，发现一个处理一个，安全上绝不姑息，措施必须严厉；

⑤ 落实结果必须及时报班长，按照班长要求，及时向班组全员予以通报；

⑥ 定期组织安全知识培训和安全考试，做好危机教育，寻找相关事故案例进行宣传。

抓好班组安全生产工作，贵在落实、重在落实、关键在落实。一段时间以来企业安全生产形势不容乐观，特别是高危行业和危险化学品"两重点一重大"企业，事故出现反弹。而事故绝大多数又发生在基层班组，这就要求班组长紧紧抓住班组安全监管责任和安全生产主体责任的落实，不断强化领导、监管、责任，扎实推进班组安全活动的有效开展，节日期间尤其要突出对重大操作、装置开停车、技术复杂的作业领域的防控，全面排查和消除事故隐患，把班组安全生产各项工作措施落到实处，防范各类事故的发生，确保企业的安全发展、快速发展、可持续发展。

班组安全工作贵在落实、重在落实、关键在落实。因为不落实本身就是最大的安全隐患。俗话说，聪明的人用别人的鲜血为自己作教训，愚蠢的人用自己的鲜血换取教训。企业的各项安全规程及措施都是职工兄弟用血的教训换来的，实践证明，安全规程措施就是班组职工兄弟的保护神。如果其在现场不能很好地落实，势必给安全生产埋下隐患。各项安全管理机制、制度都是指导和约束我们搞好安全生产的规则，这些必须在实际工作中不折不扣地得到有效落实。要想真正将安全工作落实到实际工作中的每个环节，需要我们做大量细致的工作，需要我们把各自的安全责任和法律法规，特别是作业规程落实在岗位上、落实到现场。

（1）抓好落实要在思想认识上找差距　思想是行动的先导，只有思想上重视了，认识上提高了，才能真正抓好落实。各项安全法律法规能否得到全面的贯彻和实施，重点取决于管理人员及员工对此认识程度的高低。比如他们对安全的认识是心里想的与嘴上讲的是否一致，还是只说不做，这些都直接关系到生产。安全工作来不得一丝一毫的马虎，因此，从认识上剖析一下自己，找找差距，这是抓好落实的第一步。

（2）抓好落实要因地制宜　要结合班组的实际情况，选准所要解决的安全工作中的主要矛盾和问题加以突破。不能上头热、中间温、下头凉，使安全工作成了一句空谈。做到一个萝卜一个坑，一钉一铆干实事。

（3）抓好落实必须抓班组能人　班组能人落实好自己的安全责任对班组的安全生产意义重大，通过班组能人的传帮带，使安全工作落到实处。通过他们把安全责任落实到现场，落实到岗位上。在班组安全管理上建立一整套刚性约束机制，目的就是想通过重奖重罚来调动班组全员的安全积极性，使员工自我意识到安全生产的重要性和必要性。

（4）抓好落实一定要抓安全技术培训工作的落实　事故的发生往往是不遵守安全操作规程，违章作业造成的，这就要求员工要无条件按规程进行操作，才能保证自身与他人的安全，特别是班组长要俯下身子做一些具体、扎实、有效的工作，通过细致的工作，督促广大员工将规程措施落实到现场和岗位上。

班组安全工作贵在落实、重在落实，关键在落实。班组安全教育和安全管理是一项长期、艰巨的系统工程，只有起点没有终点。只有将班组安全工作细致入微、坚持不懈地抓下去、落实下去，才能创造一个安全、和谐的生产环境，才能保证员工的切身利益。

六、戒对班组成员不一视同仁

对"亲者"出现的事故不闻不问，而"疏者"出现"纰漏"则紧抓不放。更有甚者，即使对方有了成绩也不表扬，造成班组成员互不协调，互不团结，导致操作上失控，出现事故。这种情况在某些班组时有发生。

（1）正人先正己　作为班组长，要带头苦干实干，要胜任班组工作，在业务上必须具备较强的能力，而只有通过努力学习，刻苦钻研，练就娴熟的技术，掌握扎实的专业知识，才能临危不惧，处乱不惊，在出现异常时能果断拍板，合理安排，正确处理。劳动纪律和工艺纪律的遵守，是良好精神风貌的表现，同时也是完成各项工作任务的有力保证。正人先正己，在这方面，班组长首先要作好表率，要带头遵守两纪，并做好班组成员的监督和管理，特别要严格要求自己，切不可说一套做一套，松一阵紧一阵，热一阵冷一阵，那样班组成员就不信服，就不利于树立威信。其次，在管理上要统一尺度，不搞特殊化，不搞区别对待，应一视同仁，凡是违反两纪，都要按制度进行考核。

（2）聚人先聚情　班长要发挥主心骨作用，把每一位班组成员发动起来，凝聚起来，不断增强他们的集体荣誉感。要善于和班组成员交朋友，以诚相待，多一些关心、尊重和理解，多和班组成员交心，在班组中，营造互相关心、互帮互助的良好氛围。平时安排工作，对于年老体弱身体差的班组成员应适当照顾；班组成员生病，要进行关心问候；班组成员出现思想情绪波动，要及时沟通；班组成员有困难，要尽最大努力帮助解决。不仅如此，尽可能营造生动活泼、轻松愉快的班组氛围，让班组成员不把工作当包袱，而当成一种快乐，一种自愿，有利于最大限度地发挥他们的潜力。切不可在班组中拉帮结派，搞"小团体"，班组长作为这个团队的带头人，更要端正自己的作风，要有意识地去淡化他们的小团体意识，帮助他们树立起大集体的观念。使班组上下拧成一股绳，大家心往一处想，劲往一处使，形成合力。

（3）管人先贯制　要健全好以班组长、工会小组长、班组骨干为核心的民主管理网络，充分发挥民管会的作用，让班组成员参与班组管理。班组长要坦坦荡荡，不怀私心，尽量做到公平、公正，奖惩考核要有理有据，不徇私情，不能让一位员工心存疑虑。奖惩考核和绩效分配上，要搞好公开，主动让班员监督。搞好法治管理与激励机制相结合，班组成员有功必赏，有过必罚，无论是物质激励还是口头鼓励，都要及时跟进。员工表现优异的给予肯定，错的予以处罚，及时纠正，引导班组成员规范行为，明显体现出干多干少不一样，干好干坏不一样。

只要踏踏实实地做好每一步，在班组安全管理上一视同仁，对人真诚，严格管理，尊重民主，不存私心，充分调动每位班组成员的安全生产积极性和主动性，就一定能打造出一个团结、和谐、实干、向上的团队。

七、戒对工人不尊重

工人在生产中出现了问题，班组长不是善意地进行批评教育，不去指出失误的原因以及如何杜绝事故再次发生，而是讥讽嘲弄，使工人的自尊心受到伤害。

在班组成员之间的交往中，自己待人的态度往往决定于别人对自己的态度，就像一个人站在镜子前，你笑时，镜子里的人也笑；你皱眉，镜子里的人也皱眉；你对着镜子大喊大叫，镜子里的人也冲你大喊大叫。所以，班组长要获取他人的好感和尊重，首先必须尊重他人。任何人的心底都有获得尊重的渴望，受到尊重的人会变得宽容、友好、容易沟通。

要做到尊重他人，首先必须平等地对待每一个人。心理学研究表明，人都有友爱和受尊敬的欲望，并且交友和受尊重的希望都非常强烈。人们渴望自立，成为家庭和社会中真正的一员，平等地同他人进行沟通。如果你能以平等的姿态与人沟通，对方会觉得受到尊重，而对你产生好感；相反地，如果你自觉高人一等、居高临下、盛气凌人地与人沟通，对方会感到自尊受到了伤害而拒绝与你交往。

我们都很清楚自己想从朋友那里获得什么。可是从未考虑过自己是个什么样的朋友。你知道应该怎样来提问自己，问题都是明摆着的，你是否体谅别人，你是否肯听别人的话，你是不是个好朋友，等等。

要想尊重别人就得从自己做起，只有懂得自爱的人才会懂得如何去尊重他人。但是自爱并不是说一见镜子就照，也不是自我吹嘘。自爱是说要爱自己，要了解自己，甚至连自己所谓的"缺陷"也要爱。因此它常常是自尊的另一种解释。人们可能有感到自豪的时候，也许人们自爱是因为人们生活得充实、愉快和热爱生活。归根结底，人们自爱是因为他们活在这个世上，如此而已。人不自爱往往可以从他交朋友的情况反映出来。他很可能结识那种对自己有同样看法的人，接着就出现连锁反应，不以诚相待，相互背后说坏话，相互确认自己是失败者，信任和爱的观念对他们毫无作用，更不要谈尊重了，这些共性把他们连在一起。

班组安全工作不同于其他工作，涉及生产现场的方方面面、各个角落，它需要基层班组长齐抓共管，需要班组员工群策群力，共同努力。要把先进的安全管理理念贯穿到具体的工作当中，把安全意识渗透到每一名职工的心中，努力营造一种人人重视安全、人人保证安全的良好氛围。班组长不能以一名普通职工的标准来要求自己，所有的工作都要身先士卒，以身作则，用自己的实际行动感召班组成员。如果不能从严要求自己，班组工作就不可能开展好。

当好班长首先要明确自己所负的责任，不但对工作要尽心尽责，还要时刻关心班组成员的生活和工作，及时了解员工的思想动态，要做到"时时处处了解人、真心真意尊重人、实实在在关心人"。在实际安全工作中，要用道理启迪、用行为召唤、用典型引路。切不可训斥班组成员，要用自己的勤奋和努力把安全工作做好，用自己的人格魅力来影响和启迪班组员工，对自己一日三省，靠人格的魅力带动和激励大家。如果班里的成员在某些方面遇到了困难，要想方设法尽自己的能力帮助他们摆脱困境，这样时间久了，员工都把班组长当成他们的知心朋友，工作起来会更有默契。

八、戒情绪躁动不冷静

班组长力戒失言、失态，甚至失手，否则会因情绪不稳定而发生事故。在班组安全生产中，因为各种生产要素的动态，有时候班组长会情绪激动不冷静，这对班组的安全生产工作是非常有害的。一名称职的班组长，一定要在工作中严格控制自己的情绪。

（1）意识控制　当愤愤不已的情绪即将爆发时，要用意识控制自己，提醒自己应当保持理性，还可进行自我暗示："别发火，发火会伤身体"，有涵养的人一般能做到控制。承认自我，勇于承认自己爱发脾气，以求得他人帮助。如果周围人经常提醒、监督你，那么你的目标一定会达到。当遇不平之事时，任何正常人都会怒火中烧，但是无论遇到什么事，都应该心平气和，冷静地、不抱成见地让对方明白他的言行之所指，而不应该迅速地作出不恰当的回击，从而剥夺了对方承认错误的机会。推己及人，凡事要将心比心，就事论事，如果任何事情，你都

第七章 班组安全工作十大定律

能站在对方的角度来看问题，那么，很多时候，你会觉得没有理由迁怒于他人，自己的气自然也就消了。

（2）宽容大度　对人不斤斤计较，不要打击报复，当你学会宽容时，爱发脾气的毛病也就自行消失了。现实生活中，一些人常常说："我过去经常发火，自从得了心脏病我才认识到，任何事情都不值得大动肝火。"请不要等到患上心脏病才想到不发火，要想克服发脾气的坏毛病，就从今天开始吧。

班组长在班组安全生产工作中，如何才能有效地控制自己躁动的情绪，笔者认为如下方法很有作用。

（1）自我鼓励法　用某些哲理或某些名言安慰自己，鼓励自己同痛苦、逆境作斗争。自娱自乐，会使你的情绪好转。

（2）语言调节法　语言是影响情绪的强有力工具。如你悲伤时，朗诵滑稽、幽默的诗句，可以消除悲伤。用"制怒""忍耐""冷静"等自我提醒、自我命令、自我暗示，也能调节自己的情绪。

（3）环境制约法　环境对情绪有重要的调节和制约作用。情绪压抑的时候，到外边走一走，能起调节作用。心情不快时，到娱乐场做做游戏，会消愁解闷。情绪忧虑时，最好的办法是去看看滑稽电影。

（4）注意力转移法　请你把注意力从消极方面转到积极、有意义的方面来，心情会豁然开朗。例如，当你遇到苦恼时，可以将它抛到脑后或找到光明的一面，则会消除苦恼。

（5）能量发泄法　对不良情绪可以通过适当的途径排遣和发泄。消极情绪不能适当地疏泄，容易影响心身健康。所以，该哭时应该大哭一场；心烦时找知心朋友倾诉；不满时发发牢骚，愤怒时适当地出出气；情绪低落时可以唱唱欢快的歌。

（6）语言暗示法　当你为不良情绪所压抑的时候，可以通过言语暗示作用，来调整和放松心理上的紧张状态，使不良情绪得到缓解。比如，你在发怒时，可以用言词暗示自己"不要发怒""发怒会把事情办坏的"；陷入忧愁时，提醒自己"忧愁没有用，于事无益，还是面对现实，想想办法吧"；等等，在松弛平静、排除杂念、专心致志的情况下，进行这种自我暗示，对情绪的好转将大有益处。

（7）请人引导法　有时候，不良情绪光靠自己独自调节还不够，还需借助于别人的疏导。心理学研究认为，人的心理处于压抑的时候，应当允许有节制的发泄，把闷在心里的一些苦恼倾倒出来。因此，当青年人有了苦闷的时候，可以主动找亲人、朋友诉说内心的忧愁，以摆脱不良情绪的控制。

（8）环境调节法　环境对人的情绪、情感同样起着重要的影响和制约作用。素雅整洁的房间，光线明亮、颜色柔和的环境，使人产生恬静、舒畅的心情。相反，阴暗、狭窄、肮脏的环境，给人带来憋气和不快的情绪。因此，改变环境，也能起到调节情绪的作用，当你受到不良情绪压抑时，不妨到外面走走，看看美景，大自然的美景，能够旷达胸怀，欢娱身心，对于调节人的心理活动有着很好的效果。

（9）意识调节法　人的意识能够调节情绪的发生与强度，有些思想修养水平高的人往往比思想修养水平较低的人能够更有效地调节情绪。一个人要努力以意识来控制情绪的变化，可以用"我应该怎么办""我能够怎么办"加上要想办的事情来调控自己的情绪。

（10）语言调节法　语言是一个人情绪体验强有力的表现工具。通过语言可以引起或抑制情绪反应，即使不出声的内部语言也能起到调节作用。林则徐在墙上挂有"制怒"二字的条幅，这是用语言来控制调节情绪的好办法。

（11）注意转移法　把注意从自己消极的情绪上转移到有意义的方向上。人们在苦闷、烦恼的时候，看看调节情绪的影视作品，读读回忆录都能收到良好的效果。

（12）行动转移法　克服某些长期不良情绪的方法，可以用新的工作、新的行动去转移负面情绪的干扰。贝多芬曾以从军来克服失恋的痛苦，是一种好的选择。最大的心理之患在于患得患失；最大的精神负担莫过于名利枷锁。人不可一味地追逐名利，也不可缺乏上进心和奋斗精神。养生首养心，养心淡名利。知足常乐，身心健康。美术大师刘梅粟先生已年逾九十，仍精神焕发，挥毫自如。其长寿秘诀是："宠辱不惊，看庭前花开花落；去留无意，望天上云卷云舒。"一个人学会乐观，淡泊名利，保持健康情绪，命运永远掌握在自己手中。

九、戒班组长不负责任

放任自流，纪律松懈，对小差错不闻不问，存在"大事故不会出"的侥幸心理，结果酿成大祸。班组长肩负着重要的安全生产职责，班组长既是班组安全生产的指挥员，又是班组安全生产的战斗员；既是车间的骨干，又是班组的顶梁柱。因此，班组长必须对全班组的工作负起不可推卸的责任，必须对全班的员工和安全生产负责。一般来说，班组长的安全生产责任如下。

（1）认真贯彻执行企业各级颁发的有关安全生产、文明施工的条例标准、方针、政策，及本公司安全生产、文明施工制订的各项规章制度，领导本组安全作业，对本班组生产的安全负责。

（2）参加班组安全生产、文明作业工作会议，组织开好班前安全生产交底会，认真执行安全交底，不违章指挥、不违章操作，同时有权拒绝违章指挥。

（3）搞好入厂新工人上岗前三级教育工作，变换工种职工新岗位岗前安全教育工作，提高新岗位职工安全生产操作技能。

（4）经常组织本班组学习安全操作规程和规章制度，做好新工人的入厂（班组）教育，教育工人在任何情况下不得违章作业。对不听劝阻的违章作业人员，可责令其停止作业。

（5）配合车间每月进行一次安全生产、文明施工检查评分工作，对检查发现的问题负责组织"三定"，按期整改。

（6）班前要对所使用的机具、设备、防护用品及作业环境进行安全检查，发现的问题解决后，才能使用和作业。

（7）在生产过程中，要经常注意检查作业场所存在的不安全因素，发现隐患及时解决，不能解决的要立即报请上级采取措施，保证安全方可继续作业。

（8）组织本组安全生产竞赛和评比，及时表扬好人好事，推广安全生产的先进经验。

（9）参加生产现场的定期和不定期安全生产检查，及时发现事故隐患，并组织按期整改。

（10）作业现场发生事故后，立即组织抢救伤员及财产，排除险情并保护好事故现场，及时逐级上报，协助事故调查组开展事故调查工作。

从以上的条款可看出，班组长在安全生产工作中肩负着重要的、重大的责任。如果班组长不负责任，就要教育他认清自己的角色，树立必胜的信念，满怀信心搞好班组的安全生产。如果经过教育还是没有成效，就要考虑换掉其班长的职务。

十、戒班组长胸无全局

表现为只顾自己班组完成任务，无协作精神，生产中抢时间、赶任务，不考虑质量、安全等方面工作，以致发生违章操作，造成质量事故及人身伤害事故等。班组长想问题、办事情、作出安全对策必须顾全大局，从企业大局出发。在涉及具体安全问题时，在个人和团体的利益受到影响时，思想上要想得通，不能心胸狭窄，目无全局，导致事业的失误甚至失败。

班组长在通盘考虑班组工作的同时，心怀企业大局，心想企业大事，把全部精力投入到企业和班组的工作之中，具体要做好如下工作。

1.大力倡导"三实"

（1）要查实情　作为班组长就要经常深入岗位和职工群众当中去调查研究，了解生产动态，摸清安全状况。但某些班组长在查处一些问题和发现隐患时，暴露出了不深入实际、不深入群众，靠"合理想象"来办事，对变化了的情况知之甚少。只能凭主观武断、靠下命令行事，尤其是麻痹大意，错过了杜绝漏洞的最佳时机，以致酿成事故的发生。

（2）要说实话　就是在安全工作中不弄虚作假，要有喜报喜，有忧报忧，绝不能为了一时的利益而说假话。

（3）要办实事　班组的安全工作要求实实在在，来不得半点虚伪。但在实际工作中，某些班组长之所以把好事办砸了，把实事办虚了，把真事办假了，一个重要的原因就是缺乏求真务实的工作作风，工作浮夸，办事浮躁，或有名无实，或名重而实寡。

2.必须具备"三气"

（1）要有正气　班组长作为基层干部，直接与职工打交道，说话办事要旗帜鲜明，是非分明；处理问题，特别是事故处理，绝不能含含糊糊、模棱两可，更不能拿原则作交易，要光明磊落办事，堂堂正正做人。

（2）要有勇气　当前班组安全工作难度较大，这就需要班组长看到成绩，看到光明，提高克服困难的勇气。对存在的问题优柔寡断、畏难怕事、软弱无力等现象必须纠正。应该解决的安全问题要及时解决，特别是在突发性事态面前，要胆大心细、沉着冷静、富有勇气、敢于"较真"、敢于碰硬、敢于迎难而上。该教育的教育，该奖励的奖励，该处罚的处罚，这样既树立了自己的形象，又赢得了职工的信任。

（3）要有大气　这个大气指的是顾全大局，要有大的气度。班组长想问题、办事情、作出安全对策必须顾全大局，从企业大局出发。在涉及具体安全问题时，在个人和团体的利益受到影响时，思想上要想得通，不能以个人的得失、好恶决定对事物的取舍，尤其不能以个人的得失看待改革当中利益关系的调整。

3.正确处理"三个关系"

（1）处理好对上负责和对下负责的关系　要求班组长在工作中不断提高安全理论水平和安全政策水平，既要吃透上面的精神，又要摸清下面的情况，在工作过程中才能融会贯通地落实上级指示精神，做到既尊重客观规律，又发挥主观能动性。

（2）处理好中心工作和一般工作的关系　班组在安全工作中，每个时期根据生产经营状况，根据气候环境特点，根据社会环境变化，都有重点工作。要求班组长围绕重点工作，使安全管理有所突破，但必须在整体安全工作上有所推进，学会"以点带面"的工作方法。

（3）处理好自我约束和接受监督的关系　失去监督的权力必然导致腐败，对班组长进行监督，是保护和爱护企业安全骨干的措施。作为班组长应当自觉地坚持接受职工群众的监督，坚决地执行党和国家的安全生产方针政策和企业的厂规厂纪。监督工作做好了，就能为转变班组长的安全工作作风提供有力的保证。

第七章　班组安全工作十大定律

第八章

安全要素、火场自救、夏季安全十大定律

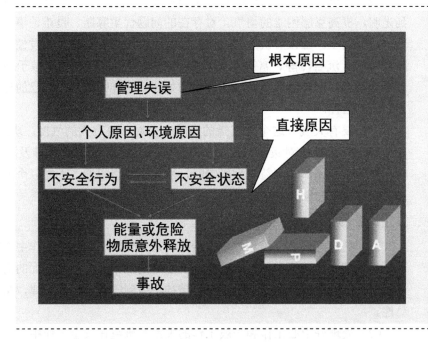

一、树立先进的安全理念

安全理念也称安全思想、安全意识，是人脑对安全工作的客观反映。安全理念在安全管理中具有十分重要的地位。因为思想决定目标、思想决定行动，目标和行动又影响着整个安全工作的进程。先进的安全理念有助于我们正确认识和把握安全生产规律，制订科学的安全工作目标，激发职工的安全工作热情，并为实现这一目标作出艰苦不懈的努力。美国杜邦公司坚持"一切事故都是可以预防的"安全理念，企业已发展成为世界知名企业，安全也成了企业的品牌；日本企业提出"安全第一、生产第二"的安全理念，提升了企业安全管理水平；我国某些企业在传统的"发生事故在所难免"思想影响和支配下，安全生产目标不高，事故原因被理解和原谅，安全工作停滞不前，不能实现持续改进和提高。同时，实践也证明了企业在"只有不到位的管理，没有抓不好的安全""一切事故都是可防可控的"等安全理念影响和支配下，职工才会对安全工作的目标、追求等发生深刻的变化，科学发展、安全发展、和谐发展才会深入人心，安全工作才会变成广大职工的期望和追求。例如我国某国有大型企业的安全理念有如下八个，是值得借鉴的。

（1）"底线思维"理念　牢固树立底线思维理念，牢记"三个不能过高估计"（绝不能过高估计安全生产形势，绝不能过高估计干部群众对安全重要性的认识，绝不能过高估计各级各部门各现场管理安全生产的能力和水平），不仅要弘扬好的经验、宣传好的典型，营造安全氛围，而且主要领导更要亲自从最坏处着想、从最薄弱环节抓起、从最差的地方改进，力争取得最好结果。主要领导要用主要精力抓问题最多的方面，要不怕亮丑、敢于亮剑，坚决杜绝较大及以上事故发生。

（2）"以人为本"理念　安全是最大的民生，我们要把安全工作紧紧与人民群众的生命和财产安全联系起来，任何地方、任何时候都要坚持不安全不生产。人的生命高于一切，以人为本最基本的就是以职工生命为根本。

（3）"安全短板"理念　安全生产的水平高低不是取决于"长板"有多长，

237

而是取决于"短板"有多短、有多少，很多安全管理的薄弱环节正是发生事故的根源所在。面对安全生产系统多、环节多、因素多的现实，如何找到和弥补这些安全"短板"，应该成为管理工作的着力点和方向。

(4)"细节决定成败"理念 天下大事必作于细，细节决定成败。对于安全生产工作来讲尤其如此，必须要关注细节。安全工作只有"0"和"1"两个结果，任何一点没有做到100%，那么结果就可能是"0"。正所谓：工作落实"差之毫厘"，安全结果就会"失之千里"。因此，安全工作中的每一个细节，每一个环节都来不得半点马虎。

(5)"隐患就是事故"理念 海恩法则告诉我们：每一起大事故的背后，有29次轻微事故，300起未遂事故，1000条事故隐患，所以说隐患就是事故。在风险管理上，隐患不除就是事故；在有毒作业环境，有害气体超标就是事故；在机电管理上，无计划停电失爆失控就是事故。所谓安全工作关口前移，就是要对这样的各类事故隐患进行追查、分析原因，找出责任人，然后按"四不放过"对待。

(6)"动态达标"理念 安全管理上要彻底摒弃形式主义，少搞地下铺大理石、养鱼、豪华装修等为应付检查而作秀的绣花工程，要把重点放在搞动态达标上。下一步，全集团公司上上下下、各个层级都要开展以动态检查为主要形式，不打招呼、不通知、明察暗访式的检查活动，强化动态检查，实现动态达标。只有全过程合格、全过程达标才是真达标，才能有效防范事故发生。我们要全面开展动态检查、动态整改、动态达标，把安全生产标准化达标工作推向一个新的台阶。

(7)"安全是管出来的"理念 大家开车系安全带，十有八九是怕罚款，而不是自己为了安全主动地系。企业好多员工对待安全也有这种"被安全"的思维习惯和行为习惯，有规程不执行、有措施不落实、领导在不在不一样、安全员管不管不一样，还处在有人管才会按规定办的阶段。因此，各级干部、党员、岗员、班组长、安全员，都要主动地去管。管与不管不一样，管好管坏也不一样，我们还是要依靠扎实的管理、严细的管理、全覆盖的管理，切实把安全管理好。

(8)"安全可控，事故可防"理念 这是杜邦公司安全文化的核心理念。只要我们按规矩来、按规程办，就可以避免各种事故，如果我们24h、各个工作地点、全部工作人员都能主动地引入执行好杜邦安全文化理念，就一定不会发生事故。国家安监总局有过一个统计数据，凡是重特大事故十有八九是由于领导违章指挥而造成的，领导要深思、要反思自己在工作中有没有违章指挥。

这个国有大型企业的安全理念是先进的。如果每个企业都有这样的安全理念，那么，企业安全生产、安全发展的前景就是广阔的。

二、实施有利于安全工作的经济政策

经济政策是安全管理的一项治本之策，在企业安全生产中具有重要的导向、激励、制约作用，同时也是企业和职工安全价值取向的直接反映。积极的经济政策是以安全发展、和谐发展、可持续发展为前提的，坚持以人为本，最大限度地保护职工安全与健康，让职工在发展中得到更多的实惠。这就要求我们必须正确地处理好安全与发展、安全与生产、安全与效益、安全与职工收入等多方面的关系。一是在下达产量等"硬性"指标时，必须充分考虑企业的生产实际，不能超强度、超能力组织生产，对于安全生产必要的投入必须予以保证，把经营管理的重点放在集约化经营、提高质量、提高效率、控制非生产性支出方面上来；二是推行安全结构工资制度，把工程质量、安全状况与职工收入挂钩，比例应不低于30%，严格考核兑现，让职工真正感受到工程质量优、安全生产好才是真正的效益；三是建立以安全为重点的安全绩效考核制度，把安全业绩作为干部职工晋升、奖励的重要标准。

三、推行科学的安全管理方法

管理是生产力，安全管理必须要有一定的手段或方法，尊重安全生产的内在规律，研究事故发生的内在因素，及时控制和消除事故隐患。好的安全管理方法，对提高安全效果具有事半功倍的作用。近年来，有的企业在安全管理方法上进行不断探索和实践，形成了行之有效的安全管理方法。

1.巩固和发展安全管理周循环法

有的企业推行了安全管理周循环法，取得了较好成效。对这一方法要不断去丰富和完善，通过周循环法，掌握安全状况、研究安全工作、解决安全问题、排除安全隐患，每周一循环，持续改进、不断提高。要注重提高周循环的质量和效果，明确周内每日安全工作做什么、谁负责、怎么抓。同时企业或车间要建立日兑现会，做到厂、车间两级的安全管理相互衔接、更加透明，厂部上级了解基层在做什么，基层也了解自己应该做什么，实现安全管理的程序化、规范化和科学化，并通过扎实的、周而复始的循环运作，以小安全周期来实现企业生产的长治久安。

2.规范和推广安全确认法

把开展安全确认作为加强现场管理的重要内容，作为生产的第一道工序去执行。每个作业场所都要严格执行班前安全确认、班中安全巡查、班后质量验收制度，明确安全确认的程序、内容、方式和手段，及时排查和消除安全隐患。

3.全面实施安全精细化管理

目前多数企业正在推行精细化管理，把安全工作与精化管理结合起来，精细

安全要素、火场自救、夏季安全十大定律

第八章

239

流程、严细过程、精细严实，并取得一定的成效，但还需要不断地完善。一是在卡片的设计上，必须把岗位安全责任制、质量标准、工作标准、操作规范等内容融入到卡片之中，做到上标准岗、干标准活、规范操作；二是规范卡片运作、按照标准检查、按照标准验收，日清日毕、日毕日高、不断提升；三是将考核结果与工资、奖金挂钩，考核奖罚兑现。

四、把握安全管理重点

一切事故都是可防可控的，预防和控制事故的根本措施就是消除事故隐患。企业安全生产过程实质上就是消除隐患、降低危险程度、保障生产的过程。预防事故必须抓住重点，即抓住重要工作、重点区域、重点头面、重点环节、重点时段、重点人群等，使之处于可控状态。如对化工企业的重点有以下几个方面。

（1）抓重点工作，就是要抓好"防火防爆"和"防尘防毒"工作。只有抓好"防火防爆"和"防尘防毒"工作，才能杜绝重特大事故，才能保证企业安全生产形势总体稳定。

（2）抓重点区域，就是要抓好重大危险源所在区域、危险工艺生产区域、易燃易爆物质产生区域、重点化学品存放区域等区域的安全管理，实行危险性分析，制订针对性强的防范措施；实行区域专项治理，超前预防预控。

（3）抓重点头面，就是要抓好生产过程的重点操作过程、重大安装项目、重要拆除工程、复杂检修过程的安全管理，抓住人的安全思想意识、抓好人的安全行为动作、抓住人的安全制度执行力。

（4）抓重点环节，就是要抓好预防事故发生的关键环节。如防范火灾爆炸事故，就要严格控制易燃易爆气体超限；防范触电事故，就是要严格落实送、停电操作；防范运输事故就是要抓好皮带的安全运行；防止火灾事故，就是控制火源和易产生明火的地点和区域；防止中毒事故的发生，就是要重点抓好工艺过程的防泄漏工作。

（5）抓重点时段，就是要根据生产变化、气候变化、职工思想变化等所造成的事故多发阶段，如双休日、节假日、夜班、雷雨天气、寒冷天气等时期。

（6）抓重点人群，就是要抓好安全无知的、技能不熟的、操作粗心的、图省事心存侥幸的、争强好胜的、胆大冒险的、体弱多病的、思想麻痹的、情绪低落的、遭遇突发变事故的、习惯性违章的、单独作业的等12种人排查，重点教育、重点提醒、重点防范。

（7）抓重点必须掌握重点，这就需要我们认真进行安全排查。一是要深入班组现场进行排查；二是召开技术分析例会，对照图纸、资料进行排查；三是要深入到职工群众中进行排查。要按照企业隐患排查报告制度，逐级开展隐患排查。

（8）抓重点就是要加大对重点的监管和监控，每月、每周、每天、每班排出这些重点，对重点盯住不放、加强跟班带班、加强调度指挥、确保措施落实。对于重大安全隐患，还要制订应急预案和防范措施，时时监控，防止事故的发生。

五、保证安全投入及时有效

安全投入是安全生产的基本保障。企业事故多发，与安全欠账多、投入不足密切相关。国家为解决企业安全欠账多、安全投入不足方面的问题，制订了专门措施，即一是提高安全费用标准；二是由国家财政每年拨款支持国有重点企业进行安全技术改造。要充分利用国家的经济政策，多渠道筹集安全资金，保证安全资金足额提取，同时，要用好管好安全资金，保证安全投入及时有效。

要进一步完善安全投入保障制度，明确各企业和各单位安全投入的主体责任。重大安措、重大技改、重大隐患整治等由集团公司统一安排，各二级企业按计划实施。日常安全投入由各单位负责，必须予以保障。

要加强安全隐患整治。按照国家有关法律、法规、规程、标准要求，及时更新工艺落后、超期服役、国家明令淘汰禁止使用的产品。要坚持走安全高效之路，积极推广新技术、新工艺、新装备、新材料，大力发展机械化、自动化、信息化，提高安全生产技术装备水平。任何一个企业，最基本的任务就是进行生产、创造价值、向社会提供产品和服务，追求最终的目标是社会效益和经济效益。而多数企业经济活动要的最终目标就是经济效益，也就是如何以最少的投入获得最大的经济利益。安全生产是为了使生产过程在符合物质条件和工作秩序下进行的，防止发生人身伤亡和财产损失等生产事故，消除或控制危险、有害因素、保障人身安全与健康、设备和设施免受损坏、环境免遭破坏的总称。诚然，为了保证安全生产也就要有投入，投入也就势必会使生产成本增加。所以，一些企业为了提高经济效益，忽略安全生产的投入，走入一个危险的误区。经济效益与安全生产投入是什么关系？从表面上看，这是一对矛盾体，安全生产投入增加生产成本，从而就影响经济效益，想要取得好的经济效益，就必须少投入多产出。其实不尽其然，这对矛盾体是相互制约更是相互促进的两个方面，要想保证经济效益，就必须对安全生产进行必要的投入，有了经济效益就要更加注重安全生产的投入，才能取得更好的经济效益，形成一个良性的循环。

1.安全生产的投入是生产成本必不可少的一部分

一般地说，产品是由原材料通过人掌控设备设施加工出来的，生产成本包括原材料、设备设施、劳动力三个方面。有了好的原材料必须通过设备设施去加工才能成为产品，产品加工的好坏、效率直接体现经济效益的高低。如果设备设施安全性能低下、生产效率低，生产出不合格的产品，甚至危及人身安全与健康，怎么会有经济效益呢？要保证设备设施安全高效的运转，就必须投入资金，对设

安全要素、火场自救、夏季安全十大定律

第八章

备设施从设计开始到制造安装使用，从根本上消除事故发生的可能性。如果设备设施安全高效的运转，就能生产出又多又好的产品，获得好的经济效益。一切生产活动都是以人为本展开的，产品是通过人掌控设备设施生产出来的，人的素质高低会直接决定经济效益好坏。就算有好的设备设施，操作的人不懂技术要求、不按规程进行操作，就会出废品，甚至损坏设备设施发生人身伤害事故，何谈经济效益。提高人的素质必须有投入，通过学习培训提高技术水平、熟练操作规程，牢固树立"安全第一、预防为主、综合治理"的思想。有了高素质的人就能很好地发挥设备设施作用，生产出一流的产品，创造良好的经济效益。所以，我们说安全生产的投入是不能省略的，是生产成本不可缺少的一部分，没有安全生产想取得经济效益那就是一句空话。

2.安全生产是取得最大经济效益的有力保证

产品的价值大于产品的成本就产生利润，这就是经济效益，差别越大那么经济效益也就越好。产品的成本不仅仅是原材料的消耗，而且是产品生产全过程的消耗。设备设施安全性能不好，就有可能出废品、设备设施受损害、危及人身安全与健康。产品成了废品不仅没有价值，还浪费了原材料；设备设施没有安全保障，会经常误工、误事，效率低下，产品的成本就会增大；设备设施安全性能不好造成人员伤亡，那么损失就更大了。

3.生产事故的发生会给企业造成不良的社会负面影响

生产事故的发生不仅毁坏设备设施，严重的往往造成人身伤亡，伤者终生受到痛苦，死者给亲人带来悲伤，由此会破坏一个完美的家庭，这是多么不幸的悲剧。严重的"机毁人亡"事故，会将企业笼罩在黑色的恐惧中，人人感到自危、无心工作，还有可能酿成新的事故。企业发生生产安全事故，政府安全管理部门要进行监管，经济上要处罚、生产上要停产整顿，甚至吊销企业的生产许可证。一个企业生产事故破坏了社会的安定、和谐，造成了不良的社会负面影响，又如何立足于激烈的市场竞争中，如果难以拿到项目，社会不接受你的产品，谈什么经济效益，生存都有问题。

六、有力的技术支撑

生产技术管理在企业安全生产中具有基础性和决定性的作用。预防事故最有效的手段，就是从生产技术上采取措施，实现本质安全。加强技术管理要做好以下几个方面工作。

（1）必须从设计入手，源头把关，把安全可靠性作为设计的第一原则，不断提高系统的安全可靠程度，降低存在的安全风险。

（2）必须提高作业规程、安全技术措施的指导性、针对性和可操作性。作业规程、安全技术措施是职工操作的行为准则，必须满足安全法规要求，与现场实际相符，能够保障职工安全生产。

（3）必须不断推广应用先进的安全生产技术，加大技术改新、设备更新力度，完善监测监控、DCS控制应用、优化工艺操作，提高安全生产可靠程度。

（4）必须加强安全生产技术研究，解决制约企业安全生产的瓶颈。如防火、防爆的综合防治，防治尘毒、噪声等方面的问题。

（5）必须健全以总工程师为首的安全技术责任管理体系，明确各级技术人员在安全技术管理中的职责，做到有职有权有责。重大技术问题由总工程师负责决策，工艺、机动、安监、环保、消防、质量等基层单位必须配备专职技术人员，负责现场安全技术措施的制订和实施。

（6）必须建立一支稳定的专业技术队伍。积极采取措施，吸引人才、培训人才、留住人才，为专业技术人员建功立业提供宽广的舞台。

七、安全标准化建设

安全生产标准化体现了"安全第一、预防为主、综合治理"的方针和"以人为本"的科学发展观，强调企业安全生产工作的规范化、科学化、系统化和法制化，强化风险管理和过程控制，注重绩效管理和持续改进，符合安全管理的基本规律，代表了现代安全管理的发展方向，是先进安全管理思想与我国传统安全管理方法、企业具体实际的有机结合，有效提高企业安全生产水平，从而推动我国安全生产状况的根本好转。

安全生产标准化包含安全目标，组织机构和职责，安全生产投入，法律法规与安全管理制度，教育培训，生产设备设施，作业安全，隐患排查和治理，重大危险监控，职业健康，应急救援，事故报告、调查和处理，绩效评定和持续改进等15个方面。

安全生产标准是安全生产法律法规体系的重要组成部分，是保障企业安全生产的重要技术规范，是市场准入的必要条件，是安全监管监察工作依法行政的重要依据。开展安全标准化建设是加强安全生产的一项基础性、长期性和全局性工作。

近年来，根据国务院《关于进一步加强安全生产工作的决定》提出的"在全国所有工矿、商贸、交通运输、建筑施工等企业普遍开展安全质量标准化活动。每个企业生产流程各环节、各岗位都要建立严格的安全生产质量责任制。生产经营活动和行为，必须符合安全生产有关法律法规和安全生产技术规范的要求，做到规范化和标准化"的要求，通过开展安全生产标准化建设活动，整治安全隐患，改善企业生产安全设施设备和工艺水平，增强从业人员的安全生产标准化意识和规范生产安全行为，有效识别控制企业的安全风险，提高企业本质安全水平。

实践证明：加强安全生产标准化建设是强化行业监管、防范生产安全事故、促进地区安全生产形势稳定好转的重要举措。但是，安全生产标准化工作进展不理想，与发展安全生产监管事业的需要及企业和员工对文明安全生产的愿望还有较大差距。特别是随着安全生产标准化工作的全面深入推进，使得安全生产领域的一些基础性的、共性的、深层问题日益暴露。一是企业安全生产整体水平不高，工艺技术落后、安全生产设备设施薄弱、安全生产管理不力等问题没有根本解决。二是一些企业安全标准意识淡薄，不了解标准，或有标不循，"三违"现象突出。三是推进标准化工作的相关制度、配套政策措施有待进一步加强完善等。这些问题严重阻碍了安全生产标准化工作的开展，致使不遵循安全标准的生产经营活动大量存在，生产安全事故常有发生。

多年的安全生产实践说明，要消除企业生产经营中的事故隐患、有效控制安全风险、达到本质安全水平，就必须全面开展安全生产标准化建设。把安全生产标准化工作作为增强企业安全发展能力的固本强基工程来抓，作为政府、企业落实科学发展观、建立安全生产长效机制一项主要任务认真实施。务必要从实践"三个代表"重要思想，全面贯彻落实科学发展观，努力实现"中国梦"的高度，充分认识加强安全生产标准化工作的重要性和紧迫性，增强责任感和使命感，抓住有利条件和机遇、加强领导、强化措施、广泛动员、齐抓共管、全力推进安全生产标准化工作。

如何充分发挥企业安全生产标准化的基础保障作用，避免成为一纸空谈，在推进标准化创建工作中必须做好以下几个方面。

（1）领导重视是前提　安全生产标准化建设的出发点和落脚点都是为了企业，但是在开展标准化活动中，很多企业负责人对这项工作不理解，导致创建活动停滞不前。所以，企业领导的重视和支持，是企业安全标准化活动能否得以顺利进行的前提。没有领导的重视，一切都是空谈。要强化领导认识，让领导以身作则重视起来，积极宣传安全标准化建设。只有把企业领导的思想达标作为企业安全标准化达标的先导，从根本上解决领导的思想认识问题，才能保证创建活动的稳步推进。

（2）责任落实是核心　安全生产标准化是一项复杂的系统工程，涉及部门众多，标准要求覆盖了安全生产基础建设的主要内容。为此，落实企业主体责任和各级监管职责，构建安全生产管理网络显得尤为重要。要继续强化企业主体责任、政府和部门监管责任、属地管理责任落实，确保安全生产责任落实不出现"真空"。只有把安全生产的管理过程变成责任落实过程，才能从根本上提升企业安全管理水平，筑牢安全基础。

（3）全员参与是保证　开展安全标准化工作覆盖企业方方面面，牵涉到企业的全体员工，必须动员全体从业人员参与，让全体员工真正融入到安全生产标准化建设中去。只有岗位达标才可能实现企业达标，没有岗位达标，绝没有企业的安全标准化。要通过建立完善企业员工责任考核机制，进一步增强员工的自我管理、自我约束能力，使每一名员工都成为企业标准化活动的积极参与者。

（4）教育培训是基础　由于人的固有潜在习性决定了员工通常习惯于粗放型管理，不习惯严格的安全生产标准化管理。所以，实施企业标准化一定要加强对员工的教育培训，有培训，才会有提高。要通过形式多样、内容丰富的教育活动，转变员工的思想观念，提高遵守标准的自觉性，让员工真正弄清楚安全标准化的基本内容、基本要求和基本方法，让他们熟悉和掌握安全标准化规范要求，为扎实、有效推进安全标准化创建活动奠定坚实的基础。

（5）资金投入是保障　企业安全标准化建设涉及组织机构、教育培训、装备设施、现场管理、隐患排查治理等十几项内容，这些不但需要各类规章制度、工作机制的建立健全，还需要设备设施、作业环境等硬件设施的配备和改善，只有充足的资金投入才能予以保障。为此，企业要舍得花钱，从安全硬件设施和安全系统管理两个方面来切实改善实现安全生产标准化基础条件，从而真正改变以往在安全方面讲迷信、碰运气的被动局面。

（6）奖惩考核是动力　推进安全标准化工作，不能一味靠行政命令，要采取激励措施，提高创建安全标准化企业的主观能动性。因此，及时制订有效的激励政策，是保证安全标准化建设持续推动的有效支撑。要充分运用好现有的激励约束措施，结合本行业本企业的实际情况，找准切入点，积极探索，从经济政策、社会荣誉、监管措施等方面，激励企业创建的自觉性；要全面建设安全奖惩体系，强化责任约束和考核。只有让遵守安全生产标准化的企业得到实惠，让不践行安全生产标准化的企业受到严惩，安全生产标准化建设的道路才能走得更好更远。

开展企业安全生产标准化建设，不是规章制度的生搬硬套，更不是文字材料的简单拼凑，而是对持续安全理念的深入践行，是预防生产安全事故的治本之策，是需要企业在充分分析本单位的生产安全风险基础上，建立起持续改进的安全生产长效机制。它不仅需要安监部门的不懈努力，更需要企业、政府、社会的共同支持，只有在持续改进中不断完善和提高，才能确保安全标准化建设不打折、不走样，真正实现企业的安全生产。

八、加快安全生产法治建设步伐

新中国成立以来，特别是改革开放以后，我国陆续颁布了一系列与安全生产有关的综合性和专业性法律、法规和规章，不少地方政府也出台了与此相对应的规章和配套措施。这些法律、法规和规章构成了我国安全生产法制的基本体系，对维护特定时期的安全生产秩序起到了非常重要的作用。但随着社会经济发展变化，我国已进入一个安全生产事故高发期，生产事故频繁发生，已有的安全生产法律体系与我国当前安全生产形势的要求产生了一定的差距。比如，一些涉及安全生产的行业和领域法律规范空白；安全生产法律、法规的支撑体系不健全；应用解释配套文件的可执行性较差；全方位的法制约束网络没有形成；法规不够专业和详细；等等。同时，与国外相比，我国在基础和综合立法方面较一些发达国家远远落后，在矿山、职业病等安全生产重要领域方面的法规也大大落后于发达国家，甚至也落后于一些发展中国家。为了切实将安全生产工作纳入法治的框架，更好地维护我国安全生产秩序，维护人民群众的生命财产安全，构建社会主义和谐社会，必须进一步加强我国的安全生产法制建设，完善我国安全生产法律制度。

随着我国经济结构和生产方式的变化，市场主体和利益主体日益多样化、多元化。按照依法治国、建设社会主义法治国家的要求，安全生产秩序除了采用经济的和必要的行政手段来维护，更主要的是要依靠法律来维护。在这种情况下，国家大大加快了有关安全生产的立法步伐。目前，全国人大、国务院和相关主管部门颁布实施的有关安全生产、职业健康、劳动保护的主要法律法规约有400余项。同时，国家还制定和颁布了上千项安全生产职业健康方面的国家标准和行业标准，各地人大和政府也陆续出台了不少地方法规和规章。以《安全生产法》为主体，以相关法律法规、部门规章以及地方性法规、规章为支干的安全生产法律体系，已经初步确立。

一个国家法律制度的制定、修改和不断完善必然要遵循一定的指导思想和原则，这既与该国民众的法律思维和法律文化有着固定联系，又同该国的法制状况与实际需要密不可分。我国现阶段，安全文化逐步形成，"关爱生命、关注健康"的理念正在为大多数企业和生产单位所接受，但我国的安全生产法制相对滞后的现实仍不容忽视。这决定了当前进一步完善我国的安全生产法律制度必须确立几个理念：坚决贯彻"安全第一"的思想观念；注重安全生产法制的及时立、改、废；着力构建安全法制约束网络，提高事故成本。当前完善我国安全生产法制，应在以下几方面下功夫。

（1）进一步加大落实新修订的《安全生产法》。新《安全生产法》颁布后，必将在安全工作中发挥重要作用。企业必须在生产经营活动中，以《安全生产法》为指针，规范自己的安全生产行为，在任何时候、任何情况下都要以法律为准绳，去开展和进行一切生产经营活动。

（2）加快制定、修订配套法律、法规及标准体系。现阶段应以《安全生产法》为核心，加快其配套法律、法规和标准建设，完善安全生产的法制体系。

（3）全面建立与预防相结合的工伤保险制度。当务之急是要真正建立起强制性的，覆盖全社会的，赔偿、康复和事故预防相结合的工伤保险机制。一是考虑实行从工伤保险基金提取一定比例的资金用于投资企业安全项目的制度，这样会促使企业更加重视安全生产，加强安全防范。二是将企业伤亡事故与保险费率有机结合。三是积极借鉴国外经验，在推行工伤社会保险制度的同时，适当引入商业保险模式，在职业伤害、职业健康、财产损失、事故风险等方面，采取多类种、多模式的商业保险措施。

九、全力推进安全文化

根据企业内外部安全管理环境及实际需要制订安全文化发展战略及计划，以保证企业在安全文化建设中的主动性，从而塑造更为可行的适合企业安全发展需要的安全文化体系。各企业应在对安全文化各种影响因素及安全文化现状进行全面分析的基础上，选择合适的安全文化建设时机及目标模式，确定安全文化建设的切入点，制订安全文化建设的战略计划。

企业安全文化系统建设的对象至少应该包括三种：决策层、管理层和员工层。

1.决策层

决策层是企业安全文化建设最关键的支持者。如果你问100位中国的企业安全管理人："安全工作最大的困难是什么？"，至少有99个人会立刻告诉你"领导不重视"，如果你再问："搞好安全工作最关键的是什么？"，他们肯定斩钉截铁并一脸期望地回答，"只要领导重视，一切都OK！"，说完后就马上垂头丧气，补充一句："可是领导什么时候才重视安全呢？""伟大的机构不是管理出来的，而是领导出来的。"这是IBM前总裁郭士纳在《谁说大象不能跳舞》中说的一句话。这句话切实揭示了企业文化的真谛：优秀的文化不是"管理"之功，而是"领导"之功，在这点上，看来古今中外都一样。

2.管理层

管理层是企业安全文化建设最关键的执行者。《执行》一书的作者拉里和拉姆说："执行力"不足而产生的"企业病"在众多企业均有体现，具体特征是内部运作效率低下，影响重要领导者对重要工作的关注和思考；管理和技术人员能力发挥不够，产生依赖思想；部门、车间以及部门之间缺乏顺畅沟通，导致有的计划难以执行到位；诸多虎头蛇尾、雷声大雨点小的现象，更常常令决策者和管理者力不从心；制度制订是起草者想如何，而不是应该如何，从而造成制度的执行先天不足。

设不设立安全机构并非是决定安全管理工作好坏的重要因素，因为所有管理层人员都承担安全工作。所以，强调企业安全文化建设工作需要全体管理层的共同参与执行。

3.员工层

员工层是企业安全文化建设最关键的参与者。员工层是企业里人数最多的一个群体（少数企业例外），更多时候也是安全文化建设和发挥作用的主体。安全文化建设与实施的许多内容，比如安全理念渗透、安全培训与宣传、安全承诺、安全责任履行、安全操作等等，都是以员工层为核心，离不开员工的参与。从某种程度上说，员工层的安全意识和行为代表着企业的安全文化水平。

为了对企业安全文化的状况进行评价，首先应该确定评价的因素集合，然后给出各因素的评价等级，再对照企业的现状，给出企业安全文化当前所处的状态或发展阶段。对企业安全文化进行评价，首先要确定从哪些方面对安全文化进行衡量，每一个衡量的方面可看成一个因素，一个因素应该代表安全文化的一个特征。对安全文化进行衡量的因素究竟有哪些还没有定论。国外的一些文献提出过2～19个不等的因素。如亚洲地区核安全文化项目研讨会提出衡量安全文化的因素有6个。韦格曼（美国学者）等人在分析了大量评价系统的基础上，总结出安全文化至少有5个评价因素，即组织承诺、管理参与、员工授权、奖惩系统和报告系统。下面分别介绍这5个因素的含义。

（1）组织承诺　就是企业组织的高层管理者对安全所表明的态度。组织高层领导对安全的承诺不应该口是心非，而是组织高层领导将安全视作组织的核心价值和指导原则。因此，这种承诺也能反映出高层管理者始终积极地向更高安全目标前进的态度，以及有效激发全体员工持续改善安全的能力。只有高层管理者作出安全承诺，才会提供足够的资源并支持安全活动的开展和实施。

（2）管理参与　是指高层和中层管理者亲自积极参与组织内部的关键性安全活动。高层和中层管理者通过每时每刻参加安全的运作，与一般员工交流注重安全的理念，表明自己对安全重视的态度，这将会在很大程度上促使员工自觉遵守安全操作规程。

（3）员工授权　是指组织有一个"良好的"授权予员工的安全文化，并且确信员工十分明确自己在改进安全方面所起的关键作用。授权就是将高层管理者的职责和权力以下级员工的个人行为、观念或态度表现出来。在组织内部，失误可以发生在任何层次的管理者身上，然而，第一线员工常常是防止这些失误的最后屏障，从而防止伤亡事故发生。授权的文化可以带来员工不断增加的、改变现状的积极性，这种积极性可能超出了个人职责的要求，但是为了确保组织的安全而主动承担责任。根据安全文化的含义，员工授权意味着员工在安全决策上有充分的发言权，可以发起并实施对安全的改进，为了自己和他人的安全对自己的行为负责，并且为自己的组织的安全绩效感到骄傲。

（4）奖惩系统　就是指组织需要建立一个公正的评价和奖惩系统，以促进安全行为、抑制或改正不安全行为。一个组织的安全文化的重要组成部分，是其内部所建立的一种行为准则，在这个准则之下，安全和不安全行为均被评价，并且按照评价结果给予公平一致的奖励或惩罚。因此，一个组织用于强化安全行为、抑制或改正不安全行为的奖惩系统，可以反映出该组织安全文化的情况。但是，一个组织的奖惩系统并不等同于安全文化或安全文化的一部分，从文化的角度来说，奖惩系统是否被正式文件化、奖惩政策是否稳定、是否传达到全体员工和被全体员工所理解等才更属于文化的范畴。

（5）报告系统　是指组织内部所建立的、能够有效地对安全管理上存在的薄弱环节在事故发生之前就被识别并由员工向管理者报告的系统。有人认为，一个真正的安全文化要建立在"报告文化"的基础之上，有效的报告系统是安全文化的中流砥柱。一个组织在工伤事故发生之前，就能积极有效地通过意外事件和险肇事故取得经验并改正自己的运作，这对于提高安全来说，是至关重要的。一个良好的"报告文化"的重要性还体现在：对安全问题可以自愿地、不受约束地向上级报告，可引起员工在日常的工作中对安全问题的关注。需注意的是，员工不能受因为反映问题而遭受报复或其他负面作用的影响；另外要有一个反馈系统告诉员工他们的建议或关注的问题已经被处理，同时告诉员工应该如何去做以帮助他们自己解决问题。总之，一个具有良好安全文化的组织应该建立一个正式的报告系统，并且该系统能被员工积极地使用，同时向员工反馈必要的信息。

除了上述韦格曼等人所提出的5种评价因素外，实际上还应该有一个评价安全文化的重要因素，就是培训教育。安全文化所指的培训教育，既包括培训教育的内容和形式，也包括安全培训教育在企业重视的程度、参与的主动性和广泛性以及员工在工作中通过传、帮、带自觉传递安全知识和技能的状况等。

十、全面推行风险管理

1.定义

通过识别生产经营活动中存在的危险、有害因素，运用定性或定量的统计分析方法确定其风险严重程度，进而确定风险控制的优先顺序和风险控制措施，以达到改善安全生产环境、减少和杜绝安全生产事故的目标。

2.企业风险评价的范围

① 规划、设计和建设、投产、运行等阶段；

② 常规和异常活动；

③ 事故及潜在的紧急情况；

④ 所有进入作业场所的人员的活动；

⑤ 原材料、产品的运输和使用过程；

⑥ 作业场所的设施、设备、车辆、安全防护用品；

⑦ 人为因素，包括违反操作规程和安全生产规章制度；

⑧ 丢弃、废弃、拆除与处置；

⑨ 气候、地震及其他自然灾害。

3.风险控制

（1）企业应根据风险评价结果及经营运行情况等，确定不可接受的风险、制订并落实控制措施，将风险尤其是重大风险控制在可以接受的程度。企业在选择风险控制措施时：

①应考虑：a.可行性；b.安全性；c.可靠性。

②应包括：a.工程技术措施；b.管理措施；c.培训教育措施；d.个体防护措施。

（2）企业应将风险评价的结果及所采取的控制措施对从业人员进行宣传、培训，使其熟悉工作岗位和作业环境中存在的危险、有害因素，掌握、落实应采取的控制措施。

4.隐患治理

（1）企业应对风险评价出的隐患项目，下达隐患治理通知，限期治理，做到定治理措施、定负责人、定资金来源、定治理期限。企业还应建立隐患治理台账。

（2）企业应对确定的重大隐患项目建立档案，档案内容应包括以下几个方面：

① 评价报告与技术结论；

② 评审意见；

③ 隐患治理方案，包括资金概预算情况等；

④ 治理时间表和责任人；

⑤ 竣工验收报告。

（3）企业无力解决的重大事故隐患，除采取有效防范措施外，还应书面向企业直接主管部门和当地政府报告。

（4）企业对不具备整改条件的重大事故隐患，必须采取防范措施，并纳入计划，限期解决或停产。

第二节

夏季安全生产十大重点

一、防触电

1.触电现象

在雨季，极容易发生漏电、触电事故。由于雨水浸湿的导线及各种电气设备，其绝缘性受到影响，加之高温，容易导致其老化、破损，极易使电气设备外壳带电，潮湿的物体、空气也容易导电，若有一处漏电就可能造成触电事故。

2.防范措施

（1）电气作业人员要严格按操作规范进行作业。作业时要穿戴工作服，佩戴绝缘鞋、绝缘手套等劳保用品，高处作业扎好安全带。关键部位要做到一人作业一人监护，并采取可靠的安全措施。

（2）定期对线路及电路进行检修，老化的电线要及时更换；按规定对相应设备做好跨界片连接及接地装置。

（3）不准带电作业，不准乱接临时电线。如生产急需临时电源，必须办理《临时用电票》，由电工接线，并按规定对电线架高和绝缘。

（4）电气人员做好日常巡检和交接班，雷雨天气要加强巡检，每班要对现场临时电源线检查一次，固定电源线路做好日常检查，并做好记录。

（5）岗位职工在打扫卫生、擦拭设备时，严禁用水冲洗或用湿布去擦拭电气设备。

（6）非电气人员严禁私自触摸、拆卸和检修电气设备，发现异常及时报告调度室。

二、防雷击

1.雷击现象

雷电是一种自然现象，雷击可能造成设备或设施的损坏，造成大规模停电、停产，也可能引起火灾、爆炸，特别是罐区、码头、装车台、交换站等重点要害部位，可能造成巨大经济损失和人员伤害。

进入夏季，冷暖气流相交对垒，很易形成瞬息万变的雷雨天气。据科学家分析研究，全球每天平均发生800万次闪电，每秒就有近百次雷电落地。在人类尚不能用智慧征服雷电之前，它作为一种灾害不时地肆虐着人类。据统计，全世界每年因雷击造成的经济损失近10亿。

打雷是一种大气中激烈的放电现象。打雷时，出现耀眼的闪光，发出震耳的轰鸣。打雷的时间短（一次雷击时间约60ms）、电流大（可高达几万至几十万安）、电压高（可高达数十万至数百万伏）。化工企业如果没有可靠的防雷装置，建筑物、设备装置或人体会遭到雷击，那将造成火灾、爆炸、触电死亡等严重的、甚至毁灭性的灾害事故，造成巨大的损失。

2.防范措施

（1）建筑物、独立建筑物、罐区、易燃易爆区域应按规定安装避雷装置。全部进行防雷检测，要达到合格标准。

安全要素、火场自救、夏季安全十大定律

第八章

（2）在外遇雷雨时，要在屋顶下方稍有空间的房屋或金属房中躲避，如附近没有躲避的场所，应两脚合拢，尽可能站在不吸水的材料上，不要站在高大单独的树木下。

（3）不要靠近高压电杆、铁塔、避雷针的接地线周围20m以内，以免雷击时发生跨步电压触电。

（4）在室内，人体最好离开电线、灯头或无线电天线1.5m以外，尽量远离暖气管线、水管线、气管线等与外界相通的金属导体。

（5）储罐装设的呼吸阀和阻火器，必须按时检测维修，以达到安全要求。

（6）雷雨天气不得上罐和进行高处作业。

（7）认真检查接地、法兰跨接片、静电接地报警器等防静电装置，防止静电危害。

（8）夏季多雷雨天气，应提前做好防雷静电接地检测工作，作业前严格检查静电接地是否连接正常。打雷期间，停止一切室外作业，包括收发货作业、储罐采样计量作业等。

（9）装设避雷针以防止直接雷击。避雷针的最上部是受雷端，一般用镀锌或镀铬的铁棒、钢管制成，它安装的高度必须高出被保护的建筑物。中间部分是导雷线，将雷电流引入地下。导雷线用一定截面的镀锌钢索或扁铁制成，最下部分是接地体，与引雷线连接，将雷电流引导到大地，用角钢或钢管焊接成。埋入地下。当雷云邻近建筑物或设备时，它所感应的静电荷，可以过导雷线由尖端放电与雷电互相中和，避免发生雷击。当遇到直接雷击时，也容易把雷电流导入大地，使建筑物或设备不致受损害。

（10）安装防雷羊角间隙。这是一种简易的防雷保护措施，用在一般建筑物的进户线上。它的间隙为2～3mm，当有过电压侵入时，羊角间隙放电，将雷电流引入大地，有保护电度表和电流互石感器等效果，具有价格便宜、安装容易的优点。

（11）安装避雷器。常用的是阀型避雷器，它的主要元件为火花间隙和阀片，电阻阀片是用碳化硅制成的。避雷器一端接输配线路，另一端可靠接地。在正常情况下火花间隙将线路与大地隔开。当有雷电过电压发生时，火花间隙被击穿放电，阀片电阻下降，雷电流通过阀片入地，使被保护设备免遭损害。过电流下降时，阀片电阻上升，又恢复正常状态。这种避雷器大多用于变电所的防雷保护。

（12）防雷的其他措施

① 为了避免由雷电所引起的静电感应造成火花放电，必须将保护的金属部分可靠地接地（电线和设备的导电部分除外）。

② 为了避免由雷电所引起的电磁感应使闭合回路中缺口处发生火花，必须使处在雷电流的电磁场中的金属物件具有良好的接触而形成闭合回路。

③ 为了避免当雷电放电时在避雷针附近的电缆和电气设备保护接地装置形成高电位，而造成触电或火灾及爆炸危险，除了电缆的金属必须接地外，电缆和电气设备保护接地装置应与避雷针的接地体的距离不小于10m。

（13）夏季防雷措施

① 遇到雷雨时，人们应尽快地进入室内避雨、迅速关好门窗、脱掉淋湿的衣服；远离门窗、电线、电子设备系统和易导电的物体；尽量不要随便使用电视及电子计算机或收听收音机；电视机的室外天线若不便收起则应将天线接地，变成一根避雷线；不要接触煤气管道、自来水管道、火炉（包括煤炉）及各种带电装置。

② 遇到强雷雨时，不要与许多人拥挤在一起，应分别选择最低处或立即蹲下，尽可能缩小自己的目标；弃去身上所有的金属导电物体；不要走近电线杆、高塔、大树、烟囱等高物体，对其至少应保持2m以上的距离。离这些物体多远属于安全范围，有一个简单的估计方法：如物体本身高4m或以上，保持距离2～4m则安全；如果物体高在30m以上，远离该物体底部30m则是安全范围。特别要注意，在衣服被淋湿后，不要靠近墙根及避雷针的接地装置，也不要接触水池、电线、火车轨道，不要骑自行车等。

③ 在荒郊野外时或在暴风雨中若感到头、颈和手等有像蚂蚁在身上爬行的"走蚁感"，这是即将受雷击的先兆，这时应立即就近采取防范措施，寻找低洼的坑坎、干涸的沟渠或山麓的洞穴中躲避，可将塑料布或雨衣铺在地上，尽量压低身体或躺在上面；在湖边钓鱼、持金属球拍打球或持金属把柄的雨伞行走时，要尽量将这些用具收藏起来或扔掉，切不可高举过头顶，以避免作为雷电的传导体；在江河中游泳时则应迅速上岸，就近躲在附近的桥下。

④ 在汽车、火车、轮船上遇到雷雨时，因这些交通工具就是一种避雷器，电流会通过它们的金属外壳传到地面，车内的人在安全上大多没有问题，所以最好留在交通工具内，待雷雨过后方可下去。

有些预防雷电的知识其实是错误的，如有人以为脚穿胶鞋，身披雨衣便以为自己包裹了一层绝缘体，可万无一失，其实这样毫无防雷作用。另外，通常遭到雷击的人，其全身均是完整的，只是心跳及呼吸骤然停止，若在数分钟内能得到人们的帮助，紧急采取心脏按压、人工呼吸等急救措施，绝大多数遭受雷击者都会起死回生的。

打雷时，不要接近避雷针和避雷器。遇有高低压线被打断掉落在地时，不能走近断线地点8m以内地段（以防跨步电压触电），更不能用手去拿断线。应守护现场，以免旁人误入触电，并设法通知电工修理。若误入上述地段，发现麻电时，不要惊慌，应立即双脚并在一起，或用一只脚跳出该地段。

打雷时，应立即停止露天高处作业，应避免在外逗留；应尽量离开铁丝网、烟囱、孤独的树木；离开河边、池旁；离开没有防雷装置的小建筑物或其他设施。

打雷时，在户内应注意雷电波入侵的危险，应离开照明线（包括动力线、电话线、广播线、收音机和电视机电源线、引入室内的收音机和电视机天线以及与其相连的各种导体），以防止这些线路对人体的二次放电。调查资料显示，户内70%以上对人体二次放电的事故发生在相距雷电侵入波的线路和导体1m以内的场合，相距1.5m以上的尚未发现死亡事故。由此可见，打雷时人体最好离开可能传来雷电侵入波的线路和导体1.5m以上。

三、防火灾爆炸

1.现象

火灾爆炸事故是危化品行业最严重的事故，不但影响企业的正常生产、造成设备损失，严重时还会造成严重的人员伤亡，其后果不堪设想。夏季天气炎热、温度高，各类可燃物质极易挥发，环境浓度容易达到爆炸极限，因此非常危险。

2.防范措施

（1）认真落实各级安全生产责任制，严格执行公司《防火防爆管理制度》。

（2）定期检查，确保消防设施齐全好用。一旦发生火灾事故，能够启动应急预案及时将火扑灭，若火势无法控制应迅速报火警。

（3）员工要按规定穿戴劳保用品，严格执行各项操作规程，严禁携带火种进入生产区。

（4）严格执行动火审批制度，认真研究制订动火安全措施，并严格执行，同时做好动火现场监护工作，实施全过程不间断监控。

（5）加强对拉运车辆的安全管理，严格规定驾驶员、押运员滞留期间的安全职责，充分认识其危险性，严禁各项违章。

（6）加强压力容器的防火防爆管理。严格执行操作规程，加强对危险部位的监控，科学、准确地记录运行参数和指标，及时分析运行情况并解决异常情况。加强对安全阀、放空阀等安全附件的管理，确保安全好用。

（7）要加强食堂用电、用气管理，严格按照公司规定进行工作和检查。

（8）防火防爆的技术措施

① 防止形成燃爆的介质。这可以用透风的办法来降低燃爆物质的浓度，使它达不到爆炸极限。也可以用不燃或难燃物质防止火灾、爆炸。另外，也可采用限制可燃物的使用量和存放量的措施，使其达不到燃烧、爆炸的危险限度。

② 防止产生着火源，使火灾、爆炸不具备发生的条件。在这方面应严格控制以下8种着火源，即冲击摩擦、明火、高温表面、自燃发热、尽热压缩、电火花、静电火花、光热射线。

③ 安装防火防爆安全装置。例如阻火器、防爆片、防爆窗、阻火闸门以及安全阀等，以防止发生火灾和爆炸。

（9）防火防爆的组织治理措施

① 加强对防火防爆工作的领导。

② 开展经常性防火防爆的安全教育和安全大检查，进一步提高人们的警惕性，及时发现和整改不安全的隐患。

③ 建立健全防火防爆制度，例如防火防爆责任制度等。

④ 厂区内、厂房内的一切进出和通往消防设施的通道，不得占用和堵塞。

⑤ 应建立义务消防组织，并配备有针对性和足够数目的消防器材。

⑥ 加强值班，严格进行巡回检查。

（10）企业内生产工人应遵守的防火防爆守则

① 应具有一定的防火防爆知识，并严格贯彻执行防火防爆规章制度，严禁违章作业。

② 应在指定的安全地点吸烟，严禁在工作现场和厂区内吸烟和乱扔烟头。

③ 使用、运输、贮存易燃易爆气体、液体和粉尘时，一定要严格遵守安全操纵规程。

④ 在工作现场禁止随便动用明火。确需使用时，必须报请主管部分批准，并做好安全防范工作。

⑤ 对于使用的电气设施，如发现尽缘破损、老化不堪、大量超负荷以及不符合防火防爆要求时，应停止使用，并报告领导予以解决。不得带故障运行，防止发生火灾、爆炸事故。

⑥ 应学会使用一般的灭火工具和器材，对于车间内配备的防火防爆工具、器材等，应该爱护，不得随意挪用。

四、防高处坠落

1.现象

下雨时，露天高空作业，由于穿戴雨衣，脚下打滑，稍有不慎就会发生人身伤害事故。

2.防范措施

（1）高处作业必须系好安全带，不得因穿雨衣不方便，借口不系安全带，安全带卡扣不能随意乱接。

（2）检查装置平台，各类高架平台护栏要齐全、可靠，各间隙和漏洞要补全。

（3）雷雨天气禁止高空作业和上罐作业。

（4）所有高处作业人员应接受高处作业安全知识的教育；特种高处作业人员

安全要素、火场自救、夏季安全十大定律

第八章

应持证上岗，上岗前应依据有关规定进行专门的安全技术签字交底。采用新工艺、新技术、新材料和新设备的，应按规定对作业人员进行相关安全技术签字交底。

（5）高处作业人员应经过体检，合格后方可上岗。项目部应为作业人员提供合格的安全帽、安全带等必备的安全防护用具，作业人员应按规定对其正确佩戴和使用。

（6）高处作业前，应由项目分管负责人组织有关部门对安全防护设施进行验收，经验收合格签字后，方可作业。安全防护设施应做到定型化、工具化，防护栏杆以黄黑（或红白）相间的条纹标示，盖件等以黄（或红）色标示。需要临时拆除或变动安全设施的，应经项目分管负责人审批签字，并组织有关部门验收，经验收合格签字后，方可实施。

（7）物料提升机应按有关规定由其产权单位编制安装拆卸施工方案，产权单位分管负责人审批签字，并负责安装和拆卸。使用前与项目部共同进行验收，经验收合格签字后，方可作业。物料提升机应有完好的停层装置，各层联络要有明确的信号和楼层标记。物料提升机上料口应装设有联锁装置的安全门，同时采用断绳保护装置或安全停靠装置。通道口走道板应满铺并固定牢靠，两侧边应设置符合要求的防护栏杆和挡脚板，并用密目式安全网封闭两侧。物料提升机严禁乘人。

（8）施工外用电梯应按有关规定由其产权单位编制安装拆卸施工方案，产权单位分管负责人审批签字，并负责安装和拆卸。使用前与项目部共同进行验收，经验收合格签字后，方可作业。施工外用电梯各种限位应灵敏可靠，楼层门应采取防止人员和物料坠落措施，电梯上下运行行程内应保证无障碍物。电梯轿厢内乘人、载物时，严禁超载，载荷应均匀分布，防止偏重。

（9）移动式操作平台应按相关规定编制施工方案，项目分管负责人审批签字并组织有关部门验收，经验收合格签字后，方可作业。移动式操作平台立杆应保持垂直，上部适当向内收紧，平台作业面不得超出底脚。立杆底部和平台立面应分别设置扫地杆、剪刀撑或斜撑，平台应用坚实木板满铺，并设置防护栏杆和登高扶梯。

（10）各类作业平台、卸料平台应按相关规定编制施工方案，项目分管负责人审批签字并组织有关部门验收，经验收合格签字后，方可作业。架体应保持稳固，不得与施工脚手架连接，作业平台上严禁超载。

（11）脚手架应按相关规定编制施工方案，项目部分管负责人审批签字，项目分管负责人组织有关部门验收，经验收合格签字后，方可作业。作业层脚手架的脚手板应铺设严密，下部应用安全网兜底。脚手架外侧应采用密目式安全网做全封闭，不得留有空隙。密目式安全网应可靠固定在架体上，作业层脚手板与建筑物之间的空隙大于15cm时应作全封闭，防止人员和物料坠落。作业人员上下应有专用通道，不得攀爬架体。

（12）附着式升降脚手架和其他外挂式脚手架应按相关规定由其产权单位编制施工方案，产权单位分管负责人审批签字，并与施工单位在使用前进行验收，经验收合格签字后，方可作业。附着式升降脚手架和其他外挂式脚手架每提升一次，都应由项目分管负责人组织有关部门验收，经验收合格签字后，方可作业。附着式升降脚手架和其他外挂式脚手架应设置安全可靠的防倾覆、防坠落装置，每一作业层架体外侧应设置符合要求的防护栏杆和挡脚板。附着式升降脚手架和其他外挂式脚手架升降时，应设专人对脚手架作业区域进行监护。

（13）模板工程应按相关规定编制施工方案，项目部分管负责人审批签字，项目分管负责人组织有关部门验收，经验收合格签字后，方可作业。模板工程在绑扎钢筋、粉刷模板、支拆模板时应保证作业人员有可靠立足点，作业面应按规定设置安全防护设施。模板及其支撑体系的施工载荷应均匀堆置，并不得超过设计计算要求。

（14）吊篮应按相关规定由其产权单位编制施工方案，产权单位分管负责人审批签字，并与项目部在使用前进行验收，经验收合格签字后，方可作业。吊篮产权单位应做好日常例保和记录。吊篮悬挂机构的结构件应选用钢材或其他适合的金属结构材料制造，其结构应具有足够的强度和刚度。作业人员应按规定佩戴安全带，安全带应挂设在单独设置的安全绳上，严禁安全绳与吊篮连接。

（15）电梯井门应按定型化、工具化的要求设计制作，其高度应在1.5～1.8m范围内。电梯井内不超过10m处应设置一道安全平网；安装拆卸电梯井内安全平网时，作业人员应按规定佩戴安全带。

（16）进行屋面卷材防水层施工时，屋面周围应设置符合要求的防护栏杆。屋面上的孔洞应加盖封严，短边尺寸大于1.5m时，孔洞周边也应设置符合要求的防护栏杆，底部加设安全平网。在坡度较大的屋面作业时，应采取专门的安全措施。

五、防中毒中暑

（一）防中毒

1.现象

夏季天气炎热，若油品中的硫化氢等有毒气体挥发、扩散速度加快，接触有毒气体岗位的操作人员很容易发生有毒气体中毒。员工穿戴比较单薄，而且容易出汗，有毒物质容易通过毛孔进入体内造成中毒，这种中毒开始没反应，一旦有反应就非常严重。另外，进入容器内作业，要防止有毒有害气体侵害，也要防止发生作业人员缺氧窒息，造成人员伤亡。

2.防范措施

（1）加强相关工作岗位人员的个人保护意识，观察风向，防中毒。特别是进储罐进行作业人员，必须加强人身保护及监护工作。

（2）检维修作业时，要佩戴防毒面具、防护手套、防护眼镜等安全防护用品，尤其注意有伤口或伤口未愈的，避免接触有毒物质。关键部位作业要做到一人操作一人监护。

（3）不断治理现场的"跑冒滴漏"，保持现场环境质量。

（4）凡进入容器内作业，必须研究制订施工方案，明确提出安全要求，制订详细的安全应急预案，采取切实可行的安全防护措施，保障作业人员生命安全。

（5）进入有毒有害、易燃易爆介质的设备施工前，必须按规定办理《受限空间作业证》，必须采取清洗、通风、取样分析、检测等措施，施工中按要求佩戴呼吸器或防毒面具，严格执行安全操作规程。

（6）行政部切实加强夏季的食品安全管理，杜绝食物中毒。

（二）防中暑

1.现象

外操人员在高温环境下作业，很容易发生中暑。由于热不断作用于人体，体内热量散发困难，使体内蓄热过多而引起头痛、头晕、体温升高、恶心、呕吐等症状，这就叫作中暑。高温环境下，容易发生中暑事件。

（1）轻度中暑（先兆中暑）患者全身无力、多汗、口渴、头晕、眼花、耳鸣、恶心；重度中暑，患者可能突然晕倒或昏迷不醒。轻度中暑应立即停止作业，防止出现二次事故，其他周边作业人员应将症状人员安排到阴凉、通风良好的地方休息，适量饮用一些含盐分的饮料，还可以在颈部、太阳穴上涂风油精、清凉油等，或用湿毛巾冷敷颈部，或服用藿香正气水等。

（2）重度中暑（此前患者常有头痛、麻木、眩晕、不安或精神错乱、定向力障碍、肢体不能随意运动等，皮肤出汗停止、干燥、灼热而绯红，体温常在40℃左右）当在作业现场出现时，应第一时间转移到最近的医院进行治疗。

（3）重症中暑 除上述穴位按摩外，另增加人中、十宣、委中、阳陵泉、少冲五穴，以点掐、按压为主，每穴点掐、按压3～5min。中暑严重时，还会造成晕倒，如不及时急救甚至有生命危险。

2.防范措施

（1）制订出一套合理、有效的"人员作息时间表"避开每天气温最高的时间

（11：00～15：00）段进行施工作业。作业人员应尽量穿透气、散热的棉质衣服。

（2）多喝水。口渴后不宜狂饮。劳动和运动大量出汗后，不宜大量饮用白水，应适当补充些淡盐（糖）水，因为大量出汗后使人体内盐分丢失过多，约占汗液的0.5%，若不及时补充盐分，则使体内水、盐比例严重失调，导致代谢紊乱，最好是温开水、绿豆汤或含电解质的饮料，每天喝1.5～2L水。

（3）保持充足睡眠。夏天日长夜短、气温高，人体新陈代谢旺盛、消耗也大，容易感到疲劳。充足的睡眠，可使大脑和身体各系统都得到放松，既利于工作和学习，也是预防中暑的措施。最佳就寝时间是22：00～23：00，最佳起床时间是5：30～6：30。睡眠时注意不要躺在空调的出风口和电风扇下，以免患上空调病和热伤风。

（4）不宜饮酒。人体在夏季受气温影响极易积蕴湿热，而湿热过盛又是诱发皮肤发生疮痈肿毒的病因，若大量饮白酒，更会助热生湿，无异于火上浇油。

（5）饮食不宜过于清淡。夏天人的活动时间长、出汗多、消耗大，应适当多吃鸡、鸭、瘦肉、鱼类、蛋类等营养食品，以满足人体的代谢需要。

（6）午睡时间不宜过长。午睡时间过长，中枢神经会加深抑制，脑内血流量相对减少，会减慢代谢过程，导致醒来后全身不舒服而更加困倦。

（7）忌受热后"快速冷却"。炎夏，人们外出或劳动归来，不是开足电扇，就是立即去洗冷水澡，这样会使全身毛孔快速闭合，体内热量反而难以散发，还会因脑部血管迅速收缩而引起大脑供血不足，使人头晕目眩。

（8）空调室内外温差不宜太大。使用空调室内外温差不超过5℃为宜，即使天气再热，空调室内温度也不宜到24℃以下。

（9）定期发放防暑降温用品。

（10）作业时尽量避开中午的高温时段，确实需要作业的要准备好降温用品，限制作业时间。

（11）补充水分，养成良好的饮水习惯，通常最佳饮水时间是晨起后，平时多吃新鲜蔬菜和水果亦可补充水分。

（12）增强营养。平时可多喝番茄汤、绿豆汤、豆浆、酸梅汤等。

（13）备防暑药。部门、班组负责现场配备防暑药物，如人丹、十滴水、藿香正气水、清凉油等。

附 人丹：主要用于因高温引起的中暑头痛、急性肠胃炎（呕吐、腹痛、腹泻）、夏季感冒与水土不服等。十滴水：主要用于中暑引起的头痛、头晕、恶心、呕吐、胃肠不适等。长途旅行、高温环境下工作者，可用此药预防中暑。藿香正气水：主要有祛暑解毒、化湿和中之效。临床凡有外感风寒、内伤湿滞，表现为感冒、呕吐、泄泻的患者，均可使用。暑定片：具有降暑解毒、化痰开窍、调和胃肠之功效，多用于中暑昏迷者的急救，苏醒后即可停药，孕妇忌用。

六、防倒塌

1.现象

雨季中，暴风雨会经常出现，从而引起各种设备及建筑设施倒塌事故，不仅造成物资财产的损失，还会造成人员伤亡。

2.防范措施

（1）雨季前要认真检查各种设施，对危险设施必须及时作出处理，人员和设备撤离，防止事故发生。

（2）做好各种设备的安全防护工作，使用新设备、采用新技术，一定要仔细研究是否达到安全可靠。

（3）在作业过程中，按照安全程序操作，严禁违章作业。

（4）预防建筑施工过程中坍塌倒塌的安全技术措施如下：

① 在土方工程施工前，应详细分析与核查各项技术资料（如实测地形图、工程地质、水文地质勘察资料、原有地下管道、电缆和地下构筑物资料集土石方工程施工图等），进行现场调查并根据现有施工条件，制订合理的土方工程施工组织设计。如需边坡支护则应根据相应规范进行设计。

② 挖土深度超过1.5m时，应根据土质情况按规定放坡或加设支撑。开挖深度超过2m时，必须在基坑（槽）边沿设立两道防护栏，人员上下要有专用爬梯，夜间加设红色灯标志。

③ 开挖的基坑（槽）应与邻近建筑物保持一定的距离和坡度，以免在施工时影响邻近建筑物的稳定。如不能满足要求，必须采用有效的技术措施，并报上级安全技术部门审批后方可施工，在施工中要进行沉降和位移观测。

④ 挖基坑时，施工人员之间保持一定的安全距离；机械挖土时，挖掘机间距应大于10m，挖土要自上而下、逐层进行，严禁先挖坡脚的危险作业。

⑤ 挖土时，如发现边坡有裂痕或有土粒连续滚落时，施工人员应立即撤离施工现场，并应及时分析原因，采取有效措施解决问题。

⑥ 爆破土方要遵守爆破作业安全有关规定。

⑦ 必须在雨季进行基坑施工时，应在距基坑边一定距离（如1m）处挖排水沟或筑挡水堤，防止雨水灌入基坑。坑底四周设置集水坑和引水沟，并将积水及时排出。当基坑开挖处于地下水位以下时，应采取适当的降低地下水位的措施。

⑧ 为防止基坑底的土被扰动，基坑挖好后要尽量减少暴露时间，及时进行下一道工序的施工。如不能立即进行下一道工序，要预留15～30cm厚的覆盖土层，待基础施工时再挖去。

（5）拆除作业防止坍塌倒塌事故的主要措施如下：

① 拆除工程在施工前，应该对建筑物的现状进行详细调查，并且编制施工

组织设计，经总工程师批准后，才可以动工。较简单的拆除工程，也要制订切合实际的安全措施。

② 拆除工程在施工前，要组织技术人员和工人学习施工组织设计和安全操作规程，拆除工程的施工，必须在工程负责人员的统一领导和经常监督下进行。

③ 拆除工程在施工前，应该将电线、瓦斯管道、水道、供热设备等干线与该建筑物的支线切断或者迁移。作业人员从事拆除工作的时候，应该站在脚手架或者其他稳固的结构部分上操作。拆除建筑物，应该按自上而下的顺序进行，禁止楼层同时拆除。当拆除某一部分的时候，应该防止其他部分发生坍塌。

④ 拆除建筑物的栏杆、楼梯和楼板等，应该和整体拆除进度相配合，不能先行拆掉。建筑物的承重支柱和横梁，要等它所承担的全部结构拆掉后才能拆除。

⑤ 拆除建筑物一般不采用推倒方法，遇有特殊情况必须采用推倒方法的时候，必须遵守下列规定：

a.砍切墙根的深度不能超过墙厚的1/3。墙的厚度小于2.5块砖的时候，不许进行掏掘。

b.为防止墙壁向掏掘方向倾倒，在掏掘前，要用支撑装置撑牢。

c.建筑物推倒前，应该发出信号，待全体工作人员避至安全地带后，才能进行。

⑥ 用爆破方法拆除建筑物的时候，应该按照有关爆破的规定执行，拆除建筑物部分结构的时候，在爆破前，应该保证其他结构部分的良好状态。爆破后，如果发现保留的部分结构有危险征兆，要在采取安全措施后，才能进行工作。

⑦ 拆除建筑物的时候，楼板上不许有多人聚集和堆放材料，以免发生危险。

⑧ 在高处进行拆除工程，要设置流放槽，以便散碎废料顺槽流下。拆下较大的或者沉重的材料，要用吊绳或者起重机械及时吊下或者运走，禁止向下抛掷。拆卸下来的各种材料要及时清理，分别堆放于一定处所。

七、防人身伤害事故

1.现象

由于夏季生产过程中操作人员应变能力差，视觉、听觉障碍等造成人员自我保护能力下降，违章指挥、违章操作、设施质量和安全措施不利等原因，会造成重大人身伤亡事故，因此，防止人身伤害事故是安全生产中的重中之重。

2.防范措施

（1）加强对干部、关键岗位员工的安全教育培训，提高安全意识和安全技能。上岗人员必须正确穿戴劳动保护用品和用具。

安全要素、火场自救、夏季安全十大定律

第八章

（2）严格执行国家安全法律、法规、安全生产操作规程和安全作业的制度，杜绝违章操作、违章指挥。

（3）严格设备、设施的安全资质的审查。

（4）加强危险源点和危险作业的危害识别和控制，制订切实可行的防范措施及预案。

（5）加强安全检查，坚持三级巡检制度，及时发现并消除事故隐患，做好防范工作。

八、防泄漏污染

1.现象

在企业或社区，一般为了防止雨水的冲击，都在附近设有罐区或蓄水池。由于罐区或蓄水池地势低洼、雨水排放量大，夏季需做好库区的跑冒滴漏及排污系统的治理和防范工作。

2.防范措施

（1）对罐区或蓄水池彻底排查安全隐患，做好防范工作。

（2）整个罐区或蓄水池落地油污及时清理，避免造成外排污染事故。

（3）严格做好罐区的雨水和污水的分离排放，控制污水产生量。

（4）准备好雨季泄漏防堵器材和物资。

（5）精心操作，开关到位，防止憋压和泄漏。

（6）各类阀门、仪表等做好防范措施，防止开错、碰撞造成泄漏，必要时可上锁、加盲板。

（7）储罐液位要严格控制在标准线以下，防止冒罐，检查液位和远传的准确性，防止误判断。

（8）加强无作业管线巡检，及时泄压，防止温差引起的管线胀压，造成泄漏引发事故。

九、防汛抗台

1.现象

企业要是处于台风的频繁光顾地区，台风伴随着大雨，库区地势低洼，易积水成涝，江堤不稳固，易生灾情。

2.防范措施

（1）按政府防汛办统一部署，储备充足的防汛抗台物资。

（2）根据公司《防汛抗台应急预案》加强突击队伍的训练。

（3）台风来临前要做好码头及库区可移动设备、设施的加固工作，做好码头船舶的疏散、避风工作。超过6级大风时，码头停止作业，人员不再上罐计量、取样等罐顶作业。

（4）在码头作业船舶必须要经常检查缆绳情况，确保缆绳均匀受力，缆绳完好、使用正确。

（5）清理净地沟及雨排，保持畅通，无堵塞、无油污及确保排水管道畅通无阻。确保在连续下大雨天气的情况下，库区内的雨水能及时外排，无积水。同时要做好雨污的分流工作，将初期雨水及生产污水排放到污水系统，防止污水污染河道水源。

（6）检查检验排涝站设备设施，确保使用正常。

十、事故应急

1.现象

为了控制生产现场及其他场所可能发生突发性事故，在事故发生时能快速有效地采取应急措施，使损失降低到最小，本着预防为主、防治结合、综合治理的原则，以不变应万变，做好一切事故应急的准备。

2.防范措施

（1）公司事故应急领导成员、各事故应急战斗小组成员应高度警戒，保持临战状态，所有人员确保24h通信畅通。

（2）检查、检验、储备、充足、完好的应急物资。

（3）根据企业《事故应急救援预案》加强各事故应急战斗队伍的训练。

（4）根据企业年度《应急演练计划》组织多层次、不同类型的演练，以提高各事故应急小组战斗力。

当然，在夏季生产的过程中还有许多需要注意的事项，以上几项只是其中的几个方面。"安全第一、预防为主、综合治理"的方针要求企业要做好安全预防措施，尽量避免或减少危险事故的发生。在工作过程中，只要牢记安全这根弦，切实做好各项安全预防措施，尤其是有针对性的安全保护措施，企业的安全生产工作才能防患于未然。

参考文献

[1] 崔政斌，聂幼平编著.职业危害控制技术.第2版.北京：化学工业出版社，2009.

[2] 崔政斌，石跃武编著.用电安全技术.第2版.北京：化学工业出版社，2009.

[3] 崔政斌，石跃武编著.防火防爆技术.第2版.北京：化学工业出版社，2010.

[4] 崔政斌，崔佳编著.危险化学品安全技术.北京：化学工业出版社，2011.

[5] 崔政斌，张美元著.班组安全建设方法160例新编.第2版.北京：化学工业出版社，2015.

[6] 崔政斌，胡万林著.班组安全建设方法160例.第3版.北京：化学工业出版社，2016.

[7] 崔政斌，周礼庆编著.企业安全文化建设.北京：化学工业出版社，2014.

[8] 崔政斌，周礼庆编著.危险化学品的企业安全管理指南.北京：化学工业出版社，2016.

[9] 崔政斌，赵海波编著.危险化学品的企业隐患排查治理.北京：化学工业出版社，2016.

[10] 崔政斌编著.图解化学品生产单位特殊作业安全规范.北京：化学工业出版社，2016.